[道]非常道

礼之道

中华礼义之学的重建

翟玉忠 ◎ 著

中央编译出版社
Central Compilation & Translation Press

图书在版编目（CIP）数据

礼之道：中华礼义之学的重建 / 翟玉忠著 . ── 北京：中央编译出版社，2014.2
ISBN 978-7-5117-1624-8

Ⅰ.①礼… Ⅱ.①翟… Ⅲ.①伦理学史─研究─中国─现代 Ⅳ.① B82-092

中国版本图书馆 CIP 数据核字（2013）第 055916 号

礼之道：中华礼义之学的重建

出 版 人	刘明清
出版统筹	董　巍
责任编辑	邓永标
责任印制	尹　珺
出版发行	中央编译出版社
地　　址	北京西城区车公庄大街乙 5 号鸿儒大厦 B 座（100044）
电　　话	（010）52612345（总编室）　（010）52612371（编辑部） （010）66161011（团购部）　（010）52612332（网络销售部） （010）66130345（发行部）　（010）66509618（读者服务部）
网　　址	www.cctphome.com
经　　销	全国新华书店
印　　刷	北京溢漾印刷有限公司
开　　本	710×1000 毫米　1/16
字　　数	340 千字
印　　张	17
版　　次	2014 年 2 月第 1 版第 1 次
定　　价	48.00 元

本社常年法律顾问：北京市吴栾赵阎律师事务所律师　闫军　梁勤
凡有印刷质量问题，本社负责调换。电话：（010）66509618

目 录 CONTENTS

导言：中华礼义道德之基础——献给那个早逝的灵魂

1. 礼之源 / 6
2. 礼之义 / 9
3. 礼之用 / 14
4. 礼之殇 / 19

上编：内圣外王之道

第一章　清静心的养成及清静世界的建立——内圣外王的现代意义 / 29

1. 内圣——清静心的养成 / 31
2. 由内圣至外王——静因之道 / 39
3. 外王——清静世界的建立 / 43

第二章　建立一个理性克制人类物欲的新世界——论中华礼义文明的现代性 / 50

1. 节制资本，维系社会有机体的动态平衡 / 52
2. 伦理上的约束，因人情节人欲 / 56

第三章　内圣外王要在"息欲明制" / 60

1. 《傅子》非儒家，非杂家，具有浓厚的黄老色彩 / 60
2. 《傅子》深得内圣外王的精髓：息欲明制 / 62
3. 人皆知涤其器，而莫知洗其心 / 64

第四章　中国行天道与西方行人道 / 67

1. 经济学与天道 / 68
2. 政治学与天道 / 75
3. 生活方式与天道 / 77

第五章　此次金融危机是西方文明范式的整体危机 / 82

1. 中国为何没有产生农奴制度和资本主义 / 83
2. 私欲必须让位于社会价值 / 84

中编："大小戴记"三纲礼义精华录

第一章　总说第一 / 91

第二章　上下第二 / 118

第三章　父子第三 / 132

第四章　夫妇第四 / 143

第五章　杂说第五 / 149

下编：新圣学十图

第一章　太极图第一 / 185

第二章　权氏大学图第二 / 189

第三章　无名氏大学图第三 / 193

目录

第四章　无名氏心图第四 / 196

第五章　无名氏操存图第五 / 200

第六章　无名氏省察图第六 / 203

第七章　程氏心图第七 / 206

第八章　敬斋箴图第八 / 210

第九章　夙兴夜寐箴图第九 / 214

第十章　小学图第十 / 218

附　录

附录一　重新评价儒家在中国文化中的地位 / 225

附录二　黄老之学才是中华文化的主干 / 238

附录三　郡县天下——论人类持久和平的实现 / 249

附录四　黄老之学思想体系的要点（答吕朴）/ 258

附录五　修习中国文化宜先读黄老诸书（答网友）/ 261

导言：中华礼义道德之基础
——献给那个早逝的灵魂

导言：中华礼义道德之基础

这是一个崇尚文明进步的时代，但又是一个缺乏社会道德的时代，同时也是一个不乏道德诉求的时代。

每当见死不救、见义不为，不敬不孝，乃至殴打父母成为媒体的焦点，中国的各路道德家们马上兴奋了起来，血脉贲张——义愤填膺者有之，口诛笔伐者有之，痛哭流涕者有之。

自称的儒家（几乎没有见过他们行"为己"之学，注重修行）和他们千百年前的同辈一样感叹人心不古，礼崩乐坏，国人数千年守望相助的传统尽失。事实是，早在四百多年前的利玛窦（1552~1610年）时代，中国儒家鼓吹的诸道德条目已经演化为褪色的"美德袋"，需要时就拿出来用之教训别人，而这些美德的逻辑基础却少有人知道了。人们生硬地把诸德目划分成美德和恶德两类，如诚实"自然"是美德，欺骗"自然"是恶德，并且认为它们之为美恶皆由其自身所决定。利玛窦写道："中国所熟习的唯一较高深的哲理科学就是道德哲学，但在这方面他们由于引入了错误似乎非但没有把事情弄明白，反倒弄糊涂了。他们没有逻辑规则的概念，因而处理伦理学的某些教诫时毫不考虑这一课题各个分支相互的内在联系。在他们那里，伦理学这门科学只是他们在理性之光的指引下所达到的一系列混乱的格言和推论。中国哲学家中最有名的叫做孔子。这位博学的伟大人物诞生于基督纪元前五百五十一年，享年七十余岁。他既以著作和授徒也以自己的身教来激励他的人民追求道德。他的自制力和有节制的生活方式使他的同胞断言他远比世界各国过去所有被认为是德高望重的人更为神圣。"[1]

所谓"现代"的法学家（实际上就是全盘西化的法学家，一百年来他们的主要贡献是以法治的名义将一个守法的族群变成了一个人治社会）则舞起了自由平等的大旗，反对"贸然"将见死不救入罪。好个"贸然"！他们不知道，"以法生德"的法学原则中国人已经实践了数千年。孔子就讲仁德有时也是靠刑罚强制推行的,他说:"仁者安仁,知者利仁,畏罪者强仁。"(语出《礼记·表记第三十二》,意为:真正的仁人,不论在什么情况下都安于行仁;自以为是的人,看到有利可图才去行仁;害怕犯罪受罚的人,是迫不得已而勉强行仁。)再说,西方的自由、平等之类伦理观念根本就不适用于中国实际,结果近一百年来西方这些口号被叫得震天响,而新的社会道德伦理就是建立不起来。五四运动以来的"道德革命"在很大程度上消灭了传统的礼义道德,但中国一向眼高手低的知识分子却没有建立起新的道德伦理体系。西北大学中国思想文化研究所所长张岂之先生写道:"五四前期的这场新伦理学反对旧伦理的'伦理革命',是中国伦理思想发展史上一次重大变革,涉及政治伦理、社会伦理(包括家族伦理)等诸多方面的变革,延续数千年的传统伦理道德又一次面临严重的挑战。不过,这个时期,民族危亡仍然是主要问题,先驱者还来不及对中国传统道德伦理进行细致分析和取舍。如何建立新的道德伦理观,仍然没有得到解决。"[2]

为何西方伦理道德不能移植到中国呢?究其原因,还在于东西方伦理的源流与内容大相径庭,在中国没有合适的移植西方伦理的文化土壤。

首先,从源头上说,中国伦理是以人为中心发展起来的,而西方伦理是以上帝为中心发展起来的。中国人关注现世,其伦理道德是内生的,而西方人的道德来自上帝的启示,并由上帝维系。林语堂先生在其名著《中国人》(My Country and My People,又译为《吾土吾民》)中这样写道:"在西方人看来,不借助上帝的力量而又能维系人与人之间的道德关系,几乎是不可思议的。而在中国人看来,不借助第三者的力量人们就不能相互以礼相待,这同样是令人诧异的。人们应该做好事,因为好事合乎人情,行善是体面的事情;这是应该能够理解的。笔者常感诧异,不知如果没有保罗神学,欧洲伦理学又将如何发展。或许欧洲的伦理学会沿着马库斯·奥里利厄斯的沉思所指引的方向纯粹由需要来决定发展了。保罗神学发展了希伯莱人关于罪孽的观念,这种观念又给整个基督教伦理学罩上了阴影。于是非宗教不能拯救人类出罪恶之深渊,这就是所谓赎罪论。因为一旦欧洲伦理学与宗教无关就会被视为十分怪诞,所以人们很少想到这种可能性。"[3]

导言：中华礼义道德之基础

其次，从流变上说，二十世纪以前，儒家伦理道德在中国历史中有持续的影响，尽管二十世纪的儒家受到很大冲击，但其仍在社会上有较大的影响力。而西方文艺复兴以后其伦理道德却向另一个方向发展，几乎成为宗教道德的反动，其宗教超越感、神圣性消失殆尽，在启蒙运动以后尤其是这样。现代西方大学里教授的几乎所有知识都是经验和事实的积累，很少牵涉道德和伦理义务，这直接导致了西方道德基础的沉沦。阿尔伯特·甘霖（Albert Greene）对这种世俗化趋势忧心忡忡地写道："现代西方文化的重大变化之一即是'超验'（transcendent）的丧失。不拘人们对超验一词如何了解，人类历史中一些主要文明的兴存都有一种深刻的超验感，不管人们是否相信神灵、命运或某种哲学体系，总有一些神秘的、超越一般经验的存在，它提供了日常生活的背景，也提供了道德价值观和决策的基础。在今天的西方，这个'超验'已不复存在。西方人士生活在彼得·柏格（Peter Berber）所说的'没有窗户的世界里'，他们认为每一个可观察到的结果，都有一个可实际觉察到的、理性能了解的原因，任何未经过物理学和化学解释的事物都不可能被认为真实。从旧约时代起至启蒙时代之前，圣经中的神都被认为是宇宙及人类的创造者与赐律者。但如今神已经死了，这并不是说他病了、断气了，乃是说他与人类社会及其机构毫无关系了。"[4]

最后，从内容上说，中国儒家主张符合人类本性的"因人情节人欲"的礼义之道。而现代西方文明则走向与人类清静本性相违背的"因人情纵人欲"的享乐主义。其结果就是人欲的过度膨胀，暴力贪婪成为社会常态，消费主义和个人主义盛行。阿尔伯特·甘霖甚至将当代西方文化所面临的危机与黑暗时代相比。他指出："暴力与贪婪已成为西方文化的特色。犯罪率增加——美国夸口在西方国家中，坐牢的人口比例最高者非美国莫属，暴力已经弥漫在整个文化之中。为取代竞争者或避免被对方接收，商业也成了一种经常性暴力；体育运动也是暴力的，尤其是职业性体育运动。国内暴乱成指数级增加。对儿童身体与性的虐待成为家常便饭。甚至教育也成为暴力，求学的基本动机就是要赶过别人，以便得到最好的职位与高薪，这些都是与贪婪有关。体育运动已由健身技巧的欣赏变为商业竞争，甚至连性也由上帝为夫妻所设立的一种温柔的爱贬为商业化行为。"[5]

不难看出，即使在西方一些有识之士看来，西方现代伦理也已经陷入难以自拔的严重危机之中——它们不应成为中国人效仿的榜样，也不可能被效仿。

有趣的是，在中国鼓吹西方近代伦理思想的有些代表人物自己都知道西方伦理概念在中国没有宗教土壤的环境中只是空壳子，所以他们到晚年又回归了中国传统旧道德。张岂之先生写道："当我们谈论历史的时候，我们不能不感到遗憾。近代有些代表人物不能准确地区别中国传统道德中的浊流和清澈、精华与糟粕。而且，他们对西方某些伦理思想学派的理解比较肤浅，理论不够坚实，论证也不够犀利有力。因此，我们就从中国近代历史中看到这种状况：早年宣传西方近代伦理思想学说，晚年又转回到中国固有的礼教体系之中。可以说，在近代中国始终没有产生真正的伦理学大师，始终没有建立起来兼采中西伦理道德精华的、具有中国特色的伦理思想体系。"[6]

历史给我们的重要启示是，社会伦理和价值取向在时间上具有传承性，当代新道德伦理的重建一定是在中国旧道德规范的基础上因革损益的结果，我们不可能通过打倒旧道德的方式凭空建立起新道德体系。所以，我们有必要去除长期以来学术上的肤浅和浮躁，考察一下数千年来是什么维系了中国人的社会伦理？进一步说，中华礼义道德之基础是什么？要回答这个问题，我们首先要弄清楚礼是如何产生的？

1. 礼之源

如果说中华文明最明显地迥异于其他文明之处，就是他早就摆脱了宗教神学地影响，将文明牢牢地建立在人本基础之上——在这个人本基础之上的文明体系，就是礼。

也就是说，中国人的伦理原则不是如同《圣经》所述一样来自神的旨意，而是与社会日常生活高度相关，这在《礼记·礼运第九》中讲得十分清楚。孔子通过对夏商两朝礼的研究发现："夫礼之初，始诸饮食，其燔黍捭豚，污尊而抔饮，蒉桴而土鼓，犹若可以致其敬于鬼神。"这段话是说：上古礼的产

导言：中华礼义道德之基础

生，是从饮食开始的，那时的人们尚未发明陶器，他们把谷物、小猪放在烧热的石头上焙烤，挖个小坑当酒杯，双手捧起来喝，用土抟成鼓槌，垒个小土台子就当鼓，在他们看来，用自己的这种生活方式来表达对于鬼神的敬意，好像也是可以的。这便有了最原始的祭礼。

而祭礼的主要功能还是现实社会秩序的维护，所以孔子接着说，通过祭祀中的种种礼仪，或规范君臣的关系，或加深父子的感情，或和睦兄弟，或使上下均可得到神惠，或使夫妇各有自己应处的地位。(《礼记·礼运第九》原文：以正君臣，以笃父子，以睦兄弟，以齐上下，夫妇有所。)

现代考古学证实，中华文化在周代礼义文明成熟以前，的确存在着一个相当漫长的古礼时期。广东省文物考古研究所研究员、中国考古学会理事卜工先生指出，这种古礼发端于一万年前的农业革命，是以农耕方式的经济形态为基础的。因此，这时的礼多以祈求风调雨顺、人寿年丰为目的。

据卜工先生的研究，中国古礼主要分两大系统，一是以长江中下游为轴心的东南地区酝酿的傩礼系统，二是以黄河中游为重心的西北地区发育的古代萨满系统。中国古礼的两个目系统都有自己的标识、在进行祭祀活动时，都有杀牲、燔烧、掩埋等仪式，都要唱歌、跳舞，有固定的礼仪主持人。二者的主要区别在于，西北区的古礼流行写实的人物与动物徽号，仪仗和指挥工具不发达，不特别追求形式，往往利用自然地形地貌作祭坛。东南地区的古礼盛行抽象徽号，仪仗和指挥工具非常发达，追求服饰、道具的神秘与华丽，且花极大的民力修筑大型祭坛。

从时间上说，从古礼到周礼是一个持续的发展进化过程，大致可分为三个时期：

一是古礼期，包括前仰韶（距今10000年至7000年前后）的陶质祭器和仰韶（距今7000年至5000年）的陶礼器两个阶段，标志是以祭天祈年活动为主体的礼仪制度的发生和发展。

二是中国礼制的酒礼期，包括龙山时期（距今5000年至4000年）的陶质酒礼器和夏商两代铜酒礼器为代表的两个阶段，其特点是等级制度的发展和成熟。

三是周礼时期，这是中国礼制的成熟期，是西周以青铜盛食器作为礼器的阶段。如周代的鼎簋青铜礼器制度，核心是宗法制。[7]

卜工先生总结说，礼制的发生和发展、完善和成熟是中国古代社会的独特经历，是中华文明的核心特色，也是中国文明起源的基本脉络。"古礼是一种社会联系方式、是一种社会管理体制，是一种社会运行机制，是当时社会制度的主要内容，是古代社会最大的政治。"[8]

历史学家钱穆先生则从文化史的角度论述了周以后礼的演进过程，他这样写道："'礼'本是指宗教上一种祭神的仪文，但我们在上文述说过，中国古代的宗教，很早便为政治意义所融化，成为政治性的宗教了。因此宗教上的礼，亦渐变而为政治上的礼。但我们在上文也已述说过，中国古代的政治，也很早便为伦理意义所融化，成为伦理性的政治。因此政治上的礼，又渐变而为伦理上的，即普及于一般社会与人生而附带有道德性的礼了。我们现在为'礼'字下一简括的定义，则礼即是'当时贵族阶级的一种生活习惯或生活方式'。这一种习惯与方式里，包括有'宗教的、政治的、伦理的'三部门的意义，其愈后起的部门，则愈占重要。这正恰好指示出中国古代文化进展之三阶级。"[9]

从以宗教政治为重心，转向以伦理为重心，代表了从古礼到周礼、再到秦汉以后中华礼文化演进的基本路径，它是万年来中国人安身立命的道德基础。我们无法忽略这个发端于一万年前的基础而凭空建造中国的新伦理。那么，是什么力量使礼延续万年而不衰呢？

整体而言，礼可分为礼仪和礼义两方面内容，前者包括礼器、礼制等物的方面，后者则是礼的精神实质，更经得起时间的考验。所以古人重礼义，《礼记·郊特牲第十一》上说："礼之所尊，尊其义也。失其义，陈其数，祝史之事也。故其数可陈也，其义难知也。知其义而敬守之，天子之所以治天下也。"《礼记·大传第十六》提到了礼中的变与不变，其中诸礼仪制度可以随时代的迁移而变革，上下、夫妇诸礼义不可以随时代的迁移而变革。上面说："立权度量，考文章，改正朔，易服色，殊徽号，异器械，别衣服，此其所得与民变革者也。其不可得变革者则有矣，亲亲也，尊尊也，长长也，男女有别，此其不可得与民变革者也。"

由上可知，让礼在中国文化中不朽的是礼之义——它是礼的灵魂！

2. 礼之义

中华文化是一以贯之的有机体，诸子百家本来就是相辅相成的。先秦儒家礼学即以道家为哲学基础，以名学为逻辑框架，而诸德目只是礼的精神旨归。

人性本静，这是儒释道三家圣贤苦心求证大道的理论总结，也是中华礼义文明的哲学基础。需要特别强调的是，这里的道不是当代知识分子所说的道理、规律之类，而是儒释道三家圣贤真修实证之宇宙人生境界。

佛教禅宗六祖大师说："何其自性本自清净；何其自性本不生灭；何其自性本自具足；何其自性本无动摇；何其自性能生万法。"迦叶佛传法偈亦云："一切众生性清净，从本无生无可灭；即此身心是幻生，幻化之中无罪福。"

金朝末年全真道著名道士丘处机(1148~1227年)也说："本来真性，静如止水。眼悦乎色，耳好乎声，舌嗜乎味，意着乎事，此数者续来而叠举，若飘风之鼓浪也。道人治心之初甚难，岁久功深，损之又损，至于无为。"[10]

虽然人性本静，但人受外物的影响，会激起无穷的情欲，如果不加以节制，则会离本性越来越远，所以先贤制礼以节之。因人情节人欲是制礼的基础，也是礼义的基本原则。所以《礼记·坊记第三十》上说："礼者，因人之情而为之节文，以为民坊者也。"1993年湖北省荆门市郭店村出土的战国楚简《语丛一》中也有："礼，因为之情而为之节度者也。"

《礼记·乐记第十九》在论述人性本静的时候，就是从制礼的基本原则"因人情节人欲"谈起，"非以极口腹耳目之欲也，将以教民平好恶而反人道之正也"，其哲学基础也是人性本静。上面说："礼乐皆得，谓之有德，德者得也。是故，乐之隆，非极音也。食飨之礼，非致味也。清庙之瑟，朱弦而疏越，一倡而三叹，有遗音者矣。大飨之礼，尚玄酒而俎腥鱼，大羹不和，有遗味者矣。是故先王之制礼乐也，非以极口腹耳目之欲也，将以教民平好恶而反人道之正也。人生而静，天之性也。感于物而动，性之欲也。物至知知，然后好恶形焉。好恶无节于内，知诱于外，不能反躬，天理灭矣。夫物之感人无穷，而人之好恶无节，则是物至而人化物也。人化物也者，灭天理而穷人欲者也。于是有悖逆诈伪之心，有淫泆作乱之事。是故，强者胁弱，众者暴寡，知者诈愚，勇者苦怯，疾病不养，老幼孤独不得其所，此大乱之道也。"这段话大意是说，礼仪和乐理都懂，就叫做有德，德的意思就是得到。所以音乐的隆盛，并不是好听到极点的音乐。合祭祖先的礼仪，不一定要用味道极其鲜美的祭品。宗庙中弹奏的瑟，用音色沉浊的朱弦和底部有稀疏孔眼的，一个人唱歌，三个人应和，声音没有达到丰富多彩的完美境界。合祭的礼仪，崇尚玄酒，盘中盛的是生鱼，肉汁也不调味，食物的味道也没有达到完美。所以，先王制礼作乐，目的不是为了尽量满足人们口腹耳目的欲望，而是用礼乐来教导民众，使好恶之情得到节制，从而回归到人生正途上来。人的本性本是清静的，这是人的天性。受到外物的影响而产生各种冲动，这是由人性产生的欲求。外物的各种影响使人产生了不同的感觉，人们的喜好和厌恶的情绪就反应出来了。人们对好的事物总是不会主动拒绝，外界的美好事物持续存在，不断诱惑人，如是人们不能反省自己，就会沉溺其中，难以自拔，这样就会丧失人的天性。外物对人的影响诱惑是种类繁多无穷无尽的，如果人的好恶心情没有节制，那么在外物的影响下，人就会被某一外物所诱惑而深陷其中，成为外在事物的俘虏，而失去人的自然本性。人变成某种外在事物的俘虏，就会失去天性，而执着于某一个欲望，这样就会有悖逆之心，虚伪之心，出现虚假敷衍的心态，就会发生纵欲放荡，为非作歹的事情。于是强暴的人就会胁迫弱小的人，多数人就会欺凌少数人，聪明人就会欺骗愚笨的人，勇敢的人欺侮怯懦的人，生病的没有人照顾，老幼孤独者无依无靠，这就是天下大乱的原因呀。

中华礼义文明内圣外王的的关键在此，不为物欲所动，格物致知——格除私欲，得大智慧，是我们在日常生活中用功的着力点。黄老经典《淮南子·原道训》中有一段话与上面引文多相合："人生而静，天之性也；感而后动，性之害也；物至而神应，知之动也；知与物接，而好憎生焉。好憎成形而智诱于外,不能反己,而天理灭矣。故达于道者,不以人易天,外与物化,而内不失其情。"读者在此当再三参究,不可一读而过。

朱熹以后诸多儒者将"格物"理解为对外在事物的探究,《礼记·大学》中讲的"格物致知"成了"实践出真知",简直是心外求法。这种解释与中华礼义文明的大道基础是相违背的。

人性本静,因人情节人欲,回归本性,回归虚静的大道,是中华礼义之道的核心内容。这也是传统中国文化与当代西方文明"因人情纵人欲"的生活方式的分野所在。在西方文明整体范式已经遭遇严重挑战的今天,建立在大道基础之上的中华礼义文明将会为人类提供宝贵的思想资源和可供替代的生活方式——这当是我们炎黄子孙的无上光荣。

因人情节人欲的中华礼义之道不仅直接影响了中国人的生活方式,还影响了中国古典政治理念——诸子百家皆将与人类本性相一致的清静无为而治作为最高政治理想。

在孔子看来,主要是通过内政、礼教的榜样力量来达到一平天下的目的。具体地说,就是《大戴礼记·主言第三十九》中孔子所讲的"内修七教,外行三至",实现无为而治,天下太平。"七教"即"上敬老则下益孝,上顺齿则下益悌,上乐施则下益谅,上亲贤则下择友,上好德则下不隐,上恶贪则下耻争,上强果则下廉耻"。(大意:居高位的人尊敬老人,下面就格外的孝顺;居高位的人尊重长幼之序,下面的人就格外的爱敬兄长;居高位的人喜欢施德于人,下面的人就格外的真诚信实;居高位的人亲近贤者,下面的人就能够选择益友;居高位的人爱好有德行的人,下面的人就不会有隐逸的贤者;居高位的人厌恶贪婪,下面的人就羞于争夺;居高位的人克制用权,下面的人就明廉知耻。)统治者作到了七教,人们皆能对此有所辨别,就人心坚定,则邪恶不为,做君王的也就不用费尽气力,进而实现无为而治了。《大戴礼记·主言第三十九》的作者写道:"民皆有别,则贞、则正,亦不劳矣。"

所谓"三至"就是,"至礼不让而天下治,至赏不费而天下之士说,至乐无声而天下之民和。明主笃行三至,故天下之君可得而知也,天下之士可得而臣也,天下之民可得而用也。"孔子进一步解释说:"以前贤明的君王要知道天下贤能人才的名字。既知道他们的姓名，又知道他们的人数；既知道他们的人数，又知道他们住在那里。贤明的领袖凭着天下的爵位使天下贤能的人才尊贵，这就是说'礼到极处，不用谦让，而天下就治理了'；凭借着天下的俸禄，使天下贤能的人富裕，这就是'赏到极处，不用私人花费，而天下的人才就都喜悦了'；天下的人才既然喜悦，自然歌颂之声大作，贤明的声誉就兴起来。这就是说'乐到极处，没有声音，而天下的人民都快乐了'。所以说，所谓天下最仁爱的人，是能团结天下互相亲爱的人。所谓天下最聪敏的人，是能够使天下纷歧的意见相辅相成，成为最和谐的人。所谓天下最明察的人，是能够选拔天下最贤能的人。这三件都做到了，然后可以从事于征讨了。所以仁者的作为，没有比爱人再大了。智者的作为，没有比知道贤能的人再大了。为政者的作为，没有比任用贤能的人再大了。有土地的君王将这三件做好，那么四海以内都能够拱手而治了。然后就可以从事征讨了。贤明的君王所征讨的，一定是放弃正道的人，他们废弃正道而不行，当诛杀他们的君王，引导他们走正道，安抚他们的人民，而不夺取他们的财物。所以说：贤明君王的征讨，如适时的雨一样，到哪里哪里的人民就喜悦。所以实施征讨的范围愈广，拥护他的人民也愈众多。这就叫做'轻松获得胜利，班师而回。'"（《大戴礼记·主言第三十九》原文：孔子曰："昔者明主以尽知天下良士之名，既知其名，又知其数；既知其数，又知其所在。明主因天下之爵，以尊天下之士，此之谓'至礼不让而天下治'。因天下之禄，以富天下之士，此之谓'至赏不费而天下之士说'。天下之士说，则天下之明誉兴。故曰：所谓天下之至仁者，能合天下之至亲者也。所谓天下之至知者，能用天下之至和者也。所谓天下之至明者，能选天下之至良者也。此三者咸通，然后可以征。是故仁者莫大于爱人，知者莫大于知贤，政者莫大于官贤，有土之君修此三者，则四海之内拱而俟，然后可以征。明主之所征，必道之所废者也。彼废道而不行，然后诛其君，致其征，吊其民，而不夺其财也。故曰：明主之征也，犹时雨也，至则民说矣。是故行施弥博，得亲弥众，此之谓'衽席之上乎还师'。"）

在中国古典政治传统中，内政与外事没有明显的界线，内政是外事的

导言：中华礼义道德之基础

基础。战争的目的不是掠夺资源和财富，而是为了吊民罚罪——再经过多少世纪，西方和中国西化的学界、政治精英才会理解这种伟大高深的政治经济学呢？！现代西方主导的世界秩序只会产生更多的战争和各种形式的恐怖主义，不可能实现"衽席之上乎还师"。

另外，先贤还将礼作为人兽之别的标志。因为礼规范着人类社会生活的方方面面，只有人能节制自己的欲望，回归清静本性，这是人之所以为人的原因。《礼记》中屡屡提到这一点。比如《礼记·曲礼上第一》上面就说："道德仁义，非礼不成；教训正俗，非礼不备；分争辩讼，非礼不决；君臣、上下、父子、兄弟，非礼不定；宦学事师，非礼不亲；班朝治军，莅官行法，非礼威严不行；祷祠祭祀，供给鬼神，非礼不诚不庄。是以君子恭敬、撙节、退让以明礼。鹦鹉能言，不离飞鸟；猩猩能言，不离禽兽。今人而无礼，虽能言，不亦禽兽之心乎！夫唯禽兽无礼，故父子聚麀。是故圣人作，为礼以教人，使人以有礼，知自别于禽兽。"（大意：道德仁义诸德目，没有礼就落不到实处；教育训导，整饬民俗，没有礼就会顾此失彼；辨别争讼的是非曲直，没有礼就无法判断；君臣、上下、父子、兄弟的名分，没有礼就无法确定。学习做官的本领和学习六艺，如果弟子侍奉老师无礼，师生之情就不会亲密。百官在朝廷上的班位，将帅的治军，官员的到任履行职务，没有礼就无法体现威严；求福之祷，谢神之祠，以及常规的种种祭祀，供给鬼神的祭品都有规定，不按照礼数来做就显得内心不诚，外貌不庄。所以，作为君子，就要用恭敬、抑制、退让的精神来显示礼。鹦鹉虽然能学人说话，但终究还是飞鸟；猩猩虽然也能说话，但终究还是禽兽。如果作为人而不知礼，虽然能说话，难道不也是禽兽之心吗？正因为禽兽不知礼，才父子共妻。所以圣人制定了一套礼来教育人，使人人都有礼，知道自己有别于禽兽。）

事实上禽兽的欲望也在很大程度上受自然规律的节制，而人类却可以无限制地膨胀自己的贪欲，从社会生活到经济金融都是这样。日本著名思想家梅原猛先生曾指出"欲望的无限解放"是近代文明的本质，其结果是现代人对外"破坏自然"，对内"破坏人性"。[1] 看看今天西方主流的生活方式，再看看西方主导的世界秩序，与上述中国先哲的观念相比，究竟是野蛮还是先进呢？在这类关键问题上，中国的知识分子必须有明辨是非的基本能力！

让我们结束西方政治上的霸权主义和生活上的享乐主义，回归中华礼义之道吧！除此之外，在伦理和政治经济危机重重的二十一世纪，人类似乎没有其他的选择。

3. 礼之用

《论语·学而篇第一》记孔子著名弟子有若之言曰："礼之用，和为贵。先王之道，斯为美。小大由之，有所不行。知和而和，不以礼节之，亦不可行也。"（大意：礼的应用，以和谐为贵。古代君主的治国方法，可宝贵的地方就在这里。但不论大事小事只顾按和谐的办法去做，有的时候就行不通。这是因为为和谐而和谐，不以礼来节制和谐，也是不可行的。）

有子这里透露了一个重要的信息，为和谐而和谐，没有坚实的制度基础是不行的，这是我们特别需要重视的一个大问题。

那么在古代，是如何通过礼的应用而达到社会和谐的呢？与法家一样，其关键就是正名定分。在此更深的意义上，儒法两家没有任何本质的区别。

从《左传》、《论语》、《韩诗外传》等古籍的记载来看，孔子在社会生活的方方面面都十分重视正名定分。孔子"名不正则言不顺"一语千百年来更成为妇孺皆知的名言。《礼记·大传第十六》上也说："名者，人治之大者也，可无慎乎！"

不幸的是，由于名学长期以来为儒家所排斥，以至于儒家对名学的应用总是让人不得要领，学人只能从史籍中看到这方面的只言片语。直至十几年前郭店楚简的面世，我们才知道名学在儒家思想中的核心作用——原来，在儒家倡导的人类基本人际关系和基本道德规范三纲五常（"三纲"即君臣、父子、夫妇；"五常"是指"仁、义、礼、智、信"五个德目。）之间，还有一个不可或缺的中间环节——六职，即六种职分。

郭店楚简《六德》中有相互关联的"六位"、"六职"、"六德"三种提法，其中六位即三纲，六德即后来演化为五常的六个德目；《六德》中关于"六位"、

导言：中华礼义道德之基础

"六职"、"六德"的阐释，按刘钊先生的校释我们依次摘录如下：[12]

"生民斯必有夫妇、父子、君臣，此六位也。有率人者，有从人者；有使人者，有事人者；有教者，有受者；此六职也。既有夫六位也，以任此六职也。六职既分，以裕六德。"（大意：有生民以来就必然有夫妇、父子、君臣。这就是"六位"。有率领人的，有服从人的，有役使人的，有服侍人的，有教导人的，有接受于人的。这就是"六职"。有了'六位'，分别担当此"六职"。"六职'已分，用来扩充德行。）

"何谓六德？圣、智也，仁、义也，忠、信也。圣与智就矣，仁与义就矣，忠与信就矣。作礼乐，制刑法，教此民尔使之有向也，非圣智者莫之能也；亲父子，和大臣，寝四邻之殃祸，非仁义者莫之能也；聚人民，任土地，足此民尔生死之用，非忠信者莫之能也。"（大意：什么叫"六德"？就是"圣"和"智'、"仁"和"义"、'忠"和"信'。"圣"与"智"接近，"仁"与"义"按近，"忠"与"信"接近。制定礼乐，规定刑法，教导民众，使民众有前进的目标，不是圣明智慧的人办不到。使父与子亲近，和睦大臣，止息四邻的殃灾祸患，不是仁义的人办不到。会聚人民，开发土地，满足人民生前和死后之器用，不是忠信的人办不到。）

"任诸父兄，任诸子弟，大材艺者大官，小材艺者小官，因而施禄焉，使之足以生，足以死，谓之君，以义使人多。义者，君德也。非我血气之亲，畜我如其子弟。故曰：苟济夫人之善也，劳其脏腑之力弗敢惮也，危其死弗敢爱也，谓之臣，以忠事人多。忠者，臣德也。"（大意：任于父兄，任于子弟。有大才能者任大官，有小才能者任小官。因此布施爵禄。使民众生前富足，死亦无憾，叫做"君"，以义道治理人民为重。义，是君之德。人君与我无血源之亲，却养育我如其儿女一样。所以说，如果能够增益人之善德，劳其腑脏之力也不怕，危及生命也不吝惜，这就叫做臣。以忠信服侍人为重。忠信，是臣下之德。）

"知可为者，知不可为者，知行者，知不行者，谓之夫，以智率人多。智也者，夫德也。能一与之齐，终身弗改之矣。是故夫死有主，终身不嫁，谓之妇，以信从人多也。信也者，妇德也。"（大意：知道什么可作为，什么不可作为；知道什么可以行，什么不可以行，这就叫做"丈夫"。以明智率领人为重。明智，是丈夫的德。一旦与丈夫共食，终身不再改变。所以丈夫死了仍旧守其牌位，终身不再改嫁，这就叫做"妇"。以信从服从人为重。信从，是妇的德。）

"既生畜之，或从而教诲之，谓之圣。圣也者，父德也。子也者，会最（"最"通萃）长材以事上，谓之义；上恭下之义，以奉社稷，谓之孝。故人则为人也，谓之仁。仁者，子德也。"（大意：既生养子女，又跟从教育子女，这就叫做"圣明"。圣明，是父亲的德。孩子会聚长处才能以服侍上，叫做"义"。对上恭敬对下仁义，以奉祀社稷，叫做孝。所以人之为人也，叫做"仁"。仁是孩子的德。）

"故夫夫，妇妇，父父，子子，君君，臣臣，六者各行其职而讪夸亡由作也。观诸《诗》、《书》则亦在矣，观诸《礼》、《乐》则亦在矣，观诸《易》、《春秋》则亦在矣，亲此多也，密此多也，美此多也。"（大意：所以夫、妇、父、子、君、臣这六者各行其职，则毁谤狂言就无从产生了。看《诗》和《书》，其中有着记载，看《礼》和《乐》，其中有着记载，看《易》和《春秋》，其中有着记载。要以此为亲，要以此为近，要以此为美。）

为了让读者能对儒家礼教的核心内容有一个形象地认知，我们将六位、六职、六德内容制成以下表格：

六位	夫	妇	父	子	君	臣
六职	夫之率人	妇之从人	父之教人	子之受人	君之使人	臣之事人
六德	夫之智	妇之信	父之圣	子之仁	君义	臣之忠

这里的"位"指一个人在社会关系中的位置，每一位与自己相对应的位平等结合，就成了社会生活中最基础的关系，主要的是三纲六纪，东汉《白虎通义》释云："三纲者何谓也？谓君臣、父子、夫妇也。六纪者，谓诸父、兄弟、族人、诸舅、师长、朋友也。"三纲中君臣关系虽然在现代社会不复存在，但其中蕴含的上下之义仍普遍存在于所有社会组织中，因为上下级关系总是存在的。

"位"为名位之意，是名学中的重要概念。《公孙龙子·名实论》开篇即讲:"天地与其所产焉,物也。物以物其所物而不过焉,实也。实以实其所实,而不旷焉,位也。出其所位非位,位其所位焉,正也。"这段话大意是说,天地及天地间产生的万物,名为物。天下万物各相其名色命名不发生过差,各当其物,这就是实。实对于所指称的物来说无过差,有序,不空虚不实,就是(名)位。离开本来的名位就是非位,符合其名位,就是正。

社会生活中如何正名呢?关键是定分,确定名位的职分,这就是《六德》中讲的六职,即夫率、妇从、父教、子受、君使、臣事;一个人要和谐、顺利完成自己的职分,就要遵循一定的社会行为准则,这就是德。当然六德对于每个人来说都很重要,因为一个人同时处在不同的社会角色之中。但在不同场合,名位不同,德也有侧重点,所以六德就讲夫智、妇信、父圣、子仁、君义、臣忠。

事实上在先秦,我们的先贤特别重视礼义中的职分。《吕氏春秋·处方》通篇都是讲伦理关系中职分的重要性,上面说:"凡为治必先定分:君臣父子夫妇。君臣父子夫妇六者当位,则下不逾节而上不苟为矣,少不悍辟而长不简慢矣。金木异任,水火殊事,阴阳不同,其为民利一也。故异所以安同也,同所以危异也。同异之分,贵贱之别,长少之义,此先王之所慎,而治乱之纪也。"这段话大意是说,凡治国一定要先确定名分,使君臣父子夫妇名实相副。君臣父子夫妇六种人各居其位,那么地位低下的就不会超越礼法,地位尊贵的就不会随意而行了,晚辈就不会凶暴邪僻、长者就不会怠惰轻忽了。金木功用各异,水火用途有别,阴阳性质不同,但它们作为对人们有用之物则是相同的。所以说,差异是保障同一的,同一是影响差异的。同一和差异的区分,尊贵和卑贱的区别,长辈和晚辈的伦理,这是先王所慎重的,是国家太平或者混乱的关键。

为了解释六位定分的重要性,《吕氏春秋·处方》还讲了下面这则故事,很能说明一个人完成自己的义务在社会生活中的重要性,用该篇作者的话说,定分为本!故事说,齐王命令章子率兵同韩魏两国攻楚,楚命唐篾率兵应敌。两军对峙,六个月不交战。齐王命周最催促章子迅速开战,言辞非常峻切。章子回答周最说:"杀死我,罢免我,杀戮我的全族,这些齐王对我都可以做到，不可交战硬让交战，可以交战不让交战，这些，齐王在我这里办不到。"齐军与楚军隔泚水驻军对垒。章子派人察看河水可以横渡之处，楚军放箭，齐军的侦察兵无法靠近河边。有一个人在河边割草，告诉齐军侦察兵说："河水的深浅很容易知道。凡是楚军防守严密的，都是水浅的地方；防守粗疏的，都是水深的地方。"齐军侦察兵让割草的人坐上车，和他一起来见章子。章子非常高兴，于是就乘着黑夜用精兵突袭楚军严密防守的地方，果然大胜，杀死了唐蔑。《吕氏春秋·处方》的作者最后赞叹道：章子可算是知道为将的职分了。(《吕氏春秋·处方》原文：齐令章子将而与韩魏攻荆，荆令唐蔑将而应之。军相当，六月而不战。齐令周最趣章子急战，其辞甚刻。章子对周最曰："杀之免之，残其家，王能得此于臣。不可以战而战，可以战而不战，王不能得此于臣。"与荆人夹泚水而军。章子令人视水可绝者，荆人射之，水不可得近。有刍水旁者，告齐候者曰："水浅深易知。荆人所盛守，尽其浅者也；所简守，皆其深者也。"候者载刍者，与见章子。章子甚喜，因练卒以夜奄荆人之所盛守，果杀唐蔑。章子可谓知将分矣。)

六位、六职、六德——名位、职分、德目是一个完整的有机体，它们构筑了国人礼义道德的坚实大厦！在现实世界中，六位、六职、六德相辅相成，缺一不可。如果一个人只讲名位和德目，即后来的纲、常，那么礼义道德很可能成为苍白无力的说教，有时甚至导致悲剧性结果。

一位搞经典文化教育的专家曾经告诉笔者这样一件事：一位在电视台工作、事业有成的母亲整日繁忙，她不是没有爱心，也爱自己的孩子，尽力让自己的孩子吃得好，住得好，上最好的学校，结果孩子还是得了严重的精神疾病。原来，这位母亲十几年来没有给孩子作过一顿饭，吃饭就上饭店，孩子有求就给钱——她忘了，父母最重要的职分是"教"，金钱不可能代替教化，公共教育也不能覆盖教化的全部！

——伦理生活中职分之重要如此！

4. 礼之殇

作为中华文化的灵魂，礼（后世重礼的伦理功能，亦称礼教或名教）为什么在上个世纪会迅速解体呢？难道仅仅是当时救亡图存的时势所趋吗？

不是的，因为经过东汉礼教的极端化和宋明礼教的绝对化，礼早就成了一大堆形式上的繁文缛节和老生常谈的德目，其真正的教化功能则越来越弱——如果我们翻阅一下十九世纪末亚瑟·亨·史密斯介绍中国的的名著《中国人的性格》，你就会马上清楚这一点。作者甚至专辟一章，题目就叫"缺乏同情"，中国人道德上的冷漠并不是今天才有的。

东汉政府重礼治，士人重名节。当时社会所首重者为孝悌。孝出了名，可以当官，可以免赋役，可以扬名乡里，于是出现了"卧冰求鱼"、"割股疗亲"的苦孝。只要孝，甚至连起码的国家责任都不用负担。

据《后汉书》，汉安帝时汝南薛包十分孝顺，母亲去世，他的父亲娶了后妻，因而逐渐憎恶薛包，让他分家出去住。薛包就日夜痛哭流泪，不愿离开，以至被父亲用棍棒殴打。薛包不得已，只好在家门外搭间庐舍住着，每天早上都回家清扫。他的父亲十分恼怒，又把他赶走，于是薛包只得在里巷外间搭了一间小屋住着，但每天早晚仍不间断地向父母请安。这样过了一年多，他的父母也感到惭愧，让他搬回家。父母逝世后，薛包守孝六年，超过一般守孝三年的礼法惯例。建光年间，政府特意征聘他，直至任用他为侍中。薛包生性恬淡，不愿做官，就声称自己卧病在床，快要死了，乞求回家养病。皇帝只好下诏书让他保留官衔回家了。但同时赐米千斛，命地方官每年八月清理户口时登门问候，送羊酒——这类人可以有官而无责。当时的政治腐败，吏治黑暗则完全与他们不相干，好个清流！

将道德极端化不会产生好的社会效果，更不会使风俗淳厚，只会多欺世盗名的假道德。东汉民谣说"察孝廉，父别居"，说的正是这种情况。

第二次礼教的异化发生在宋朝。自宋代理学家罗从彦（1072~1135年）提出："天下无不是的父母。"有人便把三纲间阴阳互系的关系绝对化了，甚至提出："君要臣死，臣不得不死；父要子亡，子不得不亡。"事实上这与儒家的基础精神是相违背的。《孝经》更是明确指出，父母的话不能盲从。《孝经·谏诤章第十五》载，曾子曾问孔子，做儿子的一味遵从父亲的命令，就可称得上是孝顺了吗？孔子回答说："这是什么话呢？这是什么话呢？从前，天子身边有七个直言相谏的诤臣，因此，纵使天子是个无道昏君，他也不会失去其天下；诸侯有直言谏诤的诤臣五人，即便自己是个无道君主，也不会失去他的诸侯国地盘；卿大夫也有三位直言劝谏的臣属，即使他是个无道之臣，也不会失去自己的家园。普通的读书人有直言劝诤的朋友，自己的美好名声就不会丧失；为父亲的有敢于直言力诤的儿子，就能使父亲不会陷身于不义之中。因此在遇到不义之事时，如系父亲所为，做儿子的不可以不劝诤力阻；如系君王所为，做臣子的不可以不直言谏诤。所以对于不义之事，一定要谏诤劝阻。如果只是遵从父亲的命令，又怎么称得上是孝顺呢？"（原文：曾子曰："若夫慈爱恭敬，安亲扬名，则闻命矣。敢问子从父之令，可谓孝乎？"子曰："是何言与，是何言与！昔者天子有争臣七人，虽无道，不失其天下；诸侯有争臣五人，虽无道，不失其国；大夫有争臣三人，虽无道，不失其家；士有争友，则身不离于令名；父有争子，则身不陷于不义。故当不义，则子不可以不争于父，臣不可以不争于君；故当不义，则争之。从父之令，又焉得为孝乎！"）

另外，孔子曾教训曾参"小杖则受，大杖则走"，而在我们的时代，还有的父母相信"棒头出孝子"。宋朝对三纲关系的绝对化阐释在今天仍有很大的负面影响——这是大家不得不警醒的事实。

如果进一步探究导致上述礼教异化的更深层原因，其中两点是值得特别指出的：一是礼早已失去了道家哲学基础和名学逻辑基础，二是后世儒家整体上对"法生德"没有给予足够的重视。

自西汉董仲舒提出"三纲"、"五常"，礼学的名学逻辑基础就被极大地削弱了，上文我们已经论及。这里我们主要谈一谈礼学被剥离了道家哲学基础之后的结果。

礼同大道是直接联系在一起的，又因为古人根器高，故儒家心法同禅宗相似，大体都是直指人心。《中庸》讲"喜怒哀乐之未发谓之中"，六祖慧能指示慧明也说："不思善，不思恶，正与么时，哪个是明上座本来面目。"

但后世在解释"中庸"的"中"字时，却被解释为"中者，不偏不倚、无过不及之名。庸，平常也。"（朱熹《中庸章句》题注），这种解释完全是错误的，因为在先秦，"中"有心之意。郭店楚简《老子》中，今本"致虚极，守静笃"写作"至虚，恒也；守中，笃也"。这里的"中"即代表了我们的清静本性（心）。所以说，中者心也，庸者平也，也就是佛家所说的平常心。但这个平常心并非世人日常的思想情绪，我们日常的思想情绪都在不平与无常中，它只是平常心的作用——平常心才是我们的真心，是体，是道。

离道释礼，使后世儒家在解释经典中"格物"、"慎独"这些关键概念时大大偏离原意（关于儒家对慎独的误读，感兴趣的读者可以参阅梁涛：《郭店竹简与思孟学派》，中国人民大学出版社，2008年，第292~300页），这相当于割断了礼的哲学之根，极大地影响了先秦以后礼学的健康正常发展——直至宋以后，儒家才开始重新关注心性之学。与此同时，许多儒者却将道家视为异端——历史有时就是这样具有难以名状的讽刺意味！

导致礼教异化的另一个深层原因是中华法系中"法生德"原则弱化。据《周礼·地官司徒第二·大司徒》，周初每一种道德原则后面都有法律作支撑，包括针对不孝的刑罚，针对不和睦九族的刑罚，针对不亲爱姻戚的刑罚，针对不友爱兄弟的刑罚，针对不信任朋友的刑罚，针对不救济贫困的刑罚，针对制造谣言的刑罚，针对暴乱之民的刑罚等等。（原文：以乡八刑纠万民：一曰不孝之刑，二曰不睦之刑，三曰不姻之刑，四曰不弟之刑，五曰不任之刑，六曰不恤之刑，七曰造言之刑，八曰乱民之刑。）

似乎在子思（公元前483~公元前402年）时代，世人还认为"法生德"是常识。据《孔丛子》记载，鲁国一个人认为同姓的人死了不宜去吊唁，别人就对他说："按礼法，应当免服的不免服，应当吊唁的而不吊唁，官吏都要惩罚他们，为什么你不去吊唁呢？"这个人回答说："我是觉得他与我的宗族的关系太疏远了"于是子思就认为此人不讲恩情。（《孔丛子·杂训第六》原文：鲁人有同姓死而弗吊者。人曰："在礼当免不免，当吊不吊，有司罚之,如之何子之无吊也？"曰："吾以其疏远也。"子思闻之曰："无恩之甚也。)

郭店楚简多思孟学派文献,其《语丛一》对法（刑）德关系作了很好的概括,上面说："其刑生德,德生礼,礼生乐,由乐知刑。"

但自汉代起,就有了将治国中相须而用的礼（德）与法（刑）截然对立化的趋势,当时许多儒者认为,秦亡的原因是单纯依赖法律,"秦王置天下于法令刑罚,德泽无一有。而怨毒盈世,民憎恶如仇雠,祸几及身,子孙诛绝,此天下之所共见也。"（《大戴礼记·礼察第四十六》）,他们这样从理论上论证说："为人主计者,莫如安审取舍。取舍之极,定于内,安危之萌,应于外。安者非一日而安也,危者非一日而危也,皆以积然,不可不察也。善不积不足以成名,恶不积不足以灭身,而人之所行,各在其取舍。以礼义治之者积礼义,以刑罚治之者积刑罚。刑罚积而民怨倍,礼义积而民和亲。故世主欲民之善同,而所以使民之善者异。或导之以德教,或驱之以法令。导之以德教者,德教行而民康乐;驱之以法令者,法令极而民哀戚。哀乐之感,祸福之应也。"（《大戴礼记·礼察第四十六》,大意是：为做君王的人来筹划,没有比确定和明白取舍的原则更重要了。取舍的恰到好处,是在内心确定的。可是取舍以后,安危的预兆就在外界相应发生了。安定不是一天造成的,危险也不是一天可以造成的,都是一天一天累积而成的,这道理不能不先看清楚。善事不多做不足以成美名,罪恶做得不多也不足以招杀身之祸,而每个人的所行所为,都取决于他们内心的取舍。用礼义来治理国家的就积累着礼义,用刑罚来治理国家的就积聚着刑罚,刑罚积多了,人民就怨恨背叛。礼义积多了,人民就和睦亲爱,所以历来做君王的都希望人民善良,可是用来使人民善良的方法却并不相同。有的用德教去引导,有的用法令去强制,用德教去引导的,德教就会流行而人民安康快乐。用法令去强制的,法令就会极多而人民悲苦忧愁。人民悲哀或快乐的感觉,正和灾祸或幸福是相应的！)

《大戴礼记·礼察第四十六》也没有否定礼、法的交互作用,上面还说："礼者,禁于将然之前；而法者,禁于已然之后。"但到了汉以后,以法生德,以德固法的法律原则被严重破坏了。具体表现为,在儒家化的法律中,私德极大地压制了公德，中国人的公德观念受到极大地抑制——无原则地亲亲相隐成了基本的法制观念，并且这种观念至今仍在学界有着很大地影响。

在亲情的名义下，他们干了多少坏事啊！

而今天那些西化了的法律"专家"们，则引用一万本翻译过来的西方学术著作，以证明"道德的归道德，法律的归法律"的"伟大"原则。他们的理由是："如果贸然将'见死不救'入罪，很可能在对公民自由的限制之中，进一步压缩公民自由的底线。穆勒说：'个人的自由，以不侵犯他人的自由为自由。'……"[13]——在一个没有宗教背景的族群中，道德怎能失去法律的依托——这些法律专家能看到天外的世界，就是看不到脚下中国。

在自由的名义下，他们干了多少坏事啊！

让我们回归中华民族伟大的礼义道德吧，否则，我们永远无法阻止"小悦悦事件"那样的悲剧。2011年10月13日下午5点30分，广东佛山广佛五金城里，2岁女童小悦悦在过马路时不慎被一辆面包车撞倒并两度碾压，肇事车辆逃逸，开来的另一辆车辆直接从已经被碾压过的女童身上再次开了过去，七分钟内在女童身边经过的十几个路人，都对此冷眼漠视，只有最后一名拾荒阿姨陈贤妹上前施以援手；2011年10月21日0时32分，小悦悦经医院抢救无效离世。

作为一个无权无势的读书人，冷眼看着那些"道德家们"的反思，禁不住作此文，献给那个本不该如此早逝的灵魂……

因为希望还在——一个人灵魂走了，我们尚可期待一个民族灵魂的复生！

归来兮，中华礼义大道！

注释：

[1] 利玛窦、金尼阁：《利玛窦中国札记》，中华书局，1983年，第31页。

[2] 张岂之等：《近代伦理思想的变迁》，中华书局，2000年，序第8页。

[3] 林语堂：《中国人》，郝志东、沈益洪译，浙江人民出版社，1988年10月，第87~88页。

[4] 阿尔伯特·甘霖：《基督教与西方文化》，赵中辉译，北京大学出版社，2005年1月，第6~7页。

[5] 同[4]，第11页。

[6] 同 [2]，序第 9~10 页。

[7] 卜工：《历史选择中国模式》，科学出版社，2009 年，第 24~25 页。

[8] 同 [7]，前言第 5 页。

[9] 钱穆：《中国文化史导论》（修订本），商务印书馆，1996 年，72 页。

[10] 赵卫东辑校：《丘处机集》，齐鲁书社，2005 年，第 140 页。

[11] 参阅稻盛和夫、梅原猛：《拯救人类的哲学》，曹岫云译，中国人民大学出版社，2009 年 10 月。第 41~44 页。

[12] 刘钊：《郭店楚简校释》，福建人民出版社，2005 年，第 110~115 页。

[13] 杨涛：《道德的归道德，法律的归法律》，网址：http://dzrb.dzwww.com/dzsp/ws/201110/t20111021_6716703.htm，访问日期：2011 年 11 月 5 日。

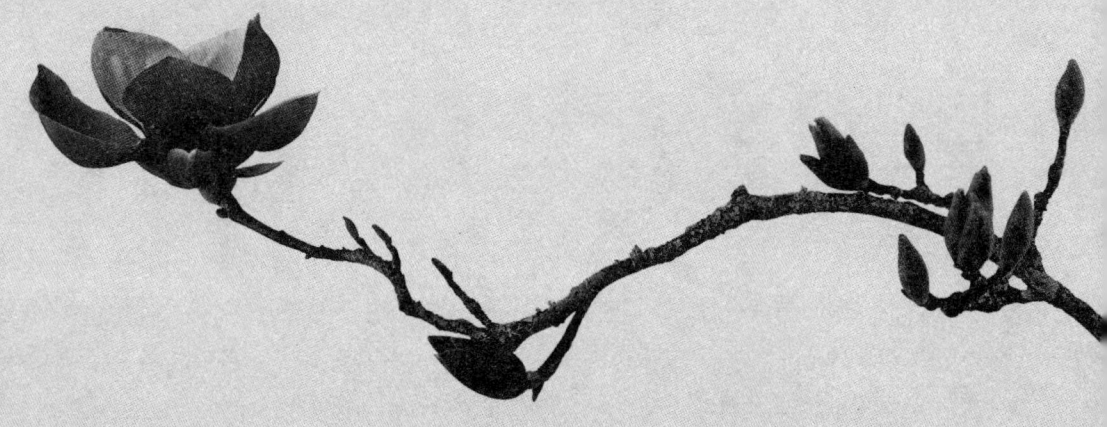

上编：内圣外王之道

上编：内圣外王之道

天佑吾华，中华有大道。

大道不可以言传，却可以心感，于是有内圣之功；由体必有用，体用不二，圆融无碍，于是有外王之术。

那么，内圣与外王是如何具体关联的呢？从发生层面说，是以趋利避害的人情论相关联；从工具的层面说，是以名学，正名定分相关联；从思想层面说，是以静因、无为之道相关联。由此产生中国学术的两大支，一是名教（礼教、德教）之学，二是名法（刑名、法家）之学。前者诉诸诸德目，以德目判是非，作褒贬；后者诉诸诸法令，以法令判是非，定赏罚。

重在名教的儒家同重在名法的法家一样主张人情论，将之作为以礼（德）、以名法治天下的基础（关于法家与人情论的关系，感兴趣的朋友可以参阅拙著：《道法中国：二十一世纪中华文明的复兴》，中央编译出版社，2008年，196~197页。），只不过儒家讲的人情更为复杂，但仍以好恶为其大端，为制礼基础。《礼记·礼运第九》上说："何谓人情？喜怒哀惧爱恶欲，七者，弗学而能。何谓人义？父慈，子孝，兄良，弟弟，夫义，妇听，长惠，幼顺，君仁，臣忠，十者，谓之人义。讲信修睦，谓之人利。争夺相杀，谓之人患。故圣人所以治人七情，修十义，讲信修睦，尚辞让，去争夺，舍礼何以治之？饮食男女，人之大欲存焉。死亡贫苦，人之大恶存焉。故欲恶者，心之大端也。人藏其心，不可测度也，美恶皆在其心不见其色也，欲一以穷之，舍礼何以哉？"这段话大意是说，什么叫做人情？喜、怒、哀、惧、爱、恶、欲，这七种不学就会的感情就是人情。什么叫做人义？父亲慈爱，儿子孝敬，兄长友爱，幼弟恭顺，丈夫守义，妻子听从，长者惠下，幼者顺上，君主仁慈，臣子忠诚，这十种人际关系准则就叫人义。讲究信用，维持和睦，这叫做人利。你争我夺，互相残杀，这叫做人患。圣人要想疏导人的七情，维护十种人际关系准则，崇尚谦让，避免争夺，除了礼以外没有更好的办法。饮食男女，是人的最大欲望所在。死亡贫苦，是人的最大厌恶所在。这最大欲望和最大厌恶，构成了人心日夜思虑的两件大事。每人都把心思藏在肚子里，深不可测。美好或丑恶的念头都深藏在心，从外表来看谁也看不出来，要想彻底搞清楚，除了礼之外恐怕也没有别的办法。

1993年出土的郭店楚简《性自命出》对于因人情制礼，礼作于情的道理讲得更清楚，上面说："教，所以生德于中者也。礼作于情，或兴之也，当事因方而制之。"

礼生于情，为政亦然。《韩非子·八经》阐述了君主治国的八个原则，其开篇就说："凡治天下，必因人情。人情者，有好恶，故赏罚可用；赏罚可用，则禁令可立而治道具矣。"

名教、名法之学是建立在人情论的基础上，这是因为"情生于性"，人情与大道共始终。郭店楚简《性自命出》解释说："性自命出，命自天降。道始于情，情生于性。始者近情，终者近义。"

理论上，名教、名法之学皆重名位，皆重职分。

现实中，名教、名法之学相辅相成，相须而用。

二者同归大道人心。内圣以证道，外王以行道。《礼记·乐记第十九》指出："故礼以道其志，乐以和其声，政以一其行，刑以防其奸。礼乐刑政，其极一也，所以同民心而出治道也。"中国文化圆融如此！

为了形象地表现中国文化内圣外王的特点，我们列图表如右：

大道一贯，真实不虚。

内圣外王之学是中国独有的学问，也是人类至高、至大的学问。自庄周"道术将为天下裂"（《庄子·天下篇》）之叹，两千三百年来，其不传久矣。于此大争之世，有心者当仔细参究，并身体力行。

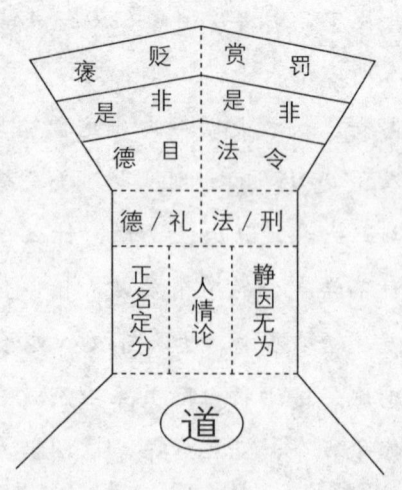

上编：内圣外王之道

第一章 清静心的养成及清静世界的建立
——内圣外王的现代意义

若以一言概括中国学术，乃至整个中国文化，可以用四字，即：内圣外王。

这里，内圣之学是中华文化的根本，是得清静心，实现人生幸福的不二法门。内圣意味着一种生活方式，它超越一切宗教，又是东西方主要宗教的精髓。行静因之道，由内圣而外王。以道心行法家，无为而无不为，才能建设一个西汉初期那样"刑罚罕用"、"人给家足"的清静世界；清静心的养成是本，清静世界的建立是末。

从战国时代庄周明确提出"内圣外王"这一概念算起，先贤对于内圣外王的阐述可谓汗牛充栋。近人冯友兰在《新原道》的《绪论》中总结道："在中国哲学中，无论哪一派哪一家，都自以为讲'内圣外王之道'。"[1]

在《新原道》的《绪论》中，冯先生对内圣外王作了很精彩的阐发，其中涉及内圣与外王的内涵和关系，它对我们理解中国传统中内圣及外王即世间而出世间的特点，具有特别重要的意义，可以说，这一特点是中国文化所独具的。他说："中国哲学家以为，哲学所求底（即"的"，下同——笔者注）最高底境界是即世间而出世间底。有此等境界底人，谓之圣人。圣人的境界是超世间底。就其是超世间底说，中国的圣人的精神底成就，与印度所谓佛的，及西洋所谓圣人的精神底成就，是同类底成就，但超世间并不是离世间，所以中国的圣人不是高高在上，不问世务底圣人。他的人格是所谓内圣外王底人格。内圣是就其修养的成就说，外王是就其在社会上底功用说。圣人不一定有机会为实际底政治底领袖。就实际底政治说，他大概一定是没有机会底。所谓内圣外王，只是说，有最高底精神成就底人，可以为王，而且最宜于为王。至于实际上他有机会为王与否，那是另外一回事，亦是无关宏旨底。"[2]

内圣是内在的道德修养，外王是外在的经世济民，二者何以统一就成了大问题。以冯友兰先生的渊博，他大概也注意到了这个问题，所以才说内圣之人只是最宜为王，而"就实际底政治说，他大概一定是没有机会底"。我们进一步说，如果圣人在现实中几乎没有机会作外王，那么内圣外王实际上是不成立的，也是一个空洞的理想，一如柏拉图理想中的"哲学王"。

北京大学的汤一介教授及其他一些学者都曾指出内圣外王的这种内在矛盾，北师大哲学系高级访问学者汪建华先生甚至曾作《论"内圣"和"外王"的统一与矛盾》一文专题讨论。[3]

汤一介先生曾在多篇文章中论述内圣外王问题，他指出个人崇高的道德修养无法现成地解决复杂的现实社会问题，道德的理想会被现实击得粉碎，圣人也许是最不适宜作帝王的。进而言之，儒家修身与治国平天下之间不存在一条自然的通衢，内圣外王必将走上人治和泛道德主义的歧途。他论证说："帝王不宜于要求自己作'圣人'，这是因为，帝王如要求作'圣人'，或者是企图把儒家那一套不可实现的'治国平天下'的理想实现于现实社会中。这当然是不可能的。因此只能是自期了，或者是把现实的一切说成是符合理想的，这也只能是骗人了。那么'圣人'是不是最适宜作'帝王'呢？我想，也许'圣人'应是最不宜于作'帝王'的，照我看，'圣人'如果作帝王，或者他就要失去作为'圣人'，因为具有理想人格的人总是很难了解现实的，他们往往是那种'知其不可而为之'的幻想家，他如果当帝王，就要面对现实；要面对现实就不能用他那套空想的理想主义来行事，从而必定失去其为'圣人'的品格了。或者，'圣人'企图利用其为'圣人'的地位来改变现实社会，这当然也是不可能的，而往往成为美化现实的工具。看来，儒家的'内圣外王之道'的学说正是中国长期专制社会重'人治'而轻'法治'的根据和理论基础。"[4]

诸子百家共称的内圣外王之道，在如汤一介先生那样的当代学人眼里，不仅存在内在的近乎无法克服的矛盾，而且它本身对中国社会也成有害的了。所以，我们研究内圣与外王究竟是什么？内圣与外王是如何联系在一起的？在新千年里，内圣外王之道在新人类的养成及新世界的建立中的特殊价值和意义，就成了一个迫切的问题，因为它们直接关系到中国文化的历史本质以及中国文化的现实意义。

1、内圣——清静心的养成

内圣与内业

当代学人之所以不知内圣外王为何物，一个重要的因素就是我们的人文学术成了完全西学化了的辞章口耳之学，从文字到文字，乃至穷诸玄辩。而内圣是通过修道进德，实现人类精神本质上的飞跃，得大智慧、大自在、大福报。内圣也可以从文字始，但最终要脱离文字，明心见性。佛家所谓"向上一路，千圣不传"，性本身是无话可讲的，不能言说，却可以心悟、神会。

在我们的先贤看来，道德的意义与今天伦理学上的道德意义完全不同。道德是宇宙无相的本体，又是心性无尽的源泉。《管子·内业第四十九》论及此道云："凡道无根无茎，无叶无荣。万物以生，万物以成，命之曰道。"西汉严遵《老子指归·君平说二经目》云："变化所由，道德为母。"

同时，道德又不是神秘的或高不可攀的，它就在我们的日常生活当中，我们能够通过在心地上修行达到与天地合其德的圣人境界。所以中国历代圣贤都主张实际修证，不尚空谈。老子云："修之于身，其德乃真。"（《老子·五十四章》）北宋理学家程颢说："若不能存养，只是说话。"（《近思录·存养第四》）就是说学人不能够实实在在地保持本心，培养道德，那就只是空谈家。明代憨山大师著名的《费闲歌》开篇即言："讲道容易体道难！"

先贤称修证大道为内业（或心术），黄老之学经典《管子》中的《心术上》、《心术下》、《白心》、《内业》四篇专论及此，显得弥足珍贵。特别是《内业》篇，其修证原则与道家、佛家看不出有本质的区别，大体通过修心静意而入道，得清静自在之心、大智大慧。《内业第四十九》提到的修行原则对学人很有启发意义。笔者摘出其中几条重要论述，并作了必要的解释，以求教于方家：

凡心之刑（同"形"，指本体——笔者注），自充自盈，自生自成。其所以失之，必以忧乐喜怒欲利。能去忧乐喜怒欲利，心乃反济（"反济"，即反归本来——笔者注）。[此言修行者欲恢复本来面目，消光情欲的重要性。反过来，我们作功夫，也可以从两头取证，就是顺境时不喜，逆境时不忧，真正作到不为境所牵。]

凡道无所，善心安爱。心静气理，道乃可止。[此言心静则心空，空无所住，诸恶莫作，众善奉行，即成大道——修证大道实在无他奥秘可言，我们千万不可高推圣境或神化修行。]

彼道之情，恶音（"音"当为"意"字残讹，王念孙等说）与声，修心静音（意），道乃可得。[此亦言修道的根本，无思无虑，心不攀缘才能入道。凡修道，古今中外所有法门几乎都以控制第六识、静意为根本。]

是故圣人与时变而不化，从物而不移。能正能静，然后能定。[从物者，应物也，不移者，不为境牵，从物不移，即《金刚经》"应无所住而生其心"之意，然于动中不随物转，方是真静，方是大定。]

执一不失，能君万物。君子使物，不为物使，得一之理。[不修行的人，易为外物所牵，成为物欲的奴隶。"君子使物，不为物使"，方是真得大自在！]

形不正，德不来。中不静，心不治。正形摄德，天仁地义，则淫然而自至神明之极，照乎知万物。[修道是心形双修，我们打坐用功，定力增强，于静中观世界，方能朗照大千。此非真修行者不能体会。宋代理学家程颐曾说过："静后见万物，自然皆有春意。"（近思录·存养第四）]

心以藏心，心之中又有心焉。彼心之心，音（当为"意"）以先言。音（意）然后形，形然后言，言然后使，使然后治。[这是如禅宗师傅一样直接指示给我们：超越语言和意识，言语道断，心行路绝之时，还有一个了了灵知的心在，不是我们的肉团心，而是我们的真心，即心中之心。]

人能正静，皮肤裕宽，耳目聪明，筋信而骨强。乃能戴大圜（"大圜"指天），而履大方（"大方"指地），鉴于大清，视于大明。[我们真修行得好，身心都会得到大的益处，不仅身体好，还会排除物欲的干扰，得大智慧。所以说内圣是智慧之学。]

凡人之生也，必以平正。所以失之，必以喜怒忧患。是故止怒莫若诗，去忧莫若乐，节乐莫若礼，守礼莫若敬，守敬莫若静。内静外敬，能反其性，性将大定。[内静外敬是修行的关键，是回归本性的大道。内静和外敬是交相辉映的，我们恭敬守礼，就是摄心；我们内心真清静了，发之于外自然恭敬中礼。]

儒家的内圣功夫

《汉书·艺文志》录儒家著作中也有"《内业》十五篇"，可惜早已失传，所讲内容不得而知。通过现存儒家经典，我们依然能够清楚地看到先秦儒家，特别是思孟一派是实践内业修行的。

孔子本人似乎也是一位修行者。《史记·老子韩非列传第三》记有孔子向老子问道的一些情节。老子批评了孔子所主张的不切现实需要的礼，劝他顺应时事，随缘接物，还要孔子去掉贡高我慢之心，清心寡欲，这些对于修行人来说是十分重要的。《史记》载："孔子适周，将问礼于老子。老子曰：'子所言者，其人与骨皆已朽矣，独其言在耳。且君子得其时则驾，不得其时则蓬累而行。吾闻之，良贾深藏若虚，君子盛德、容貌若愚。去子之骄气与多欲，态色与淫志，是皆无益于子之身。吾所以告子，若是而已。'"

在《论语》中，我们很容易发现孔子修行的痕迹。比如《论语·子罕篇第九》言："子绝四——毋意，毋必，毋固，毋我。"这与禅宗的保任功夫相类。南宋心学重要人物杨简（1141~1225年，字敬仲，号慈湖，师事陆九渊，为其最重要的学生之一。）曾作《绝四记》以阐发之。

《庄子·人间世》、《列子·仲尼篇》等亦记载孔子教弟子心斋等事迹，恐为后人伪托。不过，儒家思想契合禅机却不容否认，宋代晦堂祖心禅师善于用儒家典故接引学人。据明朱时恩《居士分灯录》记载，周敦颐初见晦堂祖心禅师，"问教外别传之旨。心谕之曰：'只消向你自家屋里打点。孔子谓朝闻道，夕死可矣；毕竟以何闻道，夕死可耶？颜子不改其乐，所乐何事？但于此究竟，久久有个契合处。'"在儒家内业修行中绝之时，北宋禅师用儒学启发学人发明心性，亦可谓中国文化史上的奇观了。

按宋儒的说法，孟子以后儒家就不再重视成圣的实践功夫了。直到宋以后，在佛道两家的冲击下，宋明理学家才关注心性问题。说到宋以后心性儒学的兴起，就不得不提及唐代李翱和他的代表作《复性书》，因为从大历史的角度看，《复性书》锁定了宋明心性儒学的发展路径，并以心学的形式达到顶峰，具体表现为明以后心学大胆吸收佛家、道家的修行经验。

李翱，字习之，唐陇西成纪（今甘肃秦安东）人，一说为赵郡（今河北赵县）人。唐朝文学家、哲学家。唐德宗贞元年间(785～804年)进士，曾历任国子博士、史馆修撰、考功员外郎、礼部郎中、中书舍人、桂州刺史、山南东道节度使等职。他一生反佛，却频频与高僧交往，这在《景德传灯录》和《五灯会元》中多有记载。从《复性书》中，我们也能清楚地看到李翱深受佛家思想影响。

比如佛家常以水与沙比喻无明与佛性，无明与佛性本不二，众人为无明所迷故，才遮闭了佛性的光明。李翱亦作此喻，指示性不生不灭的道理。《复性书》上说："问曰：'情之所昏，性即灭矣，何以谓之犹圣人之性也？'曰：'水之性清澈，其浑之者沙泥也。方其浑也，性岂遂无有耶？久而不动，沙泥自沉。清明之性鉴于天地，非自外来也。故其浑也，性本勿失，及其复也，性亦不生。人之性，亦犹水之性也。'"

通观《复性书》，表面上是《大学》、《中庸》、《孟子》、《易经》所言的儒家话语体系，实则佛家心性修行的功夫，表面上排佛，实质上引佛入儒。这样暗度陈仓的结果是使学人不能全面引入佛家修行经验，儒家自己的内业修行功夫不能完整地恢复。值得指出的是，宋以来儒家完全忽视了《管子·内业》篇，这或许是他们视法家代表人物管子和商鞅（常常合称"管商"）为异端的必然结果。

所以，在既无成熟的经典，又无有修有证的大德以为模范的情形之下，明以后心性儒学走向了衰败。我们看明代王学后人的分化，就能清楚地理解这一点。王学后人入道经历不同，对致良知理解亦不同，众说纷纭，各自为政。近人陈来教授谈到阳明学派分化的原因时总结成如下几个方面："首先，阳明在不同时期、针对不同倾向往往强调的侧面不同，这些曾被强调的不同侧面都可能被片面地加以发展。其次，阳明思想采取的理论形式往往并不严格，这就不能避免后来者扩张这些形式而容纳阳明自己并不主张的内容。再次，门人资性各异，不但对致良知的理解各自不同，入道经历亦往往有别，所得受用也不一致。这决定了他们之间必然发生理论和实践上的分歧。复次，由于门人对当时思想界的弊病认识不同，从而他们为了对治这些弊病而各自强调的师门宗旨也不相同。"[5] 不过陈来教授认为任何一个学派，宗师死后都要产生分化，所以王学也不例外。他没有看到，有些学派的分化是该学派走向长期兴盛的标志，而王学的分化则使之很快势微。

在修行过程中，宋明理学也同佛家一样讲求以戒摄心，尽管所用言语不同。焦竑（1540~1620年）还将佛教的戒律与儒家的礼仪等同起来，他说："释之有律，犹儒之有礼也。（焦竑：《赠愚庵上人说戒慈慧寺序》）佛家三无漏学主张摄心为戒，因戒生定，因定发慧。宋明理学家则主张以敬摄心，静坐发慧。岭南广东大儒陈献章（1428~1500年）直接将静坐作为入圣之基，有学人来，先教其静坐，并有诗云："敢避逃禅谤，全将作圣基。"（陈献章：《偶题》）

宋明理学家重视礼仪的外敬之道，其目的在于收摄身心。朱熹谈到小学功夫时说："古者，小学已自暗养成了，到长来，已自有圣贤坯模，只就上面加光饰。如今全失了小学工夫，只得教人且把敬为主，收敛身心，却方可下工夫。"（《朱子语类·卷七》）程颐也说："入道莫如敬。未有能致知而不在敬者。"（《近思录·存养第四》）

宋明理学家亦重视静坐生慧，因为静坐可以增加定力，不为外物所牵，是入道之门。《近思录》载，谢显道与程颢同在河南扶沟，一天，程颢对谢显道说，你们这样跟着我只学到了我的言语，导致你们的学问表里不一，何不在实践上下功夫。于是谢问该如何做，程颢就让他静坐，并说胞弟程颐每次看见有人静坐，就说这个人善于学习。《近思录·存养第四》记此事说："谢显道从明道先生于扶沟，一日谓之曰：尔辈在此相从，只是学颢言语，故其学心口不相应，盍若行之？请问焉，曰：且静坐，伊川每见人静坐，便叹其善学。"

朱熹有句流传很广的话，叫"半日静坐，半日读书"，从中我们至少知道朱子是不反对静坐澄心的。《朱子语类·卷第一百一十六》载朱熹对其弟子郭友仁的话说："人若于日间闲言语省得一两句，闲人客省见得一两人，也济事。若浑身都在闹场中，如何读得书！人若逐日无事，有见成饭吃，用半日静坐，半日读书，如此一二年，何患不进！"恐怕这是朱子因机施教。因为在生活吃穿无虞，个人闲暇无事的情况下，朱子才主张"半日静坐，半日读书"。

陈献章则不然，他是根据个人的心性体验将静坐作为基本作圣之功的。景泰六年（公元1455年），陈献章在离开恩师吴与弼回到家乡广东新会白沙里后，在废寝忘食读书累年一无所得的情况下，才静坐悟入大道。在《复赵提学佥宪》一文中，他述及自己此段经历时说："仆才不逮人，年二十七始发奋从吴聘君学，其于古圣贤垂训之书，盖无所不讲，然未知入处。比归白沙，杜门不出，专求所以用力之方，既无师友指引，惟日靠书册寻之，忘寝忘食，如是者亦累年，而卒未得。所谓未得，谓吾心与此理，未有凑泊吻合处也。于是舍彼之繁，求吾之约，惟在静坐。久之然后见吾心之体，隐然呈露，常若有物，日用间种种应酬，随吾所欲，如马之御衔勒，体认物理，稽诸圣训，各有头绪来历，如水之有源委也。于是涣然自信曰：'作圣之功，其在兹乎！'有学于仆者，辄教之静坐。盖以吾之所经历粗有实效者告之，非务为高虚以误人也。"

史籍所载宋明理学家的修行细节较少，《近思录·存养第四》引程颢言，称司马光克念作圣的方法是口中不停的念"中"字，以保持心定；事实上，程颢所主张的排除妄念的思想与佛家没有任何区别，都是以一念抵制万念。程颢将妄念比作盗贼和水，要使水不进入容器，容器只能充满水。人心若要不被妄念所侵，则要"有主"。他说："此正如破屋中御寇，东面一人来未逐得，西面又一人至矣。左右前后，驱逐不暇。盖其四面空疏，盗固易入，无缘用得主定。又如虚器入水，水自然入。若以一器实之以水，置之水中，水何能入来？盖中有主则实，实则外患不能入，自然无事。"（《近思录·存养第四》）

季羡林先生曾注意到，宋代理学家借鉴了佛家的修行方法，即都用黑白物件"系念"，以息妄念。"系念"时黑色代表恶念，白色代表善念。

我们先看《朱子语类·卷第一百一十三》朱熹所述的除妄念方法（朱熹本人并不完全赞成这一方法，称之为"死法"）。上面说："前辈有欲澄治思虑者，于坐处置两器，每起一善念，则投白豆一粒于器中；每起一恶念，则投黑豆一粒于器中。初时白豆少，黑豆多。后白豆多，黑豆少，后来遂不复有黑豆，最后则虽白豆亦无之矣。然此只是个死法。若更加以读书穷理底工夫，则去那般不正当底思虑，何难之有！'"

佛家《贤愚经·卷十三》所述阿难弟子耶贳鞠教弟子系念方法与朱子所述除妄方法近乎相同。上面说："时耶贳鞠往到其边，而为说法，教使系念。以白黑石子，用当筹算。善念下白，恶念下黑。优婆鞠提，奉受其教，善恶之念，辄投石子。初黑偏多，白者甚少，渐渐修习，白黑正等，系念不止，更无黑石。纯有白者，善念已盛，逮得初果。"

于是，季羡林先生断言，不仅在哲学思想方面，就是在修行的细节方面儒家也受到了佛家的很大影响。他总结说："这个'系念'的方法，同宋代理学家所用的那个方法，除了黑白豆子和黑白石子一点区别外，完全一样。倘若宋代理学家根本没同佛经接触过的话，我们或者还能说，这是偶合；但事实上他们却同佛经的关系非常深切，所以我们只能说，这是有意的假借。"[6]

明儒王阳明对佛家的心性修持是充分肯定的，他甚至直接用佛家的话阐发自己的致良知学说。他说："圣人致知之功，至诚无息。其良知之体，如明镜，略无纤翳，妍媸之来，随物见形，而明镜曾无留染：所谓'情顺万事而无情'也。'无所住而生其心'，佛氏曾有是言，未为非也。明镜之应物，妍者妍，媸者媸，一照而皆真，即是生其心处。妍者妍，媸者媸，一过而不留，即是无所住处。"（《传习录·答陆原静书》）"应无所住而生其心"，要知道，禅宗六祖惠能正是偶闻《金刚经》上此语而开悟的。

万法归心性

宋明一些儒者积极学习佛、道的修行经验，修行成就很高。也有心学后学主张三教合于心性，其观点极有见地。

王学重要传人王畿（1498~1583年，字汝中，号龙溪，师事王守仁，为王门七派浙中派创始人）的观点具有代表性。他在《南游会记》中认为人心本寂，入圣同归于寂，三教同源，他说："人心本来虚寂，原是入圣真路头。虚寂之旨，羲皇姬孔相传之学脉，儒得之以为儒，禅得之以为禅，固非有所借而慕，亦非有所托而逃也。"在《三教堂记》他进一步指出，儒、佛不能仅从概念上区分，学佛老者，如果能"不沦于幻妄"，即是儒，他说："良知者，性之灵，以天地万物为一体，范围三教之枢，不徇典要，不涉思为虚实相生，而非无也；寂感相秉，而非灭也。与百姓同其好恶，不离伦物感应，而圣功征焉。学老佛者，苟能以复性为宗，不沦于幻妄，是即道释之儒也。为吾儒者，自私用智，不能普物而明宗，则亦儒之异端而已。"

明末王学学者周汝登（1547~1629年）则认为，禅儒只是名称不同，其实质则完全一样。当有人问周汝登：陆象山、王阳明之学是否杂禅这个在当时看来相当严肃问题时，他直言："夫禅与儒名言耳，一碗饭在前，可以充饥，可以养生，只管吃便了，又问是和尚煮的，百姓煮的。"（周汝登：《南都会语》）

明亡于清后，宋明心性之学因其空疏而为世人所讥。然而历史不会忘记，宋明理学家们在恢复中国的内圣之学方面作了极为重要的工作。整体上，宋明理学家们在内圣方面反对佛老，在外王方面反对法家，这也说明其努力是不彻底的，注定了他们失败的命运。《近思录》有"辨异端"一章，上引程颢言曰："杨墨之害，甚于申韩，佛氏之害，甚于杨墨。杨氏为我疑于义，墨氏兼爱疑于仁，申韩则浅陋易见。故孟子止辟杨墨，为其惑世之甚也。佛氏之言近理，又非杨墨之比，所以为害尤甚。"

反佛反法，使宋儒失去了完整恢复中国内圣外王大道的可能性，因为前者代表着内业修行的极高成就，后者则是中国外王之学的精华；随着王学的衰落，宋明理学恢复国人内业修行的努力似乎也走到了终点。但大道是永恒的，内圣之学是中华文化的根本，是得清静心，实现人生幸福的不二法门。

内圣意味着人类一种崭新的生活方式，它超越一切宗教，又是东西方主要宗教的精髓。从伊斯兰教的苏非派到犹太教的喀巴拉，再到佛家、道家，都重视内业修行。在物欲横流、道德沦丧的当今世界，我们应充分汲取宋明理学狭隘排佛的深刻教训，专志于大道，努力修行，自度度人，发扬中华内圣之学于全世界！要世人觉悟："君子弗径情而行"（《鹖冠子·著希第二》）。紧跟当今西方以物欲刺激物欲的生活方式，亦步亦趋，那样世人不仅得不到真正的幸福，还会导致社会和环境的灾难。

人生难得，时光易逝，识自本心，见自本性，修证大道，实在是人生之大事。李翱在《复性书》的结尾劝诫世人，人之所以异于禽兽，就在于存在道德。生得为人，又人生苦短，如果不认真修行大道，贪一时快乐，纵欲自恣，那就几乎无异于禽兽了。兹录之如下，与有志诸君共勉：

"人之不力于道者，昏不思也。天地之间，万物生焉，人之于万物，一物也，其所以异于禽、兽、虫、鱼者，岂非道德之性乎哉？受一气而成其形，一为物，而一为人，得之甚难也。生乎世，又非深长之年也。以非深长之年，行甚难得之身，而不专专于大道，肆其心之所为，则其所以自异于禽、兽、虫、鱼者，亡几矣！"

2、由内圣至外王——静因之道

先贤论无为而无不为的静因之道

内圣功夫成就绝学无为的闲道人。这里的无为不是什么事都不作，而是无为而无不为，心空无住，随缘任运，以静因之道行事。《淮南子·原道训》精辟地论述道："是故圣人内修其本，而不外饰其末。保其精神，偃其智故，漠然无为而无不为也，澹然无治也而无不治也。所谓无为者，不先物为也。所谓无不为者，因物之所为。所谓无治者，不易自然也。所谓无不治者，因物之相然也。"《老子·二十九章》："为者败之，执者失之。"王弼注云："万物以自然为性，故可因而不可为也，可通而不可执也。物有常性，而造为之，故必败也。物有往来，而执之，故必失矣。"

这里，静因成为内圣通向外王之路，先贤对此论述还有很多。

《吕氏春秋·慎大览第三》有"贵因篇"，作者将大禹治水、舜三次迁都成国，汤武革命都归结于静因之道，认为行静因之道者，才能无敌于天下。上面说："三代所宝莫如因，因则无敌。禹通三江五湖，决伊阙，沟回陆，注之东海，因水之力也。舜一徙成邑，再徙成都，三徙成国，而尧授之禅位，因人之心也。汤、武以千乘制夏、商，因民之欲也。如秦者立而至，有车也；适越者坐而至，有舟也。秦、越，远涂也，竫（竫，意为安静——笔者注）立安坐而至者，因其械也。"

《慎子》有"因循篇"，作者从君主理国用人的角度，论证了因人之情，为我所用的道理。用人重在自为，而不在为我，此皆静因之力也。上面说："天道因则大，化则细，因也者，因人之情也。人莫不自为也，化而使之为我，则莫可得而用矣。是故先王见不受禄者不臣，禄不厚者，不与入难。人不得其所以自为也，则上不取用焉。故用人之自为，不用人之为我，则莫不可得而用矣，此之谓因。"

《管子·心术上第三十六》论应因之道极详。其要在无我，"舍己而以物为法"，无欲无求，恬淡无为，顺应虚静无形的大道。上面说："人之可杀，以其恶死也；其可不利，以其好利也。是以君子不怵乎好，不迫乎恶，恬愉无为，去智与故。其应也，非所设也。其动也，非所取也。过在自用，罪在变化。是故有道之君，其处也若无知，其应物也若偶之，静因之道也。"

在《管子》的作者看来，静因之道是国家长治久安的关键，是君主必须遵循的行为规范。《管子·九守第五十五》要求君主安定沉着保持静默，柔和克制保持镇定，虚心平意地静待时机的到来。上面说："安徐而静，柔节先定，虚心平意以待须。"文中以心喻君，以九窍喻五官，说明依法治国，无为而治，安享太平的道理。上面说："心不为九窍，九窍治；君不为五官，五官治。为善者，君予之赏；为非者，君予之罚。君因其所以来，因而予之，则不劳矣。圣人因之，故能掌之。因之修理（修理，治理之意——笔者注），故能长久。"

申不害以镜和衡为喻，形象地论证了立法无为而天下治的道理，《申子·大体》上说："镜设，精（《白虎通·天地》云："精者为三光"，即日、月、星——笔者注）无为，而美恶自备；衡设，平无为，而轻重自得。凡因之道，身与公无事，无事而天下自极也。"《韩非子·饰邪第十九》有相似的说法，只不过韩非更强调道法:"夫摇镜,则不得为明;摇衡,则不得为正,法之谓也。故先王以道为常,以法为本。"

中国传统政治理论以人为本,故《庄子·在宥》云:"卑而不可不因者,民也。"《鹖冠子·天则第四》论因民成俗的道理也说:"田不因地形,不能成谷,为化不因民,不能成俗。"

值得指出的是,无为而治,建立一个清静世界不仅是道家和法家的主张,也是诸子百家共同的政治理想,对中国政治思想的影响极为深远。《论语·卫灵公篇第十五》引孔子赞舜言曰:"无为而治者,其舜也与?夫何为哉?恭己正南面而已矣。"北宋经学家邢昺疏曰:"帝王之道,贵在无为清静,而民化之。然后之王者,以罕能及,故孔子曰:'无为而治者,其舜也与!'所以无为者,以其任官得人。夫舜何必有为哉?但恭敬己身,正南面向明而已。"

以静因之道应世——出处之道

对于我们每个人来说,静因之道最重要的方面当为正确处理好出仕与处家的关系,即古人所谓的出处之道。《周易·系辞上》引孔子言曰:"君子之道,或出或处。"对于出处之道,孔子多有论述。

《论语·述而篇第七》载孔子对颜渊说:"用之则行,舍之则藏,惟我与尔有是夫!"《论语·泰伯篇第八》孔子作了更详尽地阐释:"笃信好学,守死善道,危邦不入,乱邦不居。天下有道则见,无道则隐。邦有道,贫且贱焉,耻也;邦无道,富且贵焉,耻也。"就是说坚定信念并努力学习,誓死守卫并完善治国与为人的大道。不进入政局不稳的国家,不居住在动乱的国家。天下有道就出来做官,天下无道就隐居不出。国家有道而自己贫贱,是耻辱;国家无道而自己富贵,也是耻辱。

《孟子·尽心上》论出处之道最为精当,对后世影响也大,"穷则独善其身,达则兼善天下"更是广为流传。孟子的主要观点是:一个人无论穷困还是显达,都要坚持道义。不得志,正是我们修身之时。上面说:"故士穷不失义,达不离道。穷不失义,故士得己焉;达不离道,故民不失望焉。古之人,得志泽加于民，不得志修身见于世。穷则独善其身，达则兼善天下。"

今天，我们有些人在处家时，不知修身进德；出仕后，又偏离大道——离出处之道远矣！宋代理学的重要经典《近思录》专有"出处"一编，其中许多条对于我们以静因之道应世具有重要的启迪作用。

君子之需（须，等待——笔者注）时也，安静自守。志虽有须，而恬然若将终身焉，乃能用常也。虽不进而志动者，不能安其常也。

人之于患难，只有一个处置，尽人谋之后，却须泰然处之。有人遇一事，则心心念念不肯舍，毕竟何益？若不会处置了放下，便是无义无命也（意即：不知道在尽了努力之后放下，就是不知义不知命——笔者注）。

或谓科举事业夺人之功，是不然。且一月之中，十日为举业，余日足可以为学。然人不志此，必志于彼。故科举之事，不患妨功，惟患夺志。

明代王阳明无论在内圣还是在外王方面，都有足以标榜史册的业绩。他深知仕途险恶，将之比作马行在烂泥田，步步艰难。对于作功夫的出仕者，如何作到不为境牵，玉成大道是十分重要的。他说："人在仕途，比之退处山林时，其工夫之难十倍，非得良友时时警发砥砺，则其平日之所志向，鲜有不潜移默夺，驰然日就于颓靡者。"（王阳明：《与黄宗贤》）"人在仕途，如马行淖田中，纵复驰逸，足起足陷。"（王阳明：《与陆原静》）

在官德缺失已经成为媒体关注的公共话题的今天，我们也必须反思古人的出处之道。内圣是基础，外王是内圣的外化。一个内圣方面作不到清静无为的人，如何能行静因之道？作到无为而无不为呢？

孟子言出处之道，指出真正的大丈夫当作到"富贵不能淫，贫贱不能移，威武不能屈"，事实上如果一个人不修行到廓然大公的境界，是很难真正作到这一点的。《孟子·滕文公下》云："居天下之广居，立天下之正位，行天下之大道，得志与民由之，不得志独行其道。富贵不能淫，贫贱不能移，威武不能屈，此之谓大丈夫。"

《大学》上说："自天子以至于庶人，壹是皆以修身为本。"我们只有让心真的清静了，才能作到出处自在，无为而无不为，为一个清静世界的实现添砖加瓦——这里，清静心的养成是本，清静世界的建立是末！

3、外王——清静世界的建立

再回西汉初年的太平盛世

至西汉，中国的内圣外王之学走向顶峰，具体表现为西汉初年相当长的时期内黄老之学的社会政治经济各个方面都起着决定性作用。诚如司马谈《论六家要旨》所言，黄老之学集战国儒、墨、名、法等诸子百家之大成，以虚无为本，以因循为用，不为物先，不为物后，与时迁移，应物变化，是君主治国理民的的总纲。他说："道家（指黄老之学——笔者注）使人精神专一，动合无形，赡足万物。其为术也，因阴阳之大顺，采儒墨之善，撮名法之要，与时迁移，应物变化，立俗施事，无所不宜，指约而易操，事少而功多……道家无为，又曰无不为。其实易行，其辞难知。其术以虚无为本，以因循为用。无成埶（势），无常形，故能究万物之情。不为物先，不为物后，故能为万物主。有法无法（即有法而不任法以为法——笔者注），因时为业，有度无度（即有度而不恃度以为度——笔者注），因物与合。故曰：圣人不朽，时变是守。虚者道之常也，因者君之纲也。"

西汉一朝，汉武帝以前，黄老之学一直是其治国理念的核心。史载刘邦主要谋士张良、萧何、曹参、陈平、王陵等皆习黄老之术。刘邦死后，惠帝即位，吕后专权，仍重用旧臣，使得黄老之学在治国领域的主导地位得以继续。当时吕后无为而治，不出宫门而天下太平，很少用刑罚而百姓富足。《汉书·本纪第三·高后纪》班固赞曰："孝惠高后之时，海内得离战国之苦，君臣俱欲无为，故惠帝拱己，高后女主制政，不出房闼，而天下晏然，刑罚罕用，民务稼穑，衣食滋殖。"

惠帝之后的文帝"修黄老之言""其治尚清净无为"（《风俗通义·正失第二》），开启了历史上有名的"文景之治"。文帝即位二十三年，天下富裕，礼义大兴，每年被判罪的人才数百，几乎不使用刑罚，真可谓太平之世。《汉书·本纪第四·文帝纪》载："孝文皇帝即位二十三年……海内殷富，兴于礼义，断狱数百，几致刑措。"

窦太后是文帝的皇后，她极力推崇黄老之术，影响直到武帝初期。《史记·外戚世家第十九》记载说："窦太后好黄帝老子言。帝（景帝）及太子（武帝）诸窦，不得不读黄帝老子，尊其术。"就是说由于窦太后爱好黄老学说，皇帝、太子以及所有窦氏子弟都不得不读黄帝老子之言，尊奉黄老的学术。

由上可见，西汉初年长期推行黄老之术造就了人类历史上罕见的太平盛世——人民安居乐业、百姓富足，社会安定，犯罪率极低。

司马迁在《史记·平准书第八》中总结时人安居乐业、重义守法的情形时说，从汉立国至汉武帝即位之初七十多年间，国家无大事，除非遇到水旱灾害，老百姓家给人足，天下粮食堆得满满的，少府仓库还有许多布帛等货材。京城积聚的钱币千千万万，以致穿钱的绳子朽烂了，无法计数。太仓中的粮食大囤小囤如兵阵相连，有的露积在外腐烂不能食用。普通街巷中的百姓也有马匹，田野中的马匹更是成群，以至乘年轻母马的人受排斥不许参加聚会。居住里巷的普通人也吃膏粱肥肉，为吏胥的老死不改任，做官的以官为姓氏名号。因此人人知道自爱，把犯法看得很重，崇尚行义，厌弃做耻辱的事。上面说："至今上即位数岁，汉兴七十余年之间，国家无事，非遇水旱之灾，民则人给家足，都鄙廪庾皆满，而府库余货财。京师之钱累巨万，贯朽而不可校。太仓之粟陈陈相因，充溢露积于外，至腐败不可食。众庶街巷有马，阡陌之间成群，而乘字牝（字牝，意为母马——笔者注）者傧而不得聚会。守闾阎者食梁肉，为吏者长子孙，居官者以为姓号。故人人自爱而重犯法，先行义而后绌耻辱焉。"

班固在《汉书卷二十三·刑法志》中主要从法律的角度描述汉初的社会状况，与《史记》所载基本一致，上面说："汉兴，高祖初入关，约法三章曰：'杀人者死，伤人及盗抵罪。'蠲削烦苛，兆民大说。其后四夷未附，兵革未息，三章之法不足以御奸，于是相国萧何攈摭（攈摭，意为摘取、搜集——笔者注）秦法，取其宜于时者，作律九章。当孝惠、高后时，百姓新免毒蠚，人欲长幼养老。萧、曹为相，填以无为，从民之欲而不扰乱，是以衣食滋殖，刑罚用稀。及孝文即位，躬修玄默，劝趣农桑，减省租赋。而将相皆旧功臣，少文多质，惩恶亡秦之政，论议务在宽厚，耻言人之过失。化行天下，告讦之俗易。吏安其官，民乐其业，畜积岁增，户口浸息。风流笃厚，禁罔疏阔。选张释之为廷尉，罪疑者予民，是以刑罚大省，至于断狱四百，有刑错之风（"刑错之风"意为刑法搁置不用的风气——笔者注）。"

班固说汉文帝"躬修玄默"，是不是说文帝本人也如同清朝的雍正皇帝一样是位修行者呢？去古太远，我们已经难以考证了。只是晋葛洪在《神仙传》中曾记文帝访道于河上公一事。并说文帝时那些不懂《道德经》的人不准上朝。《神仙传卷八》云："时文帝好老子之道，诏命诸王公大臣州牧在朝卿士，皆令诵之，不通老子经者，不得升朝。"

以黄老学为代表的中国内圣外王之学

那么，汉初推行的黄老之学的具体内容是什么呢？今天，在流传最完整的黄老学经典《管子》中，我们能够清楚地看到：内圣外王，无为而无不为的静因之道是黄老之学的精髓所在，其影响从工程设计一直到政治经济：

《管子·乘马第五》讲都城的整体设计不必要中规中矩，要根据当地自然资源，地理环境，因地制宜，这种设计思想对后世中国的建筑理念影响极大。上面说："因天材，就地利，故城郭不必中规矩，道路不必中准绳。"

《管子·宙合第十一》谈到出处之道，一定要因时而动，所谓"贤人之处乱世也，知道之不可行，则沉抑以辟罚，静默以俟免"。其所论的出处之道与上文我们所言的出处之道是相通的。上面说："'春采生，秋采蓏（蓏，音luǒ，指草本植物的果实——笔者注），夏处阴，冬处阳'，此言圣人之动静、开阖、诎信、浧儒、取与之必因于时也。时则动，不时则静。"

《管子·兵法第十七》论及战争中如何管理战败国的问题，其中的关键在于顺应被征服国的人民。这种态度与西方民族在战争中对战败国民的历史性歧视明显不同。在人人真正平等的基础上实现人类的统一，才意味着持久的和平。上面说："大度之书曰：举兵之日而境内不贫，战而必胜，胜而不死，得地而国不败。为此四者若何？举兵之日而境内不贫者，计数得也。战而必胜者，法度审也。胜而不死者，教器备利，而敌不敢校也。得地而国不败者，因其民也。因其民，则号制有发也。"需要特别指出的是，《管子·兵法第十七》与《逸周书·允文解第七》、《逸周书·武称解第六》所论安定战败国的基本原则是完全一致的，比如《逸周书·武称解第六》谈到武事的"抚"时说，战胜了敌人，举令旗发号令，要官吏禁止抢劫，不得侵凌强暴民众；不降低爵位，田土住宅不减损，各自安定亲属，民众自然归服。上面说："既胜人，举旗以号令，命吏禁掠，无取侵暴，爵位不谦，田宅不亏，各宁其亲，民服如化，武之抚也。"中华政教之流远矣！

《管子·霸言第二十三》言成就霸王之业的策略，在外事领域也十分重视应因之道。我们在外交领域，千万不可空谈仁义，从长期看，那样害人害己。上面说："霸王之形，德义胜之，智谋胜之，兵战胜之，地形胜之，动作胜之，故王之。夫善用国者，因其大国之重，以其势小之；因强国之权，以其势弱之；因重国之形，以其势轻之。"

《管子·君臣上第三十》讲循名责实，以法治国的重要性。名实对于管理国家社会十分重要，可是今天从学术到政治经济领域，名实混乱。名不正则言不顺，这样国家则难以治理好。上面说："是故为人君者因其业，乘其事，而稽之以度。有善者，赏之以列爵之尊，田地之厚，而民不慕也。有过者，罚之以废亡之辱，僇（僇，通戮——笔者注）死之刑，而民不疾也。杀生不违，而民莫遗其亲者，此唯上有明法，而下有常事也。"这段话的大意是说：所以说做人君的要根据（吏啬夫和民啬夫的）职务和职责，按照法度来考核他们。有好成绩的，就用尊贵的爵位和美厚的田产来奖赏，人民不会有攀比羡慕的心理。有犯过错的，就用撤职的耻辱和诛死的重刑来处罚，人民也不敢有疾恨抱怨的情绪。生与杀都不违背法度，人民也就安定而没有遗弃父母的。要做到这些，只有依靠上面有明确的法制和下面有固定的职责才行。

《管子·心术上第三十六》言道、德，礼、义间的关系。这里因人情、节人欲的礼是入道之门，相当于佛家讲的戒律，皆以摄心（收敛心志）为目的。上面说："无为之谓道，舍之之谓德，故道之与德无间，故言之者不别也。间之理者，谓其所以舍也。义者，谓各处其宜也。礼者，因人之情，缘义之理，而为之节文者也。故礼者谓有理也。理也者，明分以谕义之意也。故礼出乎理，理出乎义，义因乎宜者也。"

《管子·心术下第三十七》论名实相副是天下大治的根本，其核心思想与上述《管子·君臣上第三十》引文相同。上面说："凡物载名而来，圣人因而财（同"裁"）之，而天下治；实不伤，不乱于在下，而天下治。"

《管子·势第四十二》讲我们进行战争也要符合静因之道，只有这样才是替天行道。先贤反对西方掠夺性的战争逻辑，这是中华文明至为伟大崇高之处。上面说："逆节萌生，天地未形，先为之政，其事乃不成，缪受其刑。天因人，圣人因天。天时不作勿为客，人事不起勿为始。慕和其众，以修天地之从。人先生之，天地刑之，圣人成之，则与天同极。正静不争，动作不贰，素质不留，与地同极。"这段话的大意是说，敌方的悖逆之事才刚刚开始发生，天地都没有什么表现，就提早对他征讨，事情不会成功，反而将不断地受到惩罚。天根据人的善恶予以祸福，圣人根据天的征象而进行征伐。敌方没有天时之灾，不可轻易进攻，没有人事之祸，也不可开始宣战。召集自己的军众，以等待天时地利的到来。首先是人们在那里生事，然后天地表现出惩罚的征兆，最后由圣人通过征伐来完成，这就与天的准则一致。当然，若保持正静而不事争夺，行动没有差错，本质上无杀戮之心，也可以与地的准则相同。

《管子·正世第四十七》讲到用重刑还是用轻刑时，要随时而变，因俗而动，极富哲理性，在人民急躁而行为邪僻时，用重赏重刑，这对今天法治建设有很大的启迪作用。上面说："故古之所谓明君者，非一君也。其设赏有薄有厚，其立禁有轻有重，迹行不必同，非故相反也，皆随时而变，因俗而动。夫民躁而行僻，则赏不可以不厚，禁不可以不重。"

《管子·形势解第六十四》是对《管子·形势第二》所作的部分诠解，它从正反两个方面论证了中国古典政治学中的贤人共治原则，其要在"因圣人之虑"、"因众人之力"，群策群力。上面说："明主之举事也，任圣人之虑，用众人之力，而不自与焉。故事成而福生。乱主自智也，而不因圣人之虑。矜奋自功，而不因众人之力。专用己，而不听正谏，故事败而祸生。故曰：'伐矜好专，举事之祸也。'"

《管子·地数第七十七》是一篇经济学文献。上面系统地提出了"内守国财而外因天下"的中国古典外贸理论。笔者在《国富策：中国古典经济思想及其三十六计》一书"理论篇"第二章中已作了详细论述，感兴趣的朋友可以参阅。（该书由中国友谊出版公司2010年1月出版。）上面说："桓公问于管子曰：'吾欲守国财而毋税于天下，而外因天下，可乎？'管子对曰：'可。夫水激而流渠，令疾而物重。先王理其号令之徐疾，内守国财而外因天下矣。'"

《管子·轻重甲第八十》解释中国古典经济理论轻重之术时，关键也是因商品之流通而理财。上面记管子、齐桓公与轻重家癸乙之间的对话："管子差肩而问曰：'吾不籍吾民，何以奉车革？不籍吾民，何以待邻国？'癸乙曰：'唯好心（"好心"这里指弄空豪门贵族的积财——笔者注）为可耳！夫好心则万物通，万物通则万物运，万物运则万物贱，万物贱则万物可因。知万物之可因而不因者，夺于天下。夺于天下者，国之大贼也。'桓公曰：'请问好心万物之可因？'癸乙曰：'有余富无余乘者（此句意思是：财货有余但战车不足——笔者注），责之卿诸侯。足其所不赂其游者（此句意思是：个人家资富足但不拿外事费用——笔者注），责之令大夫。若此则万物通，万物通则万物运，万物运则万物贱，万物贱则万物可因矣。故知三准同策者能为天下，不知三准之同策者不能为天下。故申之以号令，抗之以徐疾也，民乎其归我若流水。此轻重之数也。'"

《管子·轻重丁第八十三》有一则"内守国财而外因天下"的具体实例，说明外贸中"得物为胜、得币为亏"的道理。故事说从前莱国擅长染色工艺，紫色的绢在莱国的价钱一纯只值一锱金子，紫青色的丝绦也是一纯值一锱金子。而在周地则价值十斤黄金。莱国商人知道后，很快把紫绢收购一空。周人就收集大量通用的筹码作为抵押，从莱国商人手里把紫绢收购起来，莱国商人只得到可以兑换货币的筹码。于是莱国自己失掉了收集起来的紫绢，而只好收回钱币了。这则故事让我们想起今天美国政府发行大量国债，同时大肆购买外国商品的作法。作者的结论是："可因者因之，乘者乘之。"文中借管仲之言曰："昔莱人善染。练茈之于莱纯锱，缟绶之于莱亦纯锱也。其周中十金。莱人知之，闻纂茈空。周且敛马作见于莱人操之，莱有推（当为"准"

之误——笔者注）马。是自莱失纂茈而反准于马也。故可因者因之，乘者乘之，此因天下以制天下。此之谓国准。"

面对《管子》一书中一以贯之的静因之道，遥想西汉"刑罚罕用"、"人给家足"的清平之世，我们能够清楚地看到，建立一个清静世界不再是诗人李白"寰宇大定，海县清一"的梦想，而是一种活生生的历史现实。

我们也应清楚地意识到，以黄老学为代表的中国内圣外王之学被埋没太久，今天我们极尽目力才能恢复它的本来面目；在这样一个动荡不安的世界，内圣外王之学让我们惊异地看到一种崭新的人类和一个崭新的世界——它是古老的，它又是永恒的……

因为大道是永恒的！

注释：

[1] 冯友兰：《三松堂全集》（第五卷），河南人民出版社，2001年1月，第7页。
[2] 同 [1]，第6~7页。
[3] 汪建华：《论"内圣"和"外王"的统一与矛盾》，《船山学刊》，2000年03期。
[4] 汤一介：《汤一介学术文化随笔》，中国青年出版社，1996年7月，第101页。
[5] 陈来：《有无之境——王阳明哲学的精神》，人民出版社，1991年3月，第331~332页。
[6] 季羡林：《佛教十五题》，中华书局，2007年1月，第216~217页。

第二章 建立一个理性克制人类物欲的新世界
——论中华礼义文明的现代性

如果把过去一百年至今的世界历史置于人类文明的大视野中去考察，我们就会发现，这是一个物质上高度发达，物欲上高度膨胀，社会危机和生态灾难越来越严重的时代。

今天的世界，在军事上，以美国军事强权为中心的世界和平早已失去了道义基础。美国可以以莫须有的罪名入侵一个伊斯兰世界最为开明的主权国家——伊拉克，它也可以出于地缘战略利益的需要支持或反对恐怖组织……

在经济上，今天以美元债务为中心的世界经济体系遇到了严重的危机。美国有足够的方法和纸张开动印钞机印刷美元，它也可以找到足够的理由让人民币升值，稀释中国人民的血汗钱。作为一个世界大国，美国却拿不出一个负责任的长远经济政策。就在作者写这篇文章的时候，北京时间（2010年）11月4日凌晨，美联储在结束为期两天的政策会议后宣布，将在2011年第二季度结束前采购6000亿美元国债……

在生态上，各种资源的消耗速度过快，人类目前的生产生活方式是不可持续的。一个重要的趋势是：美国、欧洲、日本等一些发达国家大幅度减少开采自己脚下的资源，改为从中国、俄国等国大量进口并进行大规模的储备……

过去一百年经历了两次残酷的世界大战和漫长的冷战，可谓风起云涌。与十九世纪以及二十世纪初比较起来，如今世界格局依旧，昨日野蛮的列强几乎全都成了今日的发达国家。

表面看来，我们在上述纷繁的现实中找不到任何人类危机的解决之道，世人所能做的就是头痛医头，脚痛医脚，对现实修修补补。若再有时间，还可以和世界媒体一起咒骂一下华尔街银行家的贪婪与无耻，自己则糊里糊涂地尝试一下"减碳生活"，或浪漫地想一想"可替代道路"。

事实证明，所有这一切都是不够的。欲识庐山真面目，我们需要跳出西方文明体系之外，用自己眼光看一看当代西方国家主导的世界体系出了什么问题，并找到相应的解决之道。为此，我们首先从对一个不太引人注目的生态问题的研究入手。

请看以下两组数字：

目前，地球三分之一的陆地为森林所覆盖，相比于过去一万年前，地球的森林覆盖率近乎减少了一半，这些森林的大部分都是在过去两个世纪被破坏的。更为惊人的是：自1990年以来（至2008年），这个星球失去了近五十万平方英里的森林——相当于两个法国的面积。

美国是世界上最大的木制品消费国，每年一个美国人平均消费72立方英尺木材。尽管有回收和技术上的进步，自1960年代中期以来美国人均木材消费量仍在上升。随着中国和印度这样的人口大国木材消耗量的增加，森林减少的危险将会更加严峻。比如，如果中国也按美国人的方式消费，中国一个国家消费掉的纸张就相当于目前全球产量两倍——要知道，这些纸张的生产越来越依赖木质纤维。

对木材需求的增长刺激了森林被盗伐。2008年10月，美国的纽约客（New Yorker）杂志刊出了拉斐·卡查杜里恩（Raffi Khatchadourian）的《失窃的森林》[1]一文，该文在环保运动人士大量实地调查的基础上，揭露了中俄边境地区林木被大规模窃伐的真相。

目前中国是世界上最大的原木进口国，也是最大的木制品出口国。中俄边境上被窃的木材几乎全部流入了中国，再由中国的企业加工成木制品。那么这些木制品最终流向哪里呢？沃尔玛！

原来，贫穷而可怜的盗木者，中国进口木材的大公司，散布在中国各地的木制产品公司都在为一个组织服务，这就是沃尔玛——那些俄国盗窃的木材制成的产品是直接供给沃尔玛，从而进入庞大的美国消费市场的。

一方面北半球最宝贵的生态系统被严重地破坏了，另一方面，美国人却在借债不断地消费木材,而在中间主导这一切的,就是沃尔玛这样的国际大资本。

今天,在全球范围内资本的力量是如此强大,从伊拉克战争到2007年开始的金融危机,到处我们都可以看到它们的影子。资本过度强大的直接结果是社会力量的失衡。失去节制的资本很容易控制媒体,逐利的本性又使它们通过媒体和广告不断刺激人类的物欲。随着消费主义在全球的扩张,物欲膨胀的人类只能去不断地掠夺同类和自然,其结果便是人性的沉沦、社会的危机和生态的灾难——这里,物质的繁荣并没有带给人类相应的幸福。

1、节制资本,维系社会有机体的动态平衡

如果我们从中国古典政治经济思想的角度考察,就能看到,节制资本、维系社会有机体的动态平衡是怎样的重要。

能清楚体现中国古典政治经济思想中商业政策的是《傅子》一书,《傅子》是魏晋之际著名学者傅玄所撰。傅玄(217~278年),字休奕。仕魏,封鹑觚男,入晋历任御史中丞、太仆、司隶校尉。为官清峻,贵戚慑伏。著《傅子》数十万言,已佚,今天我们看到的《傅子》为后人所辑。

《傅子·卷一》有《检商贾》一章,这里的"检"为约束、节制之意。傅玄认为商业涉及公共利益,甚至破坏公共道德("积伪之所生"),不能不加以认真考察。商人可以约束节制,但商业资本是不能没有的,且商业才能同行政、军事、农工一样重要。他说:"夫商贾者,所以伸盈虚而获天地之利,通有无而壹四海之财,其人可甚贱,而其业不可废,盖众利之所充,而积伪之所生,不可不审察也。"[2]

傅玄将人才分为九类,其中之一就是为国兴利的商才。他说:"凡品才有九,一曰德行,以立道本;二曰理才,以研事机;三曰政才,以经治体;四曰学才,以综典文;五曰武才,以御军旅;六曰农才,以教耕稼;七曰工才,以作器用;八曰商才,以兴国利;九曰辩才,以长风议。("风议",意为放言、发议论——笔者注)"[3]

傅玄清醒地意识到，如果不对商业资本加以节制，社会平衡就会被破坏，所谓"都有专市之贾，邑有倾世之商"。而节制资本的关键在于土地、矿产等自然资源归社会公有。在这方面，我们不得不佩服我们的先贤，因为今天金融资本在全球范围内攫取利润的重要手段之一就是让公共资源私有化。美国著名经济学家迈克尔·赫德森在《全球分裂：美国统治世界的经济战略》一书中指出："当今的全球金融攫取最主要地是通过获得公共垄断、原材料和不动产，寻求资源租金（包括垄断利润），而不是投资于新的资本以赢得工业利润。"[4]

赫德森解决这一问题的方案是"向已私有化的土地、地下矿产资源和自然垄断征税"，而中国传统政治经济思想的解决方案是让这些资源为社会公有，防止某个特殊利益集团垄断，即所谓的"抑兼并"，可以说中国传统政治经济思想的解决方案更具有彻底性。傅玄写道："故明君止欲而宽下，急（"急"，这里有缩紧之意——笔者注）商而缓农，贵本而贱末，朝无蔽贤之臣，市无专利之贾，国无擅（"擅"，意为垄断——笔者注）山泽之民。一臣蔽贤，则上下之道壅；商贾专利，则四方之资困；民擅山泽，则兼并之路开。"[5]

在制度层面，中国古代除了上面提到的将土地、矿产等自然资源归社会公有，还有常平仓、国家垄断货币发行等一系列措施节制资本，保证社会有机体的平衡。另外，从西周开始，通过流动性很强的社会分层，我们的先贤就将消费（礼数）与一个人的社会贡献和地位（名位）联系了起来，中华礼义文明因此有效地节制了整个社会的消费欲望，这也是中国名家产生的重要历史原因。

《汉书·艺文志》论名家源流时说："名家者流，盖出于礼官。古者名位不同，礼亦异数。孔子曰：'必也正名乎？名不正则言不顺，言不顺则事不成。'此其所长也。"近人姚明煇《汉志注解》释云："名，名号、爵位。异数，名天子七庙，诸侯五庙，大夫三庙，士一庙是也。"

所以，战国哲人荀子认为礼不单纯具有伦理价值，更重要的是出于经济上的原因，礼本身就是用来调养人类欲望的，其终极目的是在有限的资源（物）与无限物欲（欲）之间保持动态平衡（相持而长）。《荀子·礼论第十九》中指出:"礼起于何也？曰：人生而有欲；欲而不得，则不能无求。求而无度量分界，则不能不争。争则乱，乱则穷。先王恶其乱也，故制礼义以分之，以养人之欲、给人之求，使欲必不穷乎物，物必不屈于欲，两者相持而长。是礼之所起也。故礼者，养也。"

孔子也有类似的说法，只是说得更为笼统。《礼记·礼运第九》记孔子言曰:"夫礼必本于天，动而之地，列而之事，变而从时，协于分艺，其居人也曰养，其行之以货力、辞让、饮食、冠昏、丧祭、射御、朝聘。故礼义也者，人之大端也，所以讲信修睦而固人之肌肤之会，筋骸之束也。所以养生送死事鬼神之大端也。"

《孔门理财学——孔子及其学派的经济思想》的作者陈焕章先生指出，礼的基本功能是欲望的满足，其次是节制欲望，除了伦理上的自我约束，社会约束同样重要，这是通过合理的社会分层来实现的。他论述道:"在儒家经典中，社会被分为五个层级，即：天子、诸侯、大夫、士和庶人，每个阶层有自己的标准，对自己的消费进行调节。关于食物、衣服、住所、家具、饰物等等，法律都有一定的规定。比如，天子有七庙，诸侯五庙，大夫三庙，士一庙，庶人没有庙，他们在自己的住屋里祭祖。还有，男孩出生后三天，要举行迎接他的仪式。如果他是天子或诸侯的长子，就要杀三牲；如果是大夫的长子，则杀两个小的动物；如果是士的长子，只杀一头猪；如果是庶人的长子，则杀一头乳猪。如果他不是长子，供品按等级各减一等。"[6]

陈焕章甚至认为:"儒家称为礼的东西实际就是满足欲望的消费规则。孔子用'礼'一词而不用经济术语的原因只是因为他不是一个纯粹的经济学家。"[7]

人类的欲望是无限的，而社会可消费的产品总是有限的，如何解决二者之间内在的必然冲突？中国人建立起了礼义制度，这是中华文明挺立世界千年的精魂所在。

如果不再从西方抽象的原子化的经济人出发，而是从现实中的人出发，我们就会发现，人与人生来并不具有平等的天赋，市场并不像西方经济学假定的那样会自动实现平衡，自由市场常常会走向灾难性的失衡——这是中国古典经济思想不断强调的。[8]

可喜的是，西方有实际市场经验的学者也正从对均衡理论的迷信中解放出来。比如熟谙金融市场的美国投资家乔治·索罗斯就注意到，从商品市场到外汇市场，自我强化的趋势是一般的规律，而不是特例，金融市场并不必然趋向平衡，所以就不应让其为所欲为。更为重要的是，乔治·索罗斯指出了均衡概念的历史渊源以及这一理论的本质缺陷，在2008年出版的《索罗斯带你走出金融危机》一书中，他写道："再看看古典学派的经济学理论，其使用的均衡概念其实就是对牛顿物理学模仿的结果。在金融市场上，预期是起到关键作用的，如果认为市场会趋向均衡，那就是不符合现实的。理性预期理论更是离谱，认为营造了一个均衡成为常态的世界，在这个世界里，现实要服从于理论而不是理论去适应现实。"[9]

同样，索罗斯先生对自己的思想核心反身性理论（索罗斯用"反身性"这一概念描述一个市场参与者的思维与他所处的市场境况之间的双向联系——笔者注）长期得不到认同感到失望。事实上，反身性理论会使西方经济学的重要基础均衡理论破产，索罗斯也敏锐地注意到了这一点，他写道："反身性概念妨碍了经济学家的理论创造，妨碍了他们像自然科学家解释和预测自然现象那样去解释并预测金融市场的走势。经济学家为了使经济学成为一门科学并维持其地位，竭力把反身性概念清除出其学科体系。我觉得，既然社会活动的结构与自然现象根本不同，那么用牛顿物理学框架来建立经济学模型就是错误的。"[10]

失去了均衡理论，整个西方经济学大厦都要彻底重建，重建的结果可能会使经济学回归中华礼义文明，回归中国古典经济思想轻重之术，这是很多西方经济学家所不愿看到的——或者说，攫取他国人力和物力资源的强大利益使他们不愿意这样作！因为自由市场经济理论这类学术思想对于经济上发达的国家在短期内是如此有利，以至于在历史上，当西方一个国家取得世界霸权时，他马上放弃长期坚持的保护主义，开始大力鼓吹自由市场经济——我们在英国和美国的经济史中很容易发现这一点。

2、伦理上的约束，因人情节人欲

除了用社会制度去克制人类无限膨胀的物欲，伦理上的约束同样重要。从某种意义上说，一种克制人类物欲的生活方式比一种克制人类物欲的社会制度还要重要，而节欲反情，因人情节人欲是中华礼义精神的核心所在。

相对于当代西方文明纵情极欲的生活方式（在过去五百年中，西方社会原有的节制与中庸美德几乎被抛弃殆尽了），中国人一以贯之地提倡节制物欲。《礼记·曲礼上第一》开篇就说："欲不可从（同"纵"——笔者注）……乐不可极。"

《礼记·乐记第十九》详细论证了先贤制礼作乐的伦理目的：由于人在外物不断的刺激之下物欲会无限膨胀，所以必须节制人类欲望。如果没有道德约束，人只为经济私欲所驱使，结果将是整个社会秩序的混乱与危机。上面说："是故先王之制礼乐也，非以极口腹耳目之欲也，将以教民平好恶而反人道之正也。人生而静，天之性也。感于物而动，性之欲也。物至知知，然后好恶形焉。好恶无节于内，知诱于外，不能反躬，天理灭矣。夫物之感人无穷，而人之好恶无节，则是物至而人化物也。人化物也者，灭天理而穷人欲者也。于是有悖逆诈伪之心，有淫泆作乱之事。是故，强者胁弱，众者暴寡，知者诈愚，勇者苦怯，疾病不养，老幼孤独不得其所，此大乱之道也。"这段话的大意是说，先王制礼作乐的目的不是为了极力满足人们口腹耳目的欲望，而是用礼乐来教导民众，使好恶之情得到节制，从而回归人道的正途。人的本性是清静的，这是人的天性。受到外物的影响而产生各种冲动，这是由人性产生的欲求。外物的各种影响使人产生了不同的感觉，人们的喜好和厌恶的情绪就反应出来了。人们对好的事物总是不会主动拒绝，外界的美好事物持续存在，不断诱惑人，如是人们不能反省自己，就会沉溺其中，难以自拔，这样就会丧失人的天性。外物对人的影响诱惑是种类繁多无穷无尽的，如是人的好恶心情没有节制，那么在外物的影响下，人就会被某一外物所诱惑而深陷其中，成为外在事物的俘虏，而失去人的自然本性。人变成某种外在事物的俘虏，就会失去人的天性，而执着于某一个欲望，这样就会有悖逆之心，虚伪之心，出现虚假敷衍的心态，就会发生纵欲放荡，为非作歹的事情。于是强暴的人就会胁迫弱小的人，多数人就会欺凌少数人，聪明人就会欺骗愚笨的人，勇敢的人欺侮怯懦的人，生病的人没有人照顾，老幼孤独者无依无靠，这就是天下大乱的原因呀！

黄老学派的重要经典《鹖冠子》同样强调节欲反情的重要性。《鹖冠子·著希第二》上说："夫君子者，易亲而难狎，畏祸而难却（宋朝陆佃注：死义，故难却。），嗜利而不为非，时动而不苟作。体虽安之，而弗敢处，然后礼生；心虽欲之，而弗敢信（当为"言"——笔者注），然后义生。夫义，节欲而治，礼，反情而辨（"辨"，分明之意——笔者注）者也，故君子弗径情而行也。"黄怀信先生按："径情，犹言任情，由情。节欲，反情，故曰不径情而行。"[11]

在人生实践层面，我们的先贤不仅强调进退周旋的礼节和仁、义、礼、智、信这样的伦理规范，更强调修道进德、克念作圣，恢复人类清静本性的重要性。因为只有通过长期而坚苦的修行，得清静心，人类的欲望才能得到最彻底地节制。

《汉书·艺文志》儒家类曾记"《内业》十五篇"，注曰"不知作书者"。宋王应麟《汉志考证》云："《管子》有'内业篇'，此书恐亦其类。"儒家《内业》至唐人编史书时已经不载，说明该书亡佚很早。如果真如王应麟所说《汉书·艺文志》"内业十五篇"与现存《管子·内业》篇内容相类，那么我们参阅《管子》心术四篇，即《心术》上下、《白心》、《内业》，可以推定儒家有自己的修持方法。

今天我们通过《大学》、《中庸》等著作略知儒家修行大体——明代憨山大师和今人南怀瑾先生都曾从心性修持的角度对这两篇文章详加阐发。

另外，《论语》和《孟子》中许多记载都涉及修行的内容，比如《论语·子罕篇第九》载："子绝四——毋意，毋必，毋固，毋我。"这显然是与心性的修行相关的；《孟子·告子上》明确指出，收敛昏乱的心是一切学问的基础，上面说："人有鸡犬放则知求之，有放心而不知求。学问之道无他，求其放心而已矣。"以恢复先秦心性之学为己任的宋代儒者对这段话极为重视，程颐解释说："心至重，鸡犬至轻，鸡犬放则知求之，心放则不知求，岂爱其至轻而忘其至重哉？弗思而已矣。圣贤千言万语，只是欲人将已放之心约之使反复入身来，自能寻向上去，下学而上达也。"朱熹进一步指出："此乃孟子开示切要之语，程子又发明之，曲尽其指，学者宜服膺而勿失也。"（《四书集注》）

相传孟子"师事子思"，《中庸》为子思所作，看来思孟学派的确代表了儒家心性修行的一系。据《孔丛子·抗志第十》记载，子思曾亲近春秋时重要道家人物老莱子。该篇中还记载子思曾对卫国国君言及大道，指示体道者得大自在，明了死生的道理。子思说："体道者逸而不穷，任术者劳而无功。古之笃道君子，生不足以喜之，利何足以动之。死不足以禁之，害何足以惧之。故明于死生之分，通于利害之变，虽以天下易其胫毛，无所概（概，意为变易——笔者注）于志矣。"

宋儒朱熹在《大学章句序》中认为孔子心性之学"及孟子没而其传泯焉，则其书虽存，而知者鲜矣"！"宋德隆盛，治教休明。于是河南程氏两夫子出，而有以接乎孟氏之传。"对于儒家内部来说这一论断大体是对的，但对于整个中国文化来说则不是这样。因为道家修行从来没有中绝，只是后来流入道教。东汉佛家的引入更是极大丰富了中国的心性之学。

然而，宋明理学家大多视道家和佛家为异端，这极大地阻碍了儒家心性之学的复兴。尽管明代有王阳明、王龙溪（王畿）、陈献章这样的大修行者出世，仍无法避免清代以来心性之学衰败的趋势。

大道为公，只有一个。虽然入道多门，然大同而小异，何必陷于门户之见，株守一家。今天有志于复兴儒家者不仅要借鉴道家和佛家的修行经验，还要借鉴伊斯兰苏非派等其他宗教的修行经验，只有这样，才能作到"接乎孟氏之传"，使"圣经贤传之指，粲然复明于世"（朱熹：《大学章句序》），真正为往圣继绝学！

明代王龙溪（王畿）《南游会纪》云："人心本来虚寂，原是入圣真路头。虚寂之旨，羲黄姬孔相传之学脉。儒得之以为儒，禅得之以为禅。固非有所借而慕，亦非有所托而逃也。"（《龙溪王先生全集·卷七》）

大道归一，此言极是！

综上所述，从生活方式到社会制度，中国先贤建立起了一套理性克制人类物欲的复杂文明体系，此种文明范式对于解决当代人类的诸多危机具有重要的理论意义和参考价值。这一大宝藏亟待有志者去辛勤发掘，大力发扬于全世界……

注释：

[1]The Stolen Forests：Inside the covert war on illegal logging.，网址：http://www.newyorker.com/reporting/2008/10/06/081006fa_fact_khatchadourian，访问日期：2010年11月4日。

[2] 刘治立：《〈傅子〉评注》，天津古籍出版社，2010年3月，第22页。

[3] 同[2]，第110页。

[4] 迈克尔·赫德森：《全球分裂：美国统治世界的经济战略》，中央编译出版社，2010年6月，"新版前言"第15页。

[5] 同[2]，第23页。

[6] 陈焕章：《孔门理财学——孔子及其学派的经济思想》，翟玉忠译，中央编译出版社，2009年10月，第122页。

[7] 同[6]，第117页注二。

[8] 翟玉忠：《国富策——中国古典经济思想及其三十六计》，中国友谊出版公司，2010年4月，第60~63页。

[9] 乔治·索罗斯：《索罗斯带你走出金融危机》，刘丽娜，綦相译，机械工业出版社，2009年1月，第58页。

[10] 同[9]，第21页。

[11] 黄怀信：《鹖冠子汇校集注》，中华书局，2004年10月，第19页。

第三章 内圣外王要在"息欲明制"

如果我们用尽量简练的语言解释中国文化内圣外王的特点，那么最恰当的恐怕只有《傅子》"息欲明制"一语。因为"息欲"，节制私欲是内圣功夫的根本；"明制"，彰明法度是外王事功的根本。

内圣外王要在"息欲明制"。在展开具体论述之前，我们有必要介绍一下《傅子》一书的学术思想倾向。

1、《傅子》非儒家，非杂家，具有浓厚的黄老色彩

《傅子》的作者是魏晋时期的著名学者傅玄。傅玄，政治家、思想家，精于政事，入晋任御史中丞、司隶校尉等职。公元278年，卒于家中，谥号"刚"，追封"清泉侯"。据《晋书》本传载："玄少时避难于河内，专心诵学，后虽显贵，而著述不废，撰论经国九流及三史故事，评断得失，各为区别，名为《傅子》，为内、外、中篇，凡有四部六录，合百四十首，数十万言，并《文集》百余卷行于世。"然至两宋时，《傅子》一书已经散佚殆尽，今天我们所见到的本子，为清代学者所辑。

《傅子》一书，除了清四库馆臣将其列入儒家外，《隋书》以降史家一般认为属"杂错漫羡而无所指归"的杂家。

清代《四库全书》将《傅子》列入儒家一直为学者所诘难。刘治立先生认为此举"有些粗率、武断，使人对《傅子》思想性质产生误解"。[1]《傅玄评传》的作者更是认为四库馆臣的观点不可凭信，作者写道："对《傅子》的思想性质产生误解，而且影响很大的分类，是清代《四库全书》造成的。《四库全书》将《傅子》列入儒家类著作，这完全不符合实际。它改变了《隋志》

以来的著录分类,而这跟它粗疏草率采辑很不完善的缺陷有关,也跟它审之不慎的弊端有关,因而是不可凭信的。"[2]

《隋书·经籍志三》"子部·杂家"有:"《傅子》百二十卷,晋司隶校尉傅玄撰。"并称:"杂者,兼儒、墨之道,通众家之意,以见王者之化,无所不冠者也。古者司史历记前言往行,祸福存亡之道。然则杂者,盖出史官之职也。放者为之,不求其本,材少而多学,言非而博,是以杂错漫羡而无所指归。"

那么《傅子》真是杂家吗?也不是,齐治立先生就指出:"平心而论,《四库全书》的作法固然以偏概全,而将《傅子》归入"杂错漫羡而无所指归"的杂家也似不妥。"[3]《傅子》不是杂家也可以从傅玄对桓谭《新论》的态度中看出来,他说:"桓谭书烦而无要,辞杂而旨诡,吾不知其博也。"(《北堂书钞》卷一〇〇)另外傅玄还说过:"君子审其宗而后学,明其道而后行。"(《太平御览》卷四〇三)如果傅玄本人反对杂家的学术风格,难以想象他的代表作《傅子》属杂家。

观今存《傅子》,傅玄思想远非杂乱无章,其出入儒道,兼重礼法,深得中国文化内圣外王的精髓,具有浓厚的黄老色彩。

傅玄出入儒道。通过《傅子》中《仁论》、《义信》、《礼乐》诸篇很容易看出其"厚重儒教"(时人王沈评《傅子》语)的特点,不过其好道的特点也十分明显,他曾说:"道教者昭昭然,犹日月丽天。"(《文选》沈约《齐故安陆昭王碑文》注)对于汉以后儒道互相攻击的现象,傅玄认为那是以偏盖全,只见树木,不见森林。《意林》引《傅子》云:"见虎一毛,不知其斑。道家笑儒者之拘,儒者嗤道家之放,皆不见本也。"

傅玄兼重礼法。他不空谈"以德治国",认为独任德惠的人治是危险的,他说:"夫威德者,相须而济者也。故独任威刑而无惠,则民不乐生;独任德惠而无威刑,则民不畏死。民不乐生,不可得而教也;民不畏死,不可得而制也。有国立政,能使其民可教可制者,其唯威德足以相济者乎?"(《傅子·治体》)

傅玄礼法并重的思想集中体现在《傅子·法刑》篇中。他认为"立善防恶谓之礼，禁非立是谓之法"，"礼法殊涂而同归，赏刑递用而相济矣"。在礼法的关系上，他认为在和平昌盛之世，民心易向善，所以当先礼而后刑；在混乱不安的时代，民心易向恶，所以当先刑而后礼。他说："治世之民，从善者多，上立德而下服其化，故先礼而后刑也。乱世之民，从善者少，上不能以德化之，故先刑而后礼者。"（《傅子·法刑》）

事实上傅玄明确指出诸子百家同归于圣人大道，不出内圣外王之旨。《意林》引《傅子》云："圣人之道如天地，诸子之异如四时。四时相反，天地合而通焉。"《傅玄评传》的作者从《傅子》引用前哲先贤言论、文本内容两个方面详细考辨，认为《傅子》"兼容各家之长"[4]，而这正是黄老之学的基本特点。

2、《傅子》深得内圣外王的精髓：息欲明制

傅玄将内圣外王归结为"息欲明制"四字，这是其从政治经济的实践中提炼出来的思想结晶，目的与黄老之学一样要达到无为而治。《太平御览》卷七七引《傅子》云："舜治天下，垂拱无为者，以咎繇（即皋陶，舜时掌刑法——笔者注）既举，而不仁远也。"《长短经·大体》引《傅子》云："士大夫分职而听，诸侯之君分土而守，三公总方而议，则天子拱己而正矣。"

傅玄对从汉末开始的社会大动荡有着深刻的认识，他从中华礼义文明有限物力与无限物欲的辩证关系出发，指出统治阶层纵情极欲，一味追求奢侈，不断剥削压榨百姓，是最终导致社会动荡的根本原因。针对这种情况傅玄提出了治身理国的基本原则，即息欲和明制，所谓息欲就是节制人类内在的无尽欲望。所谓明制，就是彰明法度，使用民力有常。

《傅子·校工》篇指出，天下最大的祸害，没有比妇女装饰品之类的玩好更大的。统治阶层不节制自己感官上的欲望，竭尽民间的智巧、制作这些东西供自己享受。一个妇人的头饰价值超过一千两黄金，甚至妾和使女的衣服也装饰着天下的宝贝。纵情极欲的统治者欲望无穷，而生产者的生产力有限，以有限的生产力去满足无穷的欲望，这是汉灵帝所以失去民心的原因。

傅玄写道："天下之害，莫甚于女饬（同"饰"——笔者注）。上之人不节其耳目之欲，殚生民之巧，以极天下之变。一首之饬，盈千金之价，婢妾之服，兼四海之珍。纵欲者无穷，用力者有尽。用有尽之力，逞无穷之欲，此汉灵之所以失其民也……夫经国立功之道有二：一曰息欲，二曰明制。欲息制明，而天下定矣。"

《傅子》一书不厌其烦地多方论述息欲明制的道理，从清人的辑本中我们能清楚看到这一点。《傅子·曲制》的论证思路与《傅子·校工》篇相同，且更详尽，上面说："天下之福，莫大于无欲，天下之祸，莫大于不知足。无欲则无求，无求者，所以成其俭也。不知足，则物莫能盈其欲矣。莫能盈其欲，则虽有天下，所求无已，所欲无极矣。海内之物不益，万民之力有尽。纵无已之求，以灭不益之物。逞无极之欲，而役有尽之力。此殷士所以倒戈于牧野，秦民所以不期而周（《群书治要》注："'周'疑'同'"）叛。"

《傅子·检商贾》则指出，统治者无穷的欲望会导致社会力量的失衡。因为统治者不断追求奇珍异巧，会增大商人投机的空间，导致商人阶层独大，所以他主张"明制"，即"国有定制，下供常事"。上面说："上逞无厌之欲，下充无极之求，都有专市之贾，邑有倾世之商，商贾富乎公室，农夫伏于陇亩而堕沟壑。上愈增无常之好以征下，下穷死而不知所归，哀夫……上息欲而下反真矣。不息欲于上，而欲求下之安静，此犹纵火焚林，而索原野之不凋瘁，难矣。故明君止欲而宽下，急商而缓农，贵本而贱末。"

傅玄强调"明制"对于国家的财政制度十分重要。《傅子·平赋役》篇提出了在世界经济史上有重要地位的"至平"、"积俭"、"有常"赋役三原则。"至平"即公平税负；"积俭"即赋役征课须从节俭的角度考虑；"有常"即赋役的征课须有明确的制度。他指出："昔先王之兴役赋，所以安上济下，尽利用之宜，是故随时质文（质文，重质朴与重文饰——笔者注），不过其节。计民丰约而平均之，使力足以供事，财足以周用，乃立一定之制，以为常典。甸都（"甸都"，都城的内外——笔者注）有常分，诸侯有常职焉。万国致其贡，器用殊其物，上不兴非常之赋，下不进非常之贡，上下同心，以奉常教，民虽输力致财，而莫怨其上者，所务公而制有常也。"

3、人皆知涤其器，而莫知洗其心

息欲明制不仅对于治国是重要的，对于修身同样重要。傅玄指出，君子当内扫除其妄念，以清虚的心待人接物。行为亦当有章法，坚持恒久不变的正道，这是以正示人的大道。《长短经·知人》引《傅子》云："君子内洗其心，以虚受人；外设法度，立不易方，贞观之道也。"

在傅玄那里，息欲关键在洗心、正心，使之恢复其本来的清静面目。这是齐家、治国、平天下的根本。

谈到人性的根本特点，傅玄将之比喻成水，随教化环境的改变而改变，静则清，动则浊。《意林》引《傅子》云："人之性如水焉，置之圆则圆，置之方则方，澄之则渟（"渟"意为水积聚不流动——笔者注）而清，动之则流而浊。先王知中流（"中流"，指才智及人品中等的人——笔者注）之易扰乱，故随而教之。谓其偏好者，故立一定之法。"

关于修心的意义，《傅子·正心》篇论述最详，其核心思想与《大学》修齐治平的理论相同，傅玄开篇写道："立德之本，莫尚乎正心。心正而后身正，身正而后左右正。左右正而后朝廷正，朝廷正而后国家正，国家正而后天下正。故天下不正，修之国家；国家不正，修之朝廷；朝廷不正，修之左右；左右不正，修之身；身不正，修之心。所修弥近，而所济弥远。"正心的目的是"保其性"，《傅子·正心》云："古之达治（"达治"，通晓治道——笔者注）者，知心为万事主，动而无节则乱，故先正其心。其心正于内，而后动静不妄。以率先天下，而后天下履正（"履正"，实行正道——笔者注），而咸保其性也。"

心性具体如何修持，傅玄谈得很少。只是在《傅子·仁论》中，傅玄指出一个人德行上要与高标准看齐，欲望上要与低标准看齐。认为德行上与高标准看齐，就会产生羞愧之心，欲望上与低标准看齐，就会懂得知足常乐的道理。知道自己与圣贤有差距而感到羞愧，就会使自己接近圣贤。懂得知足常乐，就会使自己安贫乐道。一个人努力达到接近圣贤的境界，哪里还会做邪恶的事呢？一个人知足常乐，随遇而安，哪里还会奢侈呢？这就叫节制。不断地净化自己的心灵，是最好的，其次是获得清平之心。如果不能得清静心，就一步步平心直行，不出什么差错就可以了。所以君子要学会自省其身，不为喜怒所动。发怒时不违背道德，高兴时不背离道义。上面说："德比于上，欲比于下。德比于上故知耻，欲比于下故知足。耻而知之，则圣贤其可几；知足而已，则固陋其可安也。圣贤斯几，况其为慝乎？固陋斯安，况其为侈乎？是谓有检。纯乎纯哉，其上也！其次得概而已矣，莫非概也，渐其概，苟无邪，斯可矣。君子内省其身，怒不乱德，喜不乱义也。"

傅玄不断强调为政去除私欲的重要性。在回答时人刘邵（刘邵，字孔才，河北邯郸人。曹魏时任尚书郎、散骑侍郎、陈留太守，赐爵关内侯。）有关为政的基本原则时，他明确指出："政在去私。私不去，则公道亡。""夫去私者，所以立公道也。唯公然后可正天下。"（《傅子·问政》）《傅子·通志》篇指出，上下之志通达（即"通志"）的基础是至公之心和无忌心，只有至公才能使近者安，远者来。只有无忌心才能使进取者竭尽自己的智慧和力量，退隐者不怀疑。上面说："夫能通天下之志者，莫大乎至公；能行至公者，莫要乎无忌心。唯至公，故近者安焉，远者归焉，枉直取正，而天下信之；唯无忌心，故进者自尽，而退不怀疑。"

然而，傅玄深知"德难为而言易饰"（《傅子·戒言》）的道理，以及去私欲就公道之难。在《傅子·戒言》篇中，他将花言巧语与修道进德作为对立的两个方面进行论证，明确反对巧虚华不实，巧言饰辩的的社会风气，这对我们的时代特别具有启发意义。上面说："上好德则下修行，上好言则下饰辩。修行则仁义兴焉，饰辩则大伪起焉，此必然之征也。德者，难成而难见者也；言者，易撰而易悦者也。先王知言之易，而悦之者众，故不尚焉。不尊贤尚德，举善以教，而以一言之悦取人，则天下之弃德饰辩以要其上者不鲜矣。何者？德难为而言易饰也。"

他还指出，奸佞之人之所以能够危害社会，主要是这些人能够不断激起和满足人类的私欲，他说："佞人，善养人私欲也，故多私欲者悦之。唯圣人无私欲，贤者能去私欲也。有见人之私欲，必以正道矫之者，正人之徒也。

违正而从之者，佞人之徒也。"(《傅子·矫违》)

　　面对人皆趋于放纵这一人性的根本弱点，傅玄感叹道："人皆知涤其器，而莫知洗其心。"(《意林》引《傅子》)

　　我们反躬自问，在这样一个物欲横流的信息化时代，二十一世纪的现代人何尝不是这样呢？

注释：

[1] 刘治立：《〈傅子〉评注》，天津古籍出版社，2010年3月，"《傅子》评析"第10页。

[2] 魏明安，赵以武：《傅玄评传》，南京大学出版社，1996年3月，第263页。

[3] 同 [1]。

[4] 同 [2]，第255~261页。

第四章 中国行天道与西方行人道

在先秦语境中,"人道"一词具有与现代十分不同的意义。所以首先要明确什么是天道与人道?以此作为我们讨论的基点。

《老子·第七十七章》释天道与人道云:"天之道,其犹张弓与?高者抑之,下者举之,有余者损之,不足者补之。天之道,损有余而补不足。人之道,则不然,损不足以奉有余。孰能有余以奉天下,唯有道者。"

这里,它很明确地阐述了天道的基本特征——天道就像拉弓射箭一样,如果抬得太高和太低都不能命中目标,那么怎么办呢?其实很简单,抬高了就向下压一点,太低了就抬高一些,这样就可以射中了。

人之道,则不然,它是损不足以奉有余。西方也有相同的概念,就是马太效应(Matthew Effect),是说在社会中存在着贫者愈来愈贫,富者越来越富的现象。

行天道,损有余而补不足的现实目的在于实现一个系统的动态平衡,就像《黄帝四经·道法》中说的:"应化之道,平衡而止。"其实这些在中医经典《黄帝内经》中阐述得非常之清晰,任何一个学中医的人几乎都看过这本书。如果大家了解中医的话,那么就会知道《黄帝内经》所阐述的核心理念就是:通过对体内的有余和不足的调节,也就是损有余而补不足,来实现人体的阴阳平衡。当然它的方法是很多的,比如用针灸,用中草药等等。

如果把天道放在某个领域内,就是一个极其繁复的知识体系,比如说中医。中医是一个完整的知识系统,是中华文明中少有的现存且还在应用的一个学术体系。而其它像政治理论、经济理论和生活方式都不再存在于现代人的生活中了。

天道,在中华文明体系中涉及到方方面面的问题,中医只是一方面。它最主要的还是表现在政治学和经济学当中，只不过我们现在已经不知道而已。《国语》中就讲到：大医医国，其次及人。就是说真正有才能的医生是可以治理国家的。那么医生怎么能治国呢，因为他们都是依据天道损有余而补不足的原则来实现系统的平衡。

1、经济学与天道

中国古典政治经济学重差序，认为人生来是不平等的，总会存在"有余"和"不足"，但它强调不平等的目的是实现各阶层之间的动态平衡。而西方主流政治经济理论正好相反，它假设人与人之间生来就是平等的，结果却导致了巨大的不平等。西方社会内部其实是不平等的，而且西方文明体系向外延伸也会导致巨大的不平等。

现实中不平等体现在总会存在"有余"和"不足"。比如有的人有很强的经营能力，很能赚钱。有的人有很好的领导能力，还有人拥有超越常人的计算能力，而有人记忆能力就是很差。这些差别是客观存在的，这个时候就需要社会或国家的整体力量依据自然法则进行调节。那什么是自然法则呢？其实自然法则就是事物的自然规律。以经济学为例，它就是市场的运行法则。有人说中国没有市场经济，这是不对的。中国从几千年前一直到陈云、薛暮桥时代，他们的核心思想都还是按照市场规律来调节市场经济。陈云的思想是极值得研究的，他搞得绝对不是西方自由市场经济学那一套，他跟那些概念都没关系——陈云解放初刚到上海的时候，治理上海极度高的通货膨胀、大规模的投机，当时用的是小米、用物资平抑物价，不是使用什么货币政策。这段历史很有意思，很值得去研究。

西方政治经济学假定人与人之间是生而平等的，通过自由选举和自由市场会自动实现各阶层之间的动态平衡，要求社会或国家尽量少地干预。大家特别熟悉的一个理论就是亚当·斯密的理论，他相信市场会达到自动平衡。西方经济学比较宠杂，这跟中国不一样。中国学术源于官学，西方学术起源于私学，古希腊的哲学家基本上都是很富有的。而中国学术是从王官学开始的，具体说源于西周政府的史官。那时他们统一运行一个政府，其知识体系不可能是互相矛盾的，否则就不能维持国家机器的正常运转。到了后期才有诸子百家，其实当时也没有诸子百家这个说法，是汉人赋予的概念。比如说老子，孔子就曾问道于老子，我们读读孔子家学《孔丛子》这本书就可以知道。孔子的后人也有法家、也有纵横家(外交家)，比如说子顺，子顺相魏的时候所作的改革，与商鞅的改革没有根本的区别。当时他也受到巨大的压力，所以子顺相魏九个月就辞职了，因为法家改革会影响特殊利益集团的既得利益，要把"有余"给损下去。总之，古代没有今天这么严格的各家、各派的说法。

西方学术是碎片化的，不像中国传统学术这样存在统一性，大道一以贯之。比如经济学上欧洲有李斯特、马克思，还有二十世纪的合作主义、自由主义等等。中国不一样，中国就只有一个轻重之术，这个轻重之术不断地被完善，不断地被一代一代的人运用，一直用到二十世纪的美国。美国现在农业政策就是源自中国古典经济思想轻重之术，使用的是中国的"常平仓"理论。

西方经济学家在此次金融危机之后对"天道"的理解加深了。比如说索罗斯，索罗斯这个人很厉害，他参与到大规模的市场运作中，他就看得清楚，并写了一本书，他在书里说：金融市场不能在出现危机的时候再进行干预，因为金融市场每时每刻都会造成不平衡，每时每刻都要干预。虽然索罗斯的思想在美国经济学界也没有什么地位，但他是在实际市场操作过程中知道市场的本质的。

这里顺便讲一讲，为什么这么辉煌、这么先进的中国学术随着西方文化的进入，在国人的心目中会变得几乎一无是处呢？我们还是用实例来说明现代学者是怎么把中国学术纳入西方体系并将之毁灭掉的，这个过程非常微妙。有学者为证明自由市场经济是普世标准，就说连两千多年前的司马迁都主张自由市场经济，我告诉大家他们的确是在断章取义。这些人常常引用司马迁《史记·货殖列传》中下面的一段话："夫神农以前，吾不知已。至若《诗》《书》所述虞夏以来，耳目欲极声色之好，口欲穷刍豢之味，身安逸乐，而心夸矜势能之荣使，俗之渐民久矣，虽户说以眇论，终不能化。故善者因之，其次利道之，其次教诲之，其次整齐之，最下者与之争。"联系上下文，这段话其实就是讲人们都有求利逐富的自然本能，不用外在力量去推动，这与市场需不需要政府干预根本没有什么关系。所以司马迁接着写道："夫山西饶材、竹、谷、纑、旄、玉石；山东多鱼、盐、漆、丝、声色；江南出楠、梓、姜、桂、金、锡、连、丹沙、犀、玳瑁、珠玑、齿革；龙门、碣石北多马、牛、羊、旃裘、筋角；铜、铁则千里往往山出棋置，此其大较也。皆中国人民所喜好，谣俗被服饮食奉生送死之具也。故待农而食之，虞而出之，工而成之，商而通之。此宁有政教发征期会哉？人各任其能，竭其力，以得所欲。故物贱之征贵，贵之征贱，各劝其业，乐其事，若水之趋下，日夜无休时，不召而自来，不求而民出之。岂非道之所符，而自然之验邪？"这段话大意是说，太行山以西盛产木材、竹子、楮木、野麻、旄牛尾、玉石；太行山以东多有鱼、盐、漆、丝、美女；江南出产楠木、梓树、生姜、桂花、金、锡、铅、朱砂、犀牛、玳瑁、珠子、象牙兽皮；龙门、碣石山以北地区盛产马、牛、羊、毡裘、兽筋兽角；铜和铁则分布在周围千里远近，山中到处都是，有如棋子满布。这是关于各地物产分布的大致情况。这些都是中国人民所喜好的，习用的穿着、饮食、养生、送死之物。所以，人们要靠农民耕种，取得食物，要靠虞人进山开采、渔夫下水捕捉，获得物品，要靠工匠制造，取得器具，要靠商人贸易，流通货物。这难道还需要政令教导、征发人民如期集会来完成吗？人们各自以自己的才能来行事，竭尽自己的力量，以此来满足自己的欲望。因此，物价低廉，他们就寻求买货的门路，物价昂贵，他们就寻求销售的途径，各自勤勉而致力于他们的本业，乐于从事自己的工作，如同水向低处流，日日夜夜而永无休止，他们不待召唤自己就赶来，物产不须征求而百姓们自己就生产出来。这难道不是合乎规律，自然就是如此的证明吗？

西方经济学进入后，中国学者胡乱找与西方自由市场概念相似的只言片语，于是就找到了司马迁的这一段话。不难看出，它只是讲如何利用世人求富患贫的心理，而不是讲如何看待市场经济。事实上司马迁在《史记·货殖列传》接下来就讲管仲如何利用轻重术富国，要知道，轻重之术对市场的认识与西方自由市场经济理论大相径庭——它根本就不认为市场会自动实现均衡。

为了证明西方学术的普世性,政治方面中国知识分子最爱引用的就是《诗经·小雅·北山》中的一句话:"普天之下莫非王土,率土之滨莫非王臣。"用以证明中国是个专制国家。其实这句话是当时一个官员的不满,他看到其他人的工作比自己清闲,便抱怨说,天下都是大家的,大家的工作都应该是一样的,为什么我的工作就那么繁重?请看,这句话也没有什么特别的意义,核心是主张百姓均平的。

我们回过头来讲讲天道在中国古典经济学中怎么运作的。轻重之术的主要内容集中在《管子·轻重十六篇》中,因为原文太长,我们只引用班固在《汉书》中对轻重之术的很精练的描述。班固描述了中国人对市场的态度,怎么平衡市场,其方法非常具体,而且分出众多类别,比如金融、商品等等。他说:"岁有凶穰,故谷有贵贱;令有缓急,故物有轻重。人君不理,则畜贾游于市,乘民之不给,百倍其本矣。故万乘之国必有万金之贾,千乘之国必有千金之贾者,利有所并也。计本量委则足矣,然而民有饥饿者,谷有所臧也。民有余则轻之,故人君敛之以轻;民不足则重之,故人君散之以重。凡轻重敛散之以时,即准平。守准平,使万室之邑必有万钟之臧,臧繦千万;千室之邑必有千钟之臧,臧繦百万。春以奉耕,夏以奉耘,耒耜器械,种饷粮食,必取澹焉。故大贾畜家不得豪夺吾民矣。"

这段话的意思是说:在农业生产中有时会丰收,有时会欠收。这就导致谷价严重动荡,如果国家不干预市场,那么从事仓储业的商人就会在商场上不断操作,获得巨大的利益,甚至可以用一夜暴富来形容他们。计算粮食的产量和国家货币的供应,应该足够百姓生活,那么为什么有挨饿的人呢?因为有人把粮食储藏起来,等到价格上涨后才拿出来卖以获得暴利。这个时候国家就要出面来调节市场,具体怎么办呢?其实很简单,每当谷物丰收、粮食价格低时,国家就应该以略高的价格收购,这样一可以调节下跌的粮价,二可以储藏一定的数量的粮食;当谷物欠收或者市场上因谷物、粮食匮乏而价格上涨的时候,国家以低于市场的价格把储藏的粮食卖给百姓,解决缺粮问题,同时下调上涨的粮价。以随时变化的市场价格为准,价低时购进,价高时卖出，才能保持价格平稳。所以保持价格平稳要做到：万户之地要有万钟粮食的储藏，还有储存千万的钱财；千户之地要有千钟粮食，还要有百万钱财。

我们再以越王勾践为例，来讲讲天道是怎么在中国古典政治经济学中具体运作的。勾践惨败于吴王夫差，自己到吴为奴，但勾践回到越国后经过十年励精图治，越国国富民强，之后还称霸中原。其原因是什么？这里面有具体的政治经济学政策。

越王的主要谋臣有计然和范蠡两人，据说计然是范蠡的老师。计然曾经说过一段话，这段话是计然政治经济理念的总纲。他说："夫人主利源流，非必身为之也。视民所不足，及其有余，为之命以利之，而来诸侯，守法度，任贤使能，偿其成事，传其验而已。如此，则邦富兵强而不衰矣。"（《越绝书·越绝计倪内经第五》，大意是：国君按照流通货物的道理去获取利益，不一定要亲自劳作。应该注意百姓有什么不足，以及有什么多余，然后颁布命令去为他们谋利；至于把诸侯吸引过来，遵循法度办事，任用贤能之人，奖励有功，都只是这些政策的延续效果罢了。只有这样，才可能国富兵强，永久不衰。）

中国古代政治经济学的核心是守法度，任贤使能，以法律为基础治理国家。中国之所以没有走上民主的道路，是因为中国古典政治经济学太先进的原因。先秦史书《逸周书》中，就提到了西方十九世纪末重要的政治经济学的成果，如勒庞的《乌合之众》一书中所说的，群众在选举中会极易受到非理性因素的控制，甚至会导致灾难性结果。事实上这种概念在三千年前中国先贤就已经掌握了，那是周公讲给周文王的——现在已经没有人像研究西方著作那样来研究中国古代的著作了。

我们回来继续讲越王的故事。越王勾践曾问计然，为何在丰收之年，仍会有贫困乞讨的人呢？计然回答说，这是因为人的天性就不一样，正如同母异父之人，一举一动都不同一样，所以由于各种原因有些人会陷入贫困，关键在于维系社会各阶层利益的整体平衡。于是计然提出了他有名的平籴理论，就是开官市，使买入粮食的价格最高不能超过石米八十，最低不能低于石米三十。这样，社会上两个主要阶层农夫与商人的利益就均衡了。《越绝书·越绝计倪内经第五》上说:"越王曰:'善。今岁比熟,尚有贫乞者,何也?'计倪(即计然——笔者注)对曰:'是故不等,犹同母之人,异父之子,动作不同术,贫富故不等。如此者,积负于人,不能救其前后。志意侵下,作务日给,非有道术,又无上赐,贫乞故长久。'越王曰:'善。大夫佚同、苦成,尝与孤议于会稽石室,孤非其言也。今大夫言独与孤比,请遂受教焉。'计倪曰:'籴石二十则伤农,九十则病末。农伤则草木不辟,末病则货不出。故籴高不过八十,下不过三十,农末俱利矣。故古之治邦者本之,货物官市开而至。'越王曰:'善。'"

中国自古以来政府就参与到市场之中,常常拥有庞大的国有经济。秦争雄于六国最大优势就是拥有雄厚的国有资本,因为国家参与管理后工业就容易系统化、标准化,而在战场上标准化极其重要——不仅是古代,现在也如是。秦朝法律极其严密,他们的武器都是国企生产的,耕牛都是国家借给百姓的。国有经济有个弱点,就是如果政治制度跟不上会导致效率低下、贪污腐败。所以政治和经济是无法分开的,它们是一体的。

《越绝书》对轻重之术的描述比较模糊,在《史记·货殖列传》中阐述得最为详细。其中阐明了轻重之术有三个基本原则:自然原则、均平原则和储备原则。

关于自然原则,在秦朝已经有特别详细的环境保护法。中国人不是先知先觉,而是它的文明体系是很先进的,中国人的思想方法要人按照天道的逻辑、天道的自然原则生活,这样的逻辑是很先进的,所以才会有环境保护法。比如说,环保法中规定了什么时候允许捕鱼,什么时候禁止捕鱼,特别严格。中国位于北半球植物资源最丰富的地区,在上古时代也受到过环境破坏,从考古学的研究中我们能够知道这些。但从整体上来讲环境保护做得很不错,其原因就是每个朝代都有环境保护政策的存在。

自然原则是人类按照大自然生产的时序进行生产,以保护鸟兽、作物等生长,当然像矿产这样的资源更要保护了。我们现在有些经济政策过于愚蠢,把矿藏都让私人经营,要知道即使是西方也有很大一部分经济学家认为,矿藏是不能给私人的，他们认为最好的实现全民福利的方法，就是使大的矿产资源归国家所有。中国人从周朝开始，就坚持国家掌握矿藏。西周封建制的一个核心准则是：名山大泽不以封，就是说矿产资源是不分封给诸侯的。

均平原则就如上面《越绝书·越绝计倪内经第五》中计然讲的，商品价格过低会伤害生产者的利益，价格过高会伤害消费者的利益，那么为了实现各阶层的利益均衡，国家就要干预市场来调节价格。中国人的传统思维注重追求平衡，类似于中医治病——中医讲究阴阳平衡，失衡就会生病。

轻重之术的第三个原则是储备原则，储备不是为了储备而储备，其目的就是为了调节市场价格。古代一直都有储备，但到了朱熹时搞社仓，为了储备而储备，不能调节市场就麻烦了。常常是一个朝代到最后灭亡的时候，它的常平仓制度就坏掉了。中国老百姓不喜欢造反，常常是因为粮食问题才造反；另外，常平仓是能够赚钱的，因为是低价收购、高价卖出，它既有利于国家，又有利于老百姓。假如没有常平仓，在粮价上涨时，老百姓必须花高价购粮，这个时候国家用高过收购价、低于市场价出售储备粮，这样既能解决百姓基本生存问题，也能调节市场价格，而且还能赚到钱。这是对国家、百姓俱利的事情。

轻重术到晋朝以后就成为绝学了。据《宋史·司马光本传》载，司马光、王安石与宋神宗讨论财政问题，王安石说：为什么我们国家贫穷呢，因为我们没有为国家理财的手段。司马光答，《汉书》中记载桑弘羊实行平准均输（大范围的常平仓），这件事情是假的，是为了美化桑弘羊才这样写的，因为《汉书》中说桑弘羊的政策达到了一个很神奇的地步，就是民不加赋，而财用足。那一代人，汉武帝和桑弘羊他们是很伟大的，中国的版图就是他们打下来的。当时战争条件多么艰苦啊，大家去过新疆就能知道——现在中国已经少有那种大气魄了！

储备有一些基本原则，就是《史记·货殖列传》讲的："积著之理，务完物，无息币。以物相贸易，腐败而食之货勿留，无敢居贵。论其有余不足，则知贵贱。贵上极则反贱，贱下极则反贵。贵出如粪土，贱取如珠玉。财币欲其行如流水。"其大意是：要储备那些完好、不易腐烂的物资，国家不要有太多的不进入市场流通的货币。用物资进行贸易时，容易变质的货物不要久存，要以低廉的价格出售。以商品多寡而知道价格的高低。价格上涨到一定极限就会下降，价格低到一定限度也会上涨。价格高的时候卖出，价格低的时候买入，财币欲其行如流水。

2、政治学与天道

上述是天道在经济领域中的表现，那么在政治领域中如何呢？

上个世纪六十年代之后，美国在政治方面越来越受大资本集团的操纵，现在也没有好转的趋势。奥巴马总统上台之后全世界对他都抱有很大希望，一位加拿大政治观察家早就对我说奥巴马不会有太多作为，因为他的领导团队主要还是代表大资本的人。所以，从中医的角度讲，你就会知道美国的政治结构是病态的，它会导致严重的阴阳不平衡。从西学的角度，大家很难接受这个观点。但是我们从中国的哲学、中国的政治经济学的角度看美国，它的政治经济结构完全是病态的，不符合天道。

下面，我们还是以古代越国为中心，讲一下天道在政治中的具体运用。先贤认为，人与人在政治上是不平等的，要根据一个人对社会贡献的大小来分配资源。

《越绝书·越绝计倪内经第五》载："越王曰：'善。子何年少，于物之长也？'计倪对曰：'人固不同。惠种生圣，痴种生狂。桂实生桂，桐实生桐。先生者未必能知，后生者未必不能明。是故圣主置臣不以少长，有道者进，无道者退。愚者日以退，圣者日以长，人主无私，赏者有功。'"（《吴越春秋·卷九·勾践阴谋外传》作："越王曰：'何子之年少，于物之长也？'计研曰：'有美之士，不拘长少。'"）

我们来解释一下这段话的意思，越王说，你的年龄不大，但是对事物的了解却这么多？计然回答：人生来就不一样，惠种生圣，痴种生狂。桂树的种子生长出来就是桂树，桐树的种子生长出来的就是桐树。年龄大的不一定就什么都知道，年龄小的也不一定就不能够通达，不能够按资排辈。所以国家选用人才不能以年龄大小为标准，而是要以能力来衡量，运用有能力的人。

中国古代的政治制度是以人与人之间的不平等为前提的，它按照功勋制，以贡献大小来分配社会资源。西汉的官方文件我们已经能从出土文献中查阅到，它的晋级制度百分之七十以上都是按照功勋制。比如某个低级别官吏抓住了盗贼，就可以马上晋级。

从大历史的角度看，选举制度中民主只是一种，其它还包含功勋制、察举制和科举制。功勋制在秦汉特别受到重视，如果你晋升一级，全村人都会摆酒庆贺，这是时人生活的中心。然后是察举制，它可以是最廉洁的制度也可以是最腐败的制度。西方通过东印度公司学到了科举制，演变成为它们的文官制度，但是科举制有个极大地弱点，就是很容易使一个人的文字能力被认为是他的实际工作能力。在明清以后官员行政能力较差，所以师爷这个角色就出现了。

察举制早在秦汉就有，当时是很廉洁的制度，少有腐败，因为察举者和被察举者之间要承担连带责任。什么意思呢？比方说我推荐张三去当官，假如张三不合格的话，我也要承担相应的责任，这样就没人敢随意推荐了。所以汉武帝让他的大臣推荐人材，开始没有一个人推荐，然后汉武帝下诏书说谁不推荐要受惩罚，大臣们才推荐。而现在的中国就没有这个制度，我推荐你去做官，假如你有问题，也和我没有大的关系，这样很容易形成裙带关系。

在经济上人的天赋能力不同，所以中国古典经济学中，不可能有理性经济人的假设。在政治上人的天赋能力不同，所以中国古典政治经济学中，不会有自由、公平的假设。西方的公民概念本来是表示不平等的，这一概念来自古希腊，希腊人为了把少部分人与广大的奴隶区分开来，自称为公民。它本身就建立在不公平的制度之上，现在却被学人作为一个代表平等的概念——其理论架构跟现实差别太远。这个问题涉及西方学术本身的内在缺点，西方人自古重形式逻辑，理论体系从定义和假设出发推演开去，常常导致结果离现实越来越远。

反观我们中国，有名学防止逻辑学的上述偏颇。名学是一切学术和一切社会治理的基础，名学不仅仅是白马非马，还有很多其它内容。西方学术讲求形式逻辑，它首先去做定义，从现实中去抽象它，抽象之后再有逻辑去推导，得出结论。这中间存在的问题是：假如抽象的第一个点离现实很远的话，那么越往后推离现实越远，最后的结论就与现实无关了。这样的学术毁掉了不少学者，他们自己发现一个概念便推导下去，从而建立一个庞大的理论体系，但是这个体系却没有任何用处。

西方逻辑学应用在简单系统比较好，比方说计算机。不是说逻辑学是错误的，而是它的应用范围是有限的。但是，如果系统十分复杂，名学就显得更重要了，为什么这么说呢？因为名学每时每刻都注意到现实与名的关系，要求始终保持名实之间的相副。大家学了名学才会知道，现在中国的学术基础可能有问题。因为中国现代学术重要的建立方法是比附，比如西方有封建社会，中国学人引进西方学术时就拿中国现实去比附它。有两种比附，一是用西周社会比附，其实西周就是一个统一的国家，不是欧洲那样分裂的封建社会。二是用秦汉以后的社会比附，现在这一比附受到了广泛的批判。大家想想，中国根本就没有过"封建"，这样比附之后会导致极度的逻辑混乱。

在名学中，"封建"被称之为伪名，就是先有名再找实的方法，这是错误的。比附只有在两个文明比较相近的时候，才可行，但是中国文明与西方文明有巨大的不同点，而西方的人文学术概念又都是它们自己历史经验的总结，这就导致中国学人在引进西方文明进行比附的时候，创造出了大量的伪名。

3、生活方式与天道

最后谈谈天道在生活方式中的体现。我们不是每个人都有机会去治国的，但是我们都要生活的。一定要记住，西方的生活方式是错误的。为什么呢？比如说一条鱼，它一定是生活在水里的，你说我为了鱼的幸福，把它放在我的书桌上，给它喝杯茶，这条鱼一定会死掉。西方的生活方式大致就是这样的。

生活方式中的天道称为"天理"，其实也是天之道的意思；而人道则被称之为"人欲"。《礼记·乐记》很重要，比其它诸如《大学》、《中庸》等等都重要，因为《礼记·乐记》告诉我们：人是什么，人应该怎么生活，为什么要这样生活。

《礼记·乐记第十九》上说："生而静，天之性也；惑于物而动，性之欲也。物至知知，然后好恶形焉。好恶无节于内，知诱于外，不能反躬，天理灭矣。夫物之感人无穷，而人之好恶无节，则是物至而人化物也。人化物也者，灭天理而穷人欲者也。于是有悖逆诈伪之心，有淫泆作乱之事。是故，强者胁弱，众者暴寡，知者诈愚，勇者苦怯，疾病不养，老幼孤独不得其所，此大乱之道也。"

这段话放到现代的语境中就是说，人的本性是清净的，禅宗六祖大师悟道之后曾经说：何其自性，本自清净。虽然人性本自清净，却因为外物的引诱，失去了清净开始蠢蠢欲动。这个时候，就产生了好恶的情绪。现在西方消费主义盛行，靠不断刺激欲望，不断借贷，不断从自然汲取资源，不断从别的国家获取资源，来满足自己的欲望。物质主义、消费主义会导致本性的迷失和欲望的膨胀。这个时候社会就会是非混乱，淫乱无度，有倚强凌弱、倚众欺寡的事情发生。

《礼记·乐记第十九》中讲生活要符合天理，这才是中华文化的最核心——才是真正的普世价值，现代西方人宣传的所谓普世价值只是苍白无力的概念而已！

古今中外，教化都可以分为三个层次，所谓："上士教之以道，中士训之以德，下士拘之以神。"这些都是以人性本静为基础的。

中华民族的根器是世界上最上上等的，你看那些农民工，他们不仅随遇而安，还勤奋、刻苦、坚忍不拔，这就暗合于道。达摩祖师当初来中国的时候，他先去的西藏，他在西藏教密法，密法适用于根器较低的人。但现在的中国人总看不起自己，总认为西方的一切都是好的，事实上西方天主教等教派并不适合中国人。中国人认为坚持修道就可以成为圣人、神仙，但是一定要自己去修行，悟道，证道。

不是说西方人根器都不行，犹太教中的最高端也有直接修道的，这个被称为卡巴拉，它是几千年秘传的方法，十几年前开始向外传播。卡巴拉对《圣经》有另外一套解释系统。

《淮南子·原道训》也说："人生而静，天之性也；感而后动，性之害也；物至而神应，知之动也；知与物接，而好憎生焉。好憎成形而智诱于外，不能反己，而天理灭矣。故达于道者，不以人易天，外与物化，而内不失其情。"

这段话是道家思想的体现。中国先秦没有明显的儒释道之分，其最高层次都是一样的，也就是所谓的殊途同归。孔子学院现在主要教西方人学汉字，应该教他们学中华礼义文明，把世上的人都改造成中华人，就要靠礼义。我们要让全人类都按天道生活，这种努力本身就是大功德。

中国证得天道的圣人、神仙首先是大学者。中国先贤讲"满街都是圣人"，我们古时的的教学目的就是当圣贤，而不是当博士、硕士。中国学术以润身为本，《礼记·学记》中也明确反对记问之学——你把所有的佛经、佛教发展史都读懂，都背会，也没有用的。佛教专有一句话来形容这种愚蠢：说食不饱！饿了就说馒头、面条、米饭，总是不能饱腹的——长此以往会饿死人！

不幸的是，汉以后儒家的心法失传了，今天道教的师资似乎严重缺乏。比较起来，佛教就好些，二十世纪它在分崩离析的中国文化中一枝独秀，得以大兴，虚云、太虚、元音老人等高僧大德辈出，所以学人修行不防从佛家下手。

《礼记·乐记第十九》上说："礼乐皆得，谓之有德，德者得也。是故，乐之隆，非极音也。食飨之礼，非致味也。清庙之瑟，朱弦而疏越，一倡而三叹，有遗音者矣。大飨之礼，尚玄酒而俎腥鱼，大羹不和，有遗味者矣。是故先王之制礼乐也，非以极口腹耳目之欲也，将以教民平好恶而反人道（这里的"人道"没有贬义，有"为人之道"的意思——笔者注）之正也。"

这段话大意是说，我们（西周时）行礼乐，不是为了放纵到极致，不是极口腹耳目之欲，而是教民平好恶而反人道之正。张三丰讲：人不要注重外在的乐，要注重内心的乐，内心的乐特别清净、持久。外在的乐很粗糙，很短暂；中国人传统的生活方式跟现在西方人的生活方式正好相反——我们是要回归本性，他们离人的本性越来越远！

现在中国人习惯于跟着西方人的脚步走，这不行的。我们每个人都要立志做中华文明的传教士，向外传播礼义，把中国儒、释、道的理念传播出去。其实所谓儒释道的核心就是一个，就是礼义。我们不仅自己要得利，也要帮住他人得利，不仅要利中国人，还要利全天下人。中华文明就是这样，大气磅礴，绝不小气。如果你认为中华文明就是毛笔字、唱京剧，那就大错特错了。真正的中华文明还是要按照礼义作事，依照中国的生活方式来生活。

修道不是追求自由，而是追求自在。这是两个不同的概念，有个富人对我说："我比较自由，因为我有钱。"这叫自由吗？不是的。大家知道颜回吧，他是很穷的，孔子说颜回：一箪食，一瓢饮，居陋巷。这陋巷"陋"到什么程度呢？人不堪其忧，在这样的地方住，大家谁能忍受呢？可是颜回也不改其志，这就是功夫。

在很差的环境下，还很自由、很安乐，才是自在，这是修道的结果。挣钱，是自由的吗？你可以挣很多钱，但是你不可能很自由，不可能随时都自由。能够不犯法，本本分分挣钱，老老实实做人、做事就已经很不错了。

总之，天道不是玄妙虚幻的，是特别具体的东西，体现在我们生活的每时每刻中。如果可能的话，政治学、经济学以及人们的生活都应该顺应天道而行，这样会有无限的福报。班固在《汉书·货殖列传》的开头就说到：政治上要根据爵禄来分配资源，经济上要规定具体的时间做什么工作，目的是使自然生产力达到最大。从这里也可以看出，中华文明为什么能够持续几千年而不灭亡，就是遵行天道。

《汉书·货殖列传》上说："然后四民因其土宜，各任智力，夙兴夜寐，以治其业，相与通功易事，交利而俱赡，非有征发期会，而远近咸足。故《易》曰'后以财成辅相天地之宜，以左右民'，'备物致用，立成器以为天下利，莫大乎圣人'。《管子》云古之四民不得杂处。士相与言仁谊于闲宴，工相与议技巧于官府，商相与语财利于市井，农相与谋稼穑于田野，朝夕从事，不见异物而迁焉。故其父兄之教不肃而成，子弟之学不劳而能，各安其居而乐其业，甘其食而美其服，虽见奇丽纷华，非其所习，辟犹戎翟之与于越，不相入矣。是以欲寡而事节，财足而不争。"

古代城市的居民是分区居住的，官员、商人、手工业者等等分别住在不同的地方。古代没有职业学校，各个行业都是采用父亲教儿子、哥哥教弟弟的方式授业。这样就能保证人们能够欲寡而又节俭，财足而不争，达到无为而治。

《汉书·货殖列传》还说："于是在民上者，道之以德，齐之以礼，故民有耻而且敬，贵谊而贱利。此三代之所以直道而行，不严而治之大略也。"

统治者，要教人们以道德，用礼义约束人民，人民因知耻而有敬畏，以义为贵而以利为轻。这就是夏、商、周三个朝代以天道为基础，无为而治天下的理念。这样的理念是正确的，而且再过一万年也不会变的，因为人性本静，宇宙本静。

在天道与人道之间，我们必须选择天之道。《老子·七十三章》上说："天之道，不争而善胜，不言而善应，不召而自来，繟然（"繟然"，坦然，宽舒的样子——笔者注）而善谋。天网恢恢，疏而不失！"天道尽管看不见、摸不着，但它范围天地——无论在生活方式还是在政治经济学中，违反天道的人都会受到惩罚！

（本文是2011年3月12日笔者在北京某讲堂讲演的记录稿，感谢张晶先生的辛苦整理。）

第五章 此次金融危机是西方文明范式的整体危机

金融是经济的血液，金钱危机必然导致整个经济体系的振荡，甚至引发社会普遍的不满和危机。

随着美国次贷危机引发的金融市场动荡在国际上不断蔓延，长期收入处在停滞状态的西方普通民众的不满情绪也与日俱增，"占领运动"以及大规模示威游行在世界范围内此起彼伏。在这种情势下，越来越多的有识之士开始反思此次依旧看不到尽头的金融危机——它似乎不再是历史上常常发生的一般经济衰退，而是反映了西方文明范式的整体危机。

2011年8月11日，有"末日博士"之称的纽约大学经济学教授鲁比尼（Nouriel Roubini）警告说，全球经济正处在由美国、欧元区及日本的带领下出现"集体衰退"边缘，本应予以预防的各国政府，做法却是完全背道而驰，马克思主义经典作家的预言会变成现实。他坦然承认："马克思是对的，资本主义到某一阶段会自我毁灭。"[1]

事实上在此次金融危机爆发后不久，就有商界精英意识到了危机的严重性。2009年，京瓷创始人，有日本"经营之圣"之称的著名企业家稻盛和夫和日本著名哲学家梅原猛合写了《拯救人类的哲学》一书，在该书的序言中，稻盛先生指出，大约250年前，欧洲兴起了产业革命，使近代文明获得了快速发展，然而这种发展以无穷的欲望作为动力，持续不断地追求经济增长，这种增长模式已经带来了环境和能源的严重危机；如果这种建筑在人类本能与利己之心基础上的近代文明不改弦易辙，恐怕同人类历史上诸多古老文明一样，难以逃脱灭亡的命运。稻盛和夫这样写道：

"危机的直接原因似乎是金融衍生产品使用过了头，但事情的本质是，人们为了满足自己的欲望，不择手段地追求利润的最大化，是失控的资本主义的暴走狂奔。从这个意义上讲，这次金融危机，正是上天为我们人类敲响的警钟。

上编：内圣外王之道

"人类现在必须思考一个问题，我们怎样来和这个地球共生共存，这就必须从爱、慈悲、同情以及利他之心出发，而不是无止境地追求基于欲望和利己心之上的所谓经济增长。"[2]

如果从中国大历史的角度去看此次世界金融危机，我们能更加清楚地看到此次金融危机反映了整个西方文明范式的危机，同时也会坚定我们走自己道路的信心和决心。

1、中国为何没有产生农奴制度和资本主义

首先是在政治经济层面。以美国为例，美国政治受经济精英，特别是华尔街银行家的左右太大，以至于其政治结构牢牢掌握在少数经济精英手中，导致社会公共权力配置的严重失衡。这也是此次"占领华尔街"运动爆发的直接引因。"占领华尔街"运动的示威组织者们明确反对美国政治的权钱交易，两党政争以及社会不公正。运动组织者在官方网站上写道："我们是占人口百分之九十九的普通大众，对于仅占百分之一的人的贪婪和腐败，再也无法容忍。"

美国的经济精英可以通过政治捐款、游说等多种方式左右政局，且这种趋势愈演愈烈。2010年1月，美国最高法院以5票对4票否决了以前对美国公司政治捐款的限制。也就是说，以后美国公司的政治捐款没有了上限，权与钱的交易市场真正实现了自由化。美国摩根大通银行副总裁黄树东一针见血地指出："用中国话说，美国的体制是公开的权钱交易。政治捐款是资本尤其是大资本控制政治的一种基本机制。美国从地方到联邦，各级参选官员作为一个庞大的群体，有一个共同模式：先拿钱（捐款），再谋权，最后用权力酬谢支持者。没有不拿钱的官员，也很难找到不酬谢支持者的官员。中国也有权钱交易，但大概没有人否定权钱交易是一种典型的腐败，然而在美国，权钱交易是合法化的。"[3]

另外，黄树东先生还看到了传统中国抑商政策的合理性，他注意到，中国历史上，政府并没有剥夺商人的权利，所谓抑商，是防止财富同权力相结合，特别是与地方权力相结合，进而影响政治的统一。[4]

黄先生不是历史学者，却在这一问题上不乏真知卓见，难得！中国传统抑商

政策的核心是防止贫富两极分化，防止出现美国那样的政商间无碍的"旋转门"，导致"商贾在朝"。《管子·权修第三》的作者认为，"商贾在朝，则货财上流。"就是说，商人在朝中掌权，资本会逐步影响、控制政治，进而导致权钱交易。

当代史学大家钱穆先生指出，正是中国传统的"均产论"和"抑富政策"，使中国既没有演化出西欧式的农奴制度，也没有变成当代的西方资本主义社会。他引用西汉大儒董仲舒《春秋繁露·度制》中的话："大富则骄，大贫则忧。忧则为盗，骄则为暴，此众人之情也……（圣者）使富者足以示贵而不至于骄，贫者足以养生而不至于忧。以此为度而调均之。"并解释说：

"这是一个中国儒家传统的'均产论'。这一个均产论，有两点极可注意。第一点：此所谓均产。并不要绝对平均，不许稍有差异。中国传统的均产论，只在有宽度的平面上求均。宽度的均产中间，仍许有等差。第二点：在此有宽度的均产中间，不仅贫人应有他最低的界线，即富人亦应有他最高的限度。因此中国传统经济政策．不仅要'救贫'，而且还要'抑富'。中国人认为大贫大富，一样对于人生无益，而且一样有害。因此贫富各应有他的限度，这两种限度，完全根据人的生活及心理，而看其影响于个人行为及社会秩序者以为定。"[5]

钱穆先生认为，正是因为中国两千多年来对上述经济政策的孜孜以求，奠定了中国历史非西方的独特的发展道路。他写道："解放奴隶的命令，在光武（指东汉光武帝刘秀——笔者注）时代屡次颁布，重农抑商，控制经济，不使社会有大富大贫之分，这是中国自从秦、汉以来两千年内一贯的政策。中国的社会经济，在此两千年内，可说永远在政府意识控制之下，因此此下的中国，始终没有产生过农奴制度，也始终没有产生过资本主义。"[6]

有效节制资本，强调收入差距的合理性和社会公平，主张共同富裕，直至今天仍为中国政府所提倡。看到西方社会在资本失控的陷井中痛苦地挣扎，以其为前车之鉴，我们不仅应继承中国古典政治经济理论，我们还有必要将这一理论在全球化的时代发扬光大。

2、私欲必须让位于社会价值

此次西方金融危机，也使我们看到了膨胀的私欲，消费主义、享乐主义盛行的危险性，使世人更加重视东方"因人情，节人欲"的礼义之道以及"以义制利"的经济伦理思想。《礼记·曲礼第一》开头就讲："敖不可长，欲不可从（同"纵"），志不可满，乐不可极。"唐代孔颖达疏曰："'欲不可从'者，心所贪爱为欲，则'饮食男女，人之大欲存焉'是也。人皆有欲，但不得从之也。"（《礼记正义·曲礼上第一》）

私欲膨胀、过度消费是爆发此次金融危机的重要原因。CNN 干脆将普通美国消费者列为十个需要为金融危机负责的人之一。

前不久，北京交通大学王元丰教授在《环球时报》上发表了《西方应深刻反省享乐文化》一文，认为西方过度消费、享乐主义文化是导致金融危机的重要原因。他写道："西方社会需要深刻反思，引发政治、经济和社会问题的根本原因不仅在政府，更在于西方社会的文化！西方社会文化的主要问题就是享乐主义或者说是消费主义盛行。20世纪初福特主义的批量化、大众化生产使得大众消费社会出现，人类迎来了'消费革命'，'除了一贫如洗的人'，所有人都开始投入到消费中。与此同时，20世纪之前西方社会传统的清教伦理精神：强调节约、俭朴、自我约束和谴责冲动的传统价值体系被迅速摧垮。有西方学者直言不讳地说，'在文化上证明资本主义正当的是享乐主义'。看看西方社会，不要说周末很少有人加班工作，到了假期很多城市变为空城，一到发薪日晚上，酒馆、饭店和娱乐场所人头攒动，摩肩接踵，就是在工作日，很多人头脑中还是在盘算该怎样去消费和享乐。每日琢磨吃喝玩乐，能够为社会贡献多少经济和社会价值？"[7]

稻盛和夫先生则认为，如果人类还以欲望作为经济发展的动力，持续不断地追求这样的经济增长，其结果只能是人类的毁灭。这位中国文化的崇拜者和两个世界五百强企业的缔造者指出："人类如果不肯遵照佛陀有关'知足'的教诲，节制自身的欲望，与地球这个生态环境中存在的一切生命共存共生，回归朴实的、有节制的生存方式，那么，人类就会滑向自我灭亡的深渊。"[8]

黄树东先生则警告中国学界，"别把私欲神圣化"，个人资本（产）和私有产权在任何地方都不永远是至高无上的，经济生活中社会价值应当被放在第一位。要作到这一点，不能仅仅满足于道德诉求，还需要制度约束。他说："承认私欲和刺激私欲不是一回事，依靠刺激私欲来刺激社会活力，最后社会活力将为私欲所淹没。私欲只能在一定程度内推动社会的活力,超过了那个限度,私欲必须让位于社会价值。"[9]

看来,中国传统的以义制利,不仅是一种行为准则和商业伦理,也是一种基本的经济原则。难怪两千多年前孔子就将道德生活放在第一位,他说:"君子喻于义,小人喻于利"(《论语·里仁篇第四》,这句话大意是:君子明白大义,小人只知道小利。)不幸的是,后代儒家将这种思想诠释为义与利的尖锐对立,一种非此即彼的义利观。

从十九世纪马克思主义经典作家对资本统治一切的批判到今天东方有识之士对西方生活方式的反思,都使我们看到,中华民族薪火相传的伟大智慧,再加上二十世纪以来中国社会主义革命和建设的伟大实践所取得的宝贵经验,今天的中国人完全能够为人类开创一片崭新的境界。这要求我们不仅要恢复中华文化的传统,还要大胆进行社会主义的理论创新。

放眼世界,反观历史,我们有足够的理由相信,中华文化的火炬必将在二十一世纪人类文明的天空大放异彩!

注释:

[1]《鲁比尼:全球经济是否衰退2-3个月见分晓》,新浪财经,网址:http://finance.sina.com.cn/money/forex/20110812/133710307824.shtml,访问日期:2011年11月26日。

[2] 稻盛和夫、梅原猛:《拯救人类的哲学》,曹岫云译,中国人民大学出版社,2009年10月,第4~5页。

[3] 黄树东:《中国,你要警惕》,中国人民大学出版社,2011年9月,第171~172页。

[4] 同[3],第270页。

[5] 钱穆:《中国文化史导论》(修订本),商务印书馆,1996年,第120~121页。

[6] 同[5],123页。

[7] 新华网:http://news.xinhuanet.com/world/2011-09/01/c_121941939.htm,访问日期:2011年10月28日。

[8] 同[2],第3页。

[9] 同[3],第225页。

中编:"大小戴记"三纲礼义精华录

中编："大小戴记"三纲礼义精华录

在先秦流传下来的礼学著作中，《礼记》（即《小戴礼记》）与《周礼》、《仪礼》合称"三礼"。其中《周礼》是对西周官制的追记，重政治方面；《仪礼》多是一大堆烦琐的礼节单，重礼仪方面。故注重阐述礼之义，古人学习礼的笔记资料的《礼记》在唐以后大兴。

表面上看这是喧宾夺主，实则历史之必然，《礼记·效特牲》云："礼之所尊，尊其义也。"《周礼》、《仪礼》皆载制度，对于后世来说，他们只具有资料价值。礼的"记"发明其理，反映了礼的精神实质，所以更能经得起时间考验。难怪清代学者焦循（1763~1820年）在《礼记补疏》中写道："以余论之，《周官》、《仪礼》，一代之书也。《礼记》，万世之书也。必先明乎《礼记》而后可学《周官》《仪礼》。《记》之言曰：礼以时为大。此一言也，以蔽千万世制礼之法可矣。"

据《汉书·艺文志》载，古先贤积累的"记"有多篇，如有《记》一百三十篇，《明堂阴阳记》三十三篇、《孔子三朝记》七篇、《王氏史氏记》二十一篇、《乐记》二十三篇等。今天我们能看到的"记"主要保存在《大戴礼记》和《小戴礼记》两种比较权威的辑本中。东汉学者郑玄《六艺论》说："戴德传《记》八十五篇，则《大戴礼》是也。戴圣传《礼》四十九篇，则此《礼记》是也。"（孔颖达《礼记正义》引）

《小戴礼记》在郑玄作注后就比较流行，特别是在宋儒将其中的《大学》、《中庸》两篇抽出列为四书后。与其居同等地位的《大戴礼记》反而备受冷落，古籍传承中这类严重不平衡现象也存在于《尚书》与《逸周书》之间。这是我们必须认真加以识别的一种现象，免得犯以偏盖全的错误。

《大戴礼记》和《小戴礼记》成书于两千多年前的西汉时期，内容庞杂，形式编排上也比较随意。这里笔者以基本的社会伦理关系三纲（即上下、父子、夫妇）为主线，将其中有益于当世的部分提取出来，奉献给广大读者。共辑：

总说第一：从整体上论述礼义原则，是礼学的总纲。

上下第二：礼中有势之不可去者，上下之义是也。现代社会，君主已废，君臣关系不复存在，但社会组织中上下关系不可废。

父子第三：父子之亲是天生的血缘关系，古今同。

夫妇第四：礼中有情之不可去者，夫妇之义是也。现代社会，妇女的地位明显提高，但家庭仍为社会基石，夫妇之义不可废。

杂说第五：两戴记礼义中有益于当世者，包罗万象，尽集于斯编。

同时，为了方便读者阅读，我们将所辑古文附上了现代白话，并作进一步解读，希望起到画龙点睛的作用，故名为"点睛"。所附现代白话则参考了高明先生的《大戴礼记今注今译》（台湾商务印书馆，1977年9月第二版），韩永贤《大戴礼记探源》（人民中国出版社，2003年2月第二次印刷），吕友仁、吕咏梅《礼记全译·孝经全译》（贵州人民出版社，1998年12月版）诸书，在此谨表谢忱。

从古至今，礼义都是社会组织良好运行，实现和谐的基础。孔子云："夫礼，先王以承天之道，以治人之情。故失之者死，得之者生。"（《礼记·礼运》）

——在此意义上，对所有人来说，礼之义不可不学！

中编："大小戴记"三纲礼义精华录

第一章　总说第一

一、道者，所以明德也；德者，所以尊道也。是故非德不尊，非道不明。（《大戴礼记·主言第三十九》）

语义：

道，是使德彰明的；德，是使道尊显的；没有德，道就不能尊显，没有道，德就不能彰明。

点睛：

道与德互为表里，德是道的外在形式。王弼注《老子·第五十一章》释"是以万物莫不尊道而贵德"云："道者，物之所由也；德者，物之所得也，由之乃得。"故先贤常说："德者，得也。"

二、所谓庸人者，口不能道善言，而志不邑邑。不能选贤人善士而托身焉，以为己忧。动行不知所务，止立不知所定。日选于物，不知所贵。从物而流，不知所归。五凿为政，心从而坏。若此，则可谓庸人矣。（《大戴礼记·哀公问五义第四十》）

语义：

所谓庸人，嘴不能讲好的话，而心志散漫，不能选择自爱的贤人、爱人的善士相托附，如此为自己召来了忧虑。在行动的时候，还不知道自己所做的是什么，在停止的时候，还不知道使自己安定的是什么。天天在财利上打算，不知道应该尊重的是什么。随物欲而行，不知道怎样回归正道。只为满足官能的物欲，心地跟着败坏。像这样的人，就可以说是庸人了。

点睛：

本节及以下五条孔子皆从"身、口、意"三方面论五种人。这里所谓的庸人，简单说就是为物欲所驱的人。现代人不知此，在自由的名义下，将放

礼之道——中华礼义之学的重建

纵极欲确立为普遍推崇的生活方式，并通过先进的科技手段在全球范围内大肆宣传——这种情况必须改变！

三、所谓士者，虽不能尽道术，必有所由焉。虽不能尽善尽美，必有所处焉。是故知不务多，而务审其所知。行不务多，而务审其所由。言不务多，而务审其所谓。知既知之，行既由之，言既顺之，若夫性命肌肤之不可易也，富贵不足以益，贫贱不足以损。若此，则可谓士矣。（《大戴礼记·哀公问五义第四十》）

语义：

所谓士，虽然不能完全行君子之道，必然是有所遵从的。虽然不能做到尽善尽美，必然是有所依据的。所以知道的不一定要多，而一定要详细了解他所知道的是什么。实行的不一定要多，而一定要详细地了解他所遵从的是什么。说的不一定要多，而一定要详细地了解他说的内容是什么。知道的既然是道术，实行的当然经由的是道术，讲的当然是按道术，就像性命肌肤一样不可移动。富贵不能使他增加什么，贫贱不能使他减少什么，像这样的人就可以说是士了。

点睛：

即使一个人成为士也需要尽最大的努力才行，这即是孟子所说的大丈夫。《孟子·滕文公下》曰："居天下之广居，立天下之正位，行天下之大道，得志与民由之，不得志独行其道。富贵本能淫，贫贱不能移，威武不能屈，此之谓大丈夫。"

四、所谓君子者，躬行忠信，其心不买。仁义在己，而不害不志。闻志广博，而色不伐。思虑明达，而辞不争。君子犹然如将可及也，而不可及也。如此，可谓君子矣。（《大戴礼记·哀公问五义第四十》）

语义：

所谓君子，亲身去实践忠信，他不以忠信收买别人的心，只是尽力去实现仁义而已。他不伤害人，也不嫉忌人，知识很渊博，可是没有一点骄矜的脸色。思想很开明，思虑很通达，对人谦让，没有争执的言辞。君子的样子很和善，好像是可以赶得上的，而终竟是无法赶上的。像这样的人，可以说是君子了。

中编："大小戴记"三纲礼义精华录

点睛：

谦谦君子，此之谓也。

五、所谓贤人者，好恶与民同情，取舍与民同统。行中矩绳，而不伤于本，言足法于天下，而不害于其身。躬为匹夫而愿富，贵为诸侯而无财。如此，则可谓贤人矣。（《大戴礼记·哀公问五义第四十》）

语义：

所谓贤人，喜好和厌恶与人民的心情相同，取用或放弃与人民的行为相同，行为合乎正直的标准，但并非矫揉做作，而影响了本性。言论可为天下的法则，得到人民的信任，又不会伤害到自身。自己是一个平民，却愿意有财富。贵为诸侯，可以无私家之富。像这样的人，就可以说是贤人了。

点睛：

能和光同尘，出污泥而不染，不失自性，这需要极高的修为。

六、所谓圣人者，知通乎大道，应变而不穷，能测万物之情性者也。大道者，所以变化而凝成万物者也。情性也者，所以理然不然、取舍者也。故其事配乎天地，参乎日月，杂于云蜺，总要万物，穆穆纯纯，其莫之能循，若天之司。莫之能职，百姓淡然，不知其善。若此，则可谓圣人矣。（《大戴礼记·哀公问五义第四十》）

语义：

所谓圣人，他的智慧能通彻天、地、人三才的大道理，适应事物的种种变化而不困穷，能够了解万物天赋的性情以及由天性发动的情。大道，就是表现出变化以及由变化而凝成万事万物的啊。至于天赋的性以及由天性发动的情，则是是与非、取与舍的根源，所以圣人的事业很大，他的德行配合于天地，他的光明普照不亚于日月，他被人民所敬仰。在他那里，万事万物都是肃穆敬慎的样子，然而没有人能照着他去做，好像那是天所主管的事，是没有人能够掌理的，可是百姓受到了他的恩惠，还漠然不知道是谁给他们的。像这样的人，就可以说是圣人了。

点睛：

圣人即证道，得大智慧者，其化万物而人不知。《老子·十七章》所谓："功成事遂，百姓皆谓我自然。"观以上孔子所言庸人、士、君子、贤人、圣人，为士尚难，况学为圣贤，吾辈勉哉！

七、礼有三本：天地者，性之本也；先祖者，类之本也；君师者，治之本也。无天地焉生？无先祖焉出？无君师焉治？三者偏亡，无安之人。故礼，上事天，下事地，宗事先祖而宠君师，是礼之三本也。(《大戴礼记·礼三本第四十二》)

语义：

礼的根本有三：天地是人性的根本，祖先是种族的根本，君师是治理的根本。没有天地何能生人？没有祖先何能出人？没有君师何能治人？三者缺一，人就没有安宁了。所以礼，上敬奉天，下敬奉地，尊重祖先而礼敬君师，这就是礼的三个根本啊。

点睛：

如果人类无所敬畏将是多么可怕啊！在征服自然的口号声中，人将自己严重地异化了——直至二十世纪，随着环境问题的出现，世人才清楚地意识到这个问题的严重性。崇敬自然、敬爱师长、尊敬领袖，这是中华文明的重要传统，是值得发扬的好传统。

八、曾子曰："君子攻其恶，求其过，强其所不能，去私欲，从事于义，可谓学矣。(《大戴礼记·曾子立事第四十九》)

语义：

曾子说："君子改去他的不良的行为，找到他细微的过错，努力做不易做的，除去私欲，去干应该干的事，这可以说是学了。

点睛：

曾子所言，实际上就是孟子所说的："学问之道无他，求其放心而已矣。"学习的本质是修行，就是和自己对着干，先征服自己，再征服世界，这才是伟丈夫；古人求学，在于修道进德。今天求学，在于记问之学，二者真是天壤之别。难怪孔子两千多年前就感叹："古之学者为己，今之学者为人。"(《论语·宪问篇第十四》)西方无心性之学，中国学人又不肯学习本土的学问——什么时候我们才能恢复中国内圣外王的大学问呢？！

中编："大小戴记"三纲礼义精华录

九、君子爱日以学，及时以行，难者弗辟，易者弗从，唯义所在。日旦就业，夕而自省思，以殁其身，亦可谓守业矣。(《大戴礼记·曾子立事第四十九》)

语义：

君子珍惜时间去学，随时按所学的去做。遇到困难不逃避，遇到容易的不盲从，只要做的对就去做。每天早晨起来就依所学的去作，晚间就反思这一天自己所做的是否合乎君子之道，直到死为止，这样可以说是坚持所学的了。

点睛：

《论语·学而篇第一》引曾子言曰："吾日三省吾身。"与本节中"夕而自省思"是一致的。中华文化重自省的功夫，西方不知何时才知回头是岸——人类与动物最大的不同之一，就是懂得自省。

十、君子见利思辱，见恶思诟，嗜欲思耻，忿怒思患，君子终身守此战战也。(《大戴礼记·曾子立事第四十九》)

语义：

君子见利就想到不能因利而受到污辱，见恶就想到不能因恶而受到诟病，见嗜好贪求就想到羞耻，看到忿恨怨怒就想到可能带来的灾难。君子一辈子都要这样战战兢兢，小心谨慎。

点睛：

"见利思辱，见恶思诟，嗜欲思耻，忿怒思患"，这是修行的真功夫，是千载不易的古训——吾辈当笃行，将来必得大受用。

十一、君子患难除之，财色远之，流言灭之，祸之所由生，自孅孅也，是故君子夙绝之。(《大戴礼记·曾子立事第四十九》)

语义：

君子遇困难就克服它，遇财色就远离它，遇流言就消灭它，灾祸发生都是由细小处开始，所以君子趁早根除它。

点睛：

"财、色、名、食、睡"，这五盖去除最难，非下苦功夫不可。

十二、曾子曰："夫行也者，行礼之谓也。夫礼，贵者敬焉，老者孝焉，幼者慈焉，少者友焉，贱者惠焉。"(《大戴礼记·曾子制言上第五十四》)

语义：

曾子说："所谓德行，是实行那些礼的意思。所谓礼，是对身份尊贵的人要恭敬，对老年人要孝养，对小孩子要慈爱，对年轻人要友善，对贫贱的人要施舍。"

点睛：

德行，要按礼义之道去做事才行。大要在：贵者敬，老者孝，幼者慈，少者友，贱者惠。曾子真圣人也！

十三、是故君子以仁为尊。天下之为富，何为富？则仁为富也；天下之为贵，何为贵？则仁为贵也。（《大戴礼记·曾子制言中第五十五》）

语义：

所以君子把仁看得很高。世上的人追求富，怎样才是富？只有仁是富。世界上被认为是尊贵的，怎样是尊贵？只有仁是尊贵。

点睛：

人有颗慈悲、爱人的心，真是大宝贝，亦能充满喜乐——吾辈当努力精进修持。

十四、孔子曰："孝，德之始也；弟，德之序也；信，德之厚也；忠，德之正也。"（《大戴礼记·卫将军文子第六十》）

语义：

孔子说："孝是道德的开端，悌是道德的次序，信是道德的充实，忠是道德的正轨。"

点睛：

孝、悌、忠、信诸德目，皆以道德为归，这里孔子论述得很清楚。

十五、刑罚之所从生有源，不务塞其源而务刑杀之，是为民设陷以贼之也。刑罚之源，生于嗜欲好恶不节。故明堂，天法也；礼度，德法也；所以御民之嗜欲好恶，以慎天法，以成德法也。刑法者，所以威不行德法者也。（《大戴礼记·盛德第六十六》）

语义：

刑罚的产生是有它的根源的。不想法子治理它的根源，只想用刑罚来统

中编："大小戴记"三纲礼义精华录

治,那是设置陷阱来杀害百姓的啊!刑罚的根源,是欲望和喜怒的不加节制引起,所以宣明政教的朝堂,是效法上天无私而施的法则,这就是所谓的天法。礼仪制度,是百姓的德行准则,这就是所谓的德法。所以要引导百姓的欲望和喜怒,来顺应天法,来成就德法,而刑法只不过用来威吓那些不行礼法的人罢了。

点睛:

这里称礼度为德法,与刑法并称,可以使我们更深入了解古代德、法治国的本质——二者相须为用,缺一不可。

十六、不能御民者,弃其德法。譬犹御马,弃辔勒,而专以筴御马,马必伤,车必败;无德法而专以刑法御民,民心走,国必亡。亡德法,民心无所法循,迷惑失道,上必以为乱无道。苟以为乱无道,刑罚必不克,成其无道,上下俱无道。(《大戴礼记·盛德第六十六》)

语义:

不会统驭百姓的人放弃了德法,好像骑马而丢弃了辔勒,专用鞭子来驾驭马,马一定会受伤,车子也一定会拉坏。没有德法而专用刑罚统治百姓,百姓一定要离弃你,国家也迟早要亡。没有德法,百姓的内心便失去了遵循的标准,而导致迷惑失道。在上的人,必定认为这是乱而无道,如认为乱而无道,刑罚一定会失去作用,这又促成了在上位的人的无道,就形成了上下都无道的现象。

点睛:

《大戴礼记·盛德第六十六》的作者认为:"德法者,御民之本也。"但这并不是说不要刑法,所以《大戴礼记·子张问入官第六十五》上说:"爱之勿宽于刑。"就是说爱民不可乱法,这是最基本的原则。以亲亲害公义,是当今社会人治大行的基本原因——人治的结果只有一个,就是社会秩序的混乱。

十七、子曰:"圣,知之华也;知,仁之实也;仁,信之器也;信,义之重也;义,利之本也。委利生孽。"(《大戴礼记·四代第六十九》)

语义:

孔子说:"圣是智慧的花朵,智是仁爱的果实,仁爱是诚信的工具,诚信是道义的内容，道义是取利的根本。总是在利上打主意，就要生祸害了。"

点睛：

孔子的义利观于此表达得最为清楚：义，利之本也。进而言之，利，义之末也；但孔子不否认利，这是我们必须清楚的，否则在义利观上我们会远离中道。

十八、礼义者，恩之主也。冠、昏、朝、聘、丧、祭、宾主、乡饮酒、军旅，此之谓九礼也。礼经三百，威仪三千，机其文之变也。其文变也，礼之象，五行也；其义，四时也。故以四举；有恩、有义、有节、有权。（《大戴礼记·本命第八十》）

语义：

礼义是恩爱的主导。冠礼、婚礼、朝礼、聘礼、丧礼、祭礼、宾主相见之礼、乡饮酒礼、军礼，这些叫做九礼。重大的礼节有几百种，微文小节更有好几千种，这些都是因形式而起的变化。礼的类别有吉、凶、宾、军、嘉五类，就像五行有金、木、水、火、土一样，它的道理配合季节的更易，所以提出了四种原则——有恩情、有理义、有节制、有权变。

点睛：

恩者，以爱相亲，但需以礼节之。故曰："礼义者，恩之主也。"这里的"有节"，是讲行礼要有节制，不可"以死伤生"，"伤生"的苦孝到东汉才流行了起来。

十九、毋不敬，俨若思，安定辞，安民哉！（《礼记·曲礼上第一》）

语义：

心中总要有个"敬"字，态度庄重像有所思虑，说话要安详确定，这样才能使人信服啊！

点睛：

礼仪在外表体现为敬，在内心体现为安，"内静外敬"是基础的礼仪原则。所以《礼记》开篇即讲敬慎之道，认为只有态度庄重，语气安定，才能安定听众的心。这里的敬不仅仅是敬自己的父母兄弟，还包括对天地、自然的敬畏之情。在环境灾难濒发的当代，我们似乎忘记了天地自然乃是人类生存的

中编："大小戴记"三纲礼义精华录

根本（天地者，生之本也），所以恢复中华礼义文明对天地自然的崇敬之心显得十分重要。

二十、敖不可长，欲不可从，志不可满，乐不可极。（《礼记·曲礼上第一》）

语义：

傲慢之心不可有，欲望不可放纵，志向不可自满，亨乐不可到极点。

点睛：

傲慢、贪欲、自满、淫乐是心灵的四种极端。内静，就是要心态均衡，始终保持一颗"平常心"，作到不以物喜，不以己悲。如果一个人的心志走向极端，必然会自伤。物极必反，"器满则倾，志满则覆"都是说的这个道理。现代人为了纵欲极志，甚至会去吸食毒品，这样作只能带来祸害。西方社会有礼仪（节），却没有因人情、节人欲的礼义之道，常常摇摆于禁欲与纵欲两个极端之间。所以我们轻易抛弃中华礼义，一味学习西方生活方式显然不可取。

二十一、夫礼者所以定亲疏，决嫌疑，别同异，明是非也。礼，不妄说人，不辞费。礼，不逾节，不侵侮，不好狎。修身践言，谓之善行。行修言道，礼之质也。（《礼记·曲礼上第一》）

语义：

礼是用来确定人际关系亲疏，判断事情嫌疑，分别物类异同，阐明道理是非的。依礼，不可随便讨人喜欢，不说些无用的话。依礼，行为不越过节度，不侵犯侮慢别人，不随便与人套近乎。修养身心，实践诺言，这叫作善行。品行修整，说话合道，这是礼的本质。

点睛：

《礼记正义》说："礼者所以辨尊卑，别等级，使上不逼下，下不僭上，故云礼不逾越节度也。"西周社会，在很大程度上（不是全部）血缘关系决定着一个人的社会地位以及社会财富的分配。西周宗法制度崩溃后，礼成为辨别社会层级的工具，并通过服饰等来体现。在秦汉社会，社会层级的地位是由一个人对社会贡献的大小来决定的，这就是社会功勋制（爵制）。

二十二、太上贵德，其次务施报。礼尚往来，往而不来，非礼也；来而不往，亦非礼也。人有礼则安，无礼则危，故曰礼者不可不学也。夫礼者，自卑而

尊人。虽负贩者，必有尊也，而况富贵乎？富贵而知好礼，则不骄不淫；贫贱而知好礼，则志不慑。(《礼记·曲礼上第一》)

语义：

上古时代重视道德，后来人们讲究施报，受到别人恩惠就要报答别人。礼崇尚有往有来，往而不来，不合乎礼；来而不往，也不合乎礼。人有了礼就安定，没有礼就不安定，所以说，礼不可以不学习。礼是克制自己而尊重别人。虽是微贱之人，必定有可尊重的地方，何况富贵之人呢？富贵的人懂得爱好礼，就不会骄奢淫佚；贫贱的人懂得爱好礼，就会心无所怯，志无所惑。

点睛：

对于德与礼关系，孔颖达《礼记正义》引用《老子》三十八章"上德不德"、"下德不失德"，指出了道、德、仁、义、礼五者的主次相因关系。以道为最高，最纯朴，《老子》谓之"上礼"。德次之，仁又次之，义又次之，最后才以礼节人，五者根据不同情况实施。上面说："今谓道者开通济物之名，万物由之而有，生之不为功，有之不自伐，虚无寂寞，随物推移，则天地所生，微妙不测。圣人能同天地之性，其爱养如此，谓之为道。此则常道，人行大道也。其如此善行为心，于己为得，虽不矜伐，意恒为善，谓之为德，此则劣于道也。既能推恩济养，恻隐矜恤于物，谓之为仁，又劣于德。若其以仁招物，物不从己，征伐刑戮，使人服从，谓之为义，又劣于仁。以义服从，恐其叛散，以礼制约，苟相羁縻，是之谓礼，又劣于义。此是人情小礼，非大礼也。圣人之身，俱包五事，遇可道行道，可德行德，可仁行仁，可义行义，皆随时应物，其实诸事并有，非是有道德之时无仁义，有仁义之时无道德也。"孔颖达的解释符合中华礼义文明的本质，也说明道家不是反对礼乐本身的。

二十三、博闻强识而让，敦善行而不怠，谓之君子。君子不尽人之欢，不竭人之忠，以全交也。(《礼记·曲礼上第一》)

语义：

见闻广博，记忆力强，且能谦让，乐于作善事，力行不懈，这样的人可称为君子。君子不要求别人无尽的喜欢，也不要别人时时事事都对得起自己，这样，友谊才能天长地久。

中编："大小戴记"三纲礼义精华录

点睛：

君子并不难以达到，但人们却总是说世间少正人君子，这恐怕与世人过多地苛求别人，太少内求诸己有关。物极必反，"欢"的极端必然走向"不欢"，"忠"的极端必然走向"不忠"，所以真正的友谊有如平静的流淌不断的泉水，能够长期滋养我们的身心。郑玄说："明与人交者，不宜事事悉受。若使彼罄尽，则交结之道不全，若不竭尽，交乃全也。"

二十四、当食不叹。邻有丧，舂不相；里有殡，不巷歌。适墓不歌，哭日不歌。送丧不由径，送葬不避涂潦。临丧则必有哀色，执绋不笑，临乐不叹，介胄，则有不可犯之色。故君子戒慎，不失色于人。（《礼记·曲礼上第一》）

语义：

吃饭时不要唉声叹气。邻居有丧事，即使舂米也不要歌唱，邻里中有停殓待葬的，街巷里不要有歌声。到墓地不歌唱，吊丧之日也不要歌唱。护送柩车不要走小路，挽着柩车不要避忌地面的积水。参加丧仪必须有悲哀的表情，挽着柩车不要嬉笑。听音乐时不要叹气。穿戴盔甲，就要有不可侵犯的神态。所以君子小心审慎，在什么场合就要有什么场合的神态。

点睛：

一个人的所作所为始终要与他所处的社会角色和社会情境相适应。吃饭听音乐，这些都是值得高兴的场合，所以不能唉声叹气。丧礼和纪念会，是表达人们悲哀思痛的场合，所以不能嬉笑歌唱。穿上戎装，进行武事，则要表现出勇武的神态。《礼记正义》上说："故君子接人，凡所行用，并使心色如一，不得色违于心，故云'不失色于人'也。"

二十五、君子之爱人也以德，细人之爱人也以姑息。（《礼记·檀弓上第三》）

语义：

君子的爱人是要成全别人的美德，小人的爱人则是考虑如何让他苟且偷安。

点睛：

这是曾子死前说的一句话，故事是这样的：曾子已经病入膏肓，他的弟子乐正子春和曾参的两个儿子曾元、曾申陪在身边。一个童子端着蜡烛坐在角落里，童子看到曾子身下的竹席说："多么漂亮光滑，是大夫用的竹席吧？"这话被曾子听见了，他回答说："是的。这是季孙送的，我没能换掉它，曾元，起来把竹席换掉。"为什么要换呢？因为曾子没有作过大夫，依礼不能使用大夫的竹席。曾元认为曾子病得太重，不能马上换，曾子就说："你爱我的心意不如那童子，君子的爱人是要成全别人的美德，小人的爱人，则是考虑如何让他苟且偷安。我此刻还有什么要求呢？我能够规规矩矩死去就可以了。"于是，人们抬起曾子换席，换过后又把曾子放回席上，还没有放好，曾子就断了气——真正爱一个人，是要让这个人更加高尚，而不是让这个人堕落。

二十六、曾子谓子思曰："伋！吾执亲之丧也，水浆不入于口者七日。"子思曰："先王之制礼也，过之者，俯而就之；不至焉者，跂而及之。故君子之执亲之丧也，水浆不入于口者三日，杖而后能起。"（《礼记·檀弓上第三》）

语义：

曾子对子思自夸说："伋！我父亲刚死的时候，我一点不吃一点不喝达到了七天。"子思说："先王的制礼，已经是折衷人情而制定标准，行礼过分者应该自己委曲点以期符合标准，而行礼欠缺者应该自己加把劲以期达到标准。所以，君子在父亲刚死的时候，不吃不喝三天也就可以了，尽管只是三天，可孝子也要扶着丧杖才能立起身来。"

点睛：

先秦儒家在制礼上重视中道，反对过与不及，特别是在守丧中表现得尤其明显，《礼记》有多条相关记述。《孝经·丧亲章》也说："孝子之丧亲也，三日而食，教民无以死伤生，毁不灭性，此圣人之政也。"这句话的意思是说，父母之丧，三天之后就要吃东西，这是教导人民不要因失去亲人的悲哀而损伤生者的身体，不要因过度的哀毁而灭绝人生的天性，这是圣贤君子的为政之道。

二十七、予恶夫涕之无从也。（《礼记·檀弓上第三》）

语义：

我厌恶那种光空流眼泪而没有实际的同情表示的作法。

点睛：

语出孔子，事情是这样的：孔子路过卫国，碰上以前相识的馆舍主人的

中编："大小戴记"三纲礼义精华录

丧事，进去吊丧，很悲伤。出来到外面，让子贡解下驾车的边马送给丧家。子贡说："对门人的丧事，没有如此过。解下马匹送给旧馆主人，礼岂不是太重了吗？"孔子说："我刚才进去哭他，正好悲从中来流泪，我厌恶那种光空流眼泪而没有实际的同情表示的作法。你去做吧！"《礼记正义》上说："'予恶夫涕之无从者'，谓我感旧馆人恩深，涕泪交下，岂得虚？然客行更无他物易换此马，女（汝）小子但将骖马以行之，副此涕泪。"我们的先哲讲身心一体，德行一致，这是中华文化固有的优良品德。

二十八、子路曰："吾闻诸夫子：丧礼，与其哀不足而礼有余也，不若礼不足而哀有余也。祭礼，与其敬不足而礼有余也，不若礼不足而敬有余也。"（《礼记·檀弓上第三》）

语义：

子路说："我听夫子说：举行丧礼，与其缺少哀痛却财物繁多，仪节详尽，不如缺少财物，仪节欠缺而哀痛有余！举行祭礼，与其缺少敬意，财物繁多，礼仪详尽，不如财物缺少，礼仪欠缺，却充满敬意。"

点睛：

丧主哀而祭主敬，如果在丧礼和祭礼中，缺乏这两种基本的礼义精神，那么无论礼节多么详尽繁复，也没有实际意义。没有礼义的礼节如同没有灵魂的躯壳，是可怕的。在中华文明全盘西化后，我们只讲礼节，不再讲礼义，这不是在走向现代化，而是对自己民族核心价值观念的背弃，只能导致社会公德的沉沦。

二十九、有子与子游立，见孺子慕者。有子谓子游曰："予壹不知夫丧之踊也，予欲去之久矣。情在于斯，其是也夫！"子游曰："礼有微情者，有以故兴物者。有直情而径行者，戎狄之道也。礼道则不然。人喜则斯陶，陶斯咏，咏斯犹，犹斯舞，舞斯愠，愠斯戚，戚斯叹，叹斯辟，辟斯踊矣！品节斯，斯之谓礼。"（《礼记·檀弓下第四》）

语义：

有子和子游在一块儿站着，看见一个小孩子在哭哭啼啼地寻找父母。有子对子游说："我一向不知道为什么丧礼中有顿足的规定，我早就想废除这条

103

规定。现在看来，孝子抒发悲哀思慕的感情应该就和这孩子一样，只要是发自内心，可以想怎么哭就怎么哭，还要什么规定呢！"子游说："礼的种种规定，有的是用来约束感情的，有的是借外在的事物以引发人们内在的感情的。如果没有统一的规定，谁想怎么着就怎么着，那是野蛮民族的作法。如果依礼而行则不然。人们遇到可喜之事就感到开心，感到开心就想唱歌。唱歌还不尽兴，就晃动身体。晃动身体还不过瘾，就跳舞。疯狂地舞过之后又产生慁怒之心，有了慁怒之心就会感到悲戚，悲戚则导致感叹。光感叹还觉得发泄得不够，于是就捶胸。捶胸还不够味，那就要顿足了。将这种种感情和行动加以区别和节制，这就叫做礼。"

点睛：

这是通过具体礼仪讲因人情节人欲的礼义之道。若直情迳行，如魏晋时有人弃名教而任自然，则成了纵情欲，这是违背礼义之道的。

三十、齐大饥，黔敖为食于路，以待饿者而食之。有饿者蒙袂辑屦，贸贸然来。黔敖左奉食，右执饮，曰："嗟来食！"扬其目而视之，曰："予唯不食嗟来之食以至于斯也，"从而谢焉，终不食而死。曾子闻之，曰："微与？其嗟也可去，其谢也可食。"（《礼记·檀弓下第四》）

语义：

齐国发生了严重的饥荒，黔敖在路边造饭，以备施舍给过路的饥民。有一个饥民，无力地垂着双手，走路一瘸一拐的，一副无精打采的样子走了过来。黔敖左手端着饭，右手端着汤，用可怜的口气喊道："喂！吃吧！"那个饥民瞪起眼睛望着他，说："本人正是由于不吃这种没有好声好气的饭才落到这步田地的。"黔敖听了连忙表示道歉，但那饥民还是坚持不吃，因而饿死了。曾子听说了这件事，说："这恐怕不大对吧？人家没有好声好气地叫吃，你当然可以拒绝；但是人家既然道了歉，也就可以吃了。"

点睛：

不食嗟来食者可敬，曾子的评价也是正确的。无论贫富贵贱，在什么时候，人都需要宽容。

三十一、司徒修六礼以节民性，明七教以兴民德，齐八政以防淫，一道

德以同俗,养耆老以致孝,恤孤独以逮不足,上贤以崇德,简不肖以绌恶。(《礼记·王制第五》)

语义:

司徒职掌修习六礼以节制人民的性情,明辨七教以提高人民的道德,整齐八政以防止僭越,规范道德以统一风俗,赡养老人以促进孝顺的风气,救济孤独以避免这部分人被社会遗弃,奖励贤者以鼓励人人学好,清除坏人以警戒人们改正错误。

点睛:

以上总括了德教的主要内容。据《礼记·王制第五》,六礼是指冠礼、婚礼、丧礼、祭礼、乡饮酒礼和乡射礼、相见礼;七教是指七种人伦关系教化,即父子有亲,兄弟有爱,夫妇有别,君臣有义,长幼有序,朋友有信,宾客有礼。所谓八政,是指饮食的方式,衣服的制度,工艺的标准,器具的品类,长度的规定,容量的单位,数码的进位和布帛的宽窄。从中我们能清楚地看到,礼义教化的真精神——礼以节性(饰情),教以兴民德。礼与教亦有不同功用,现代已经少有人知道了!

三十二、曾子问曰:"大夫、士有私丧,可以除之矣,而有君服焉,其除之也如之何?"孔子曰:"有君丧服于身,不敢私服,又何除焉!于是乎有过时而弗除也。君之丧服除,而后殷祭,礼也。"曾子问曰:"父母之丧,弗除可乎?"孔子曰:"先王制礼,过时弗举,礼也。非弗能勿除也,患其过于制也。故君子过时不祭,礼也。"(《礼记·曾子问第七》)

语义:

曾子问道:"大夫、士正在为私亲挂孝,到了可以除孝的时候了,而国君忽然去世,又须要为国君穿斩衰的孝服,在这种情况下,原有的孝服还除去不除去?"孔子答道:"如果是正在为国君穿孝服,就不敢再为自己的亲人穿孝服,因为为国君的孝服重于为私亲的孝服。明白了这一点,就知道原有的孝服是没有理由除掉的。于是乎就出现了大夫、士过了丧期还不能除去孝服的现象。等到为国君服丧期满,才可以为私亲举行小祥、大祥之祭,这是合乎礼的。"曾子又问道:"为父母所穿的孝服,永远不除可以吗?"孔子答道:"先王制定礼仪,错过了时间就不再举行,这是正理。先王并不是不能作出永远不除的规定,问题是人们是否都能做到。既然不能做到,那么还是规定个时限为好。所以君子错过了祭祀的时间就不再补行,这是合乎礼的。"

点睛:

礼义的基本精神之一就是公义大于私恩,后世儒家将亲亲原则放到了社会公德之上,是导致中国长期人治盛行的重要原因;礼,过时弗举,这是因为礼以饰情,情随时变。时过境迁,情已非旧,所以不再补行礼。

三十二、孔子曰:"夫礼,先王以承天之道,以治人之情,故失之者死,得之者生。《诗》曰:'相鼠有体,人而无礼。人而无礼,胡不遄死!'是故夫礼,必本于天,殽于地,列于鬼神,达于丧祭射御冠昏朝聘。故圣人以礼示之,故天下国家可得而正也。"(《礼记·礼运第九》)

语义:

孔子说:"礼,是先王用来遵循天的旨意,用来治理人间万象的,所以谁失掉了礼谁就会死亡,谁得到了礼谁就能生存。《诗经》上说:'你看那老鼠还有个形体,做人怎能无礼。如果做人而无礼,还不如早点死掉为好!'因此,礼这个东西,一定是源出于天,效法于地,参验于鬼神,贯彻于丧礼、祭礼、射礼、乡饮酒礼、冠礼、婚礼、觐礼、聘礼之中。所以圣人用礼来昭示天下,而天下国家才有可能步入正轨。"

点睛:

礼的本质就是"承天之道"、"治人之情"。西方文化实际上也离不开这些,只是他们的文化还没有脱离开宗教的阶段,所以用宗教来代替礼"因人情节人欲"的教化功能。今天的学者不明白这一点,以为只有宗教才代表信仰,代表先进,人非"拘之以神"不可,干脆讨论起儒家是不是宗教的问题来了——中国学者迷信西方,故为学常常荒诞如此!

三十三、是故,礼者君之大柄也,所以别嫌明微,傧鬼神,考制度,别仁义,所以治政安君也。故政不正,则君位危,君位危,则大臣倍,小臣窃。刑肃而俗敝,则法无常,法无常,而礼无列,礼无列,则士不事也。刑肃而俗敝,则民弗归也,是谓疵国。(《礼记·礼运第九》)

中编："大小戴记"三纲礼义精华录

语义：

所以说，礼是国君治理国家的最有力的工具，有了它才好区别嫌疑，明察幽隐，敬事鬼神，订立制度，赏罚得当，总而言之，有了它才好治理国家，维护君权。所以，国政如果不以礼为准绳就会导致君权动摇，君权动摇就会导致大臣背叛，小臣偷窃。这时候尽管用严刑峻罚来挽救，但因风俗凋弊，由此而引起法令无常，法令无常自然又引发礼仪乱套，礼仪乱套就让士人无法做事。刑罚严峻加上风俗败坏，老百姓就不会归心了，这就叫有疵病之国。

点睛：

"刑肃而俗敝，则法无常，法无常，而礼无列"，在治国中，法治与德治不可偏废，二者是相辅相承的。中国长期以来最大的问题是以德治害法治，以私恩害公义，导致法制不彰。

三十四、故礼义也者，人之大端也，所以讲信修睦而固人之肌肤之会，筋骸之束也。所以养生送死，事鬼神之大端也。所以达天道，顺人情之大窦也。故唯圣人为知礼之不可以已也，故坏国，丧家，亡人，必先去其礼。故礼之于人也，犹酒之有蘖也，君子以厚，小人以薄。故圣王修义之柄、礼之序，以治人情。故人情者，圣王之田也。修礼以耕之，陈义以种之，讲学以耨之，本仁以聚之，播乐以安之。故礼也者，义之实也。协诸义而协，则礼虽先王未之有，可以义起也。义者，艺之分，仁之节也。协于艺，讲于仁，得之者强。仁者，义之本也，顺之体也，得之者尊。故治国不以礼，犹无耜而耕也。为礼不本于义，犹耕而弗种也。为义而不讲之以学，犹种而弗耨也。讲之于学而不合之以仁，犹耨而弗获也。合之以仁而不安之以乐，犹获而弗食也。安之以乐而不达于顺，犹食而弗肥也。四体既正，肤革充盈，人之肥也。父子笃，兄弟睦，夫妇和，家之肥也。大臣法，小臣廉，官职相序，君臣相正，国之肥也。天子以德为车，以乐为御，诸侯以礼相与，大夫以法相序。士以信相考，百姓以睦相守，天下之肥也。是谓大顺。（《礼记·礼运第九》）

语义：

所以说，礼义这个东西，是做人的头等大事。人们用礼来讲究信用，维持和睦，使彼此团结得就像肌肤相接、筋骨相连一样。人们把礼作为养生送

107

死和敬事鬼神的头等大事，把礼作为贯彻天理、理顺人情的重要渠道。所以只有圣人才知道礼是须臾不可或缺的。因此，凡是国亡家破身败的人，一定是由于他先抛开了礼，才落得如此下场。所以，礼对于人来说，好比是酿酒要用的曲，君子德厚，酿成的酒也醇厚，小人德薄，酿成的酒也寡味。所以圣王牢持礼、义这两件工具，用来治理人情。打比方来讲，人情好比田地，圣王好比田主，圣王用礼来耕耘，用陈说义理当作下种，用讲解教导当作除草，用施行仁爱当作收获，用备乐置酒当作农夫的犒劳。可以这样说，礼是义的制度化。有些礼的条文，拿义的标准去衡量无一不合，但先王并无明文规定，这也不妨因时制宜而自我作古。义是区分是非的标准，衡量仁爱的尺度。符合标准，符合仁爱，谁做到这两条谁就强大。仁是义的基础，又是贯通天理人情的具体表现，谁能做到仁谁就会被人尊敬。所以，治国而不用礼，就好比耕田而不用农具；制礼而不源本于义，就好比耕地而不下种；有了义而不进行讲解教育，就好比下种而不除草；有了讲解教育而不和仁爱结合，就好比虽然除草而不去收获；和仁爱结合了而不备乐置酒犒劳农夫，就好比虽然颗粒归仓而不让食用；备乐置酒犒劳农夫了而没有达到自然而然的境界，就好比饭也吃了但身体却不强健。四肢健全，肌肤丰满，这是一个人的身体强健。父子情笃，兄弟和睦，夫妇和谐，这是一个家庭的身体强健。大臣守法，小臣廉洁，百官各守其职而同心协力，君臣互相勉励匡正，这可以看作是一个国家的身体强健。天子把道德当作车辆，把音乐当作驾车者，诸侯礼尚往来，大夫按照法度排列次序，士人根据信用互相考察，百姓根据睦邻的原则维持关系，这可以看作是整个天下的身体强健。一个人的身体强健，一个家庭的身体强健，一个国家的身体强健，整个天下的身体强健，这些合在一起就叫做大顺。

点睛：

在一个没有宗教背景的国家，要想收拾人心，非讲求礼义不可；这里的大顺，就是整个世界的和谐。在《礼记·礼运》的作者看来，礼是一切人、一切社会组织和谐的基石；从世界历史的角度看，科学越发达，人们的宗教情怀整体上越淡，建立在人文基础上的礼义之道就越发显得具有普世性。

中编："大小戴记"三纲礼义精华录

三十五、礼，时为大，顺次之，体次之，宜次之，称次之。尧授舜，舜授禹，汤放桀，武王伐纣，时也。《诗》云："匪革其犹，聿追来孝。"天地之祭，宗庙之事，父子之道，君臣之义，伦也。社稷山川之事，鬼神之祭，体也。丧祭之用，宾客之交，义也。羔豚而祭，百官皆足，大牢而祭，不必有余，此之谓称也。诸侯以龟为宝，以圭为瑞，家不宝龟，不藏圭，不台门，言有称也。(《礼记·礼器第十》)

语义：

先王在制礼的时候，首先考虑的是要合乎时代环境，其次是合乎伦理，再其次是区别对象而不同对待，再其次是合乎人情，最后是要与身份相称。举例来说，尧传位给舜，舜传位给禹，那是禅让的时代；而商汤放逐夏桀，周武王讨伐殷纣王，那是革命的时代。这就是时代环境问题。《诗经》上说："周文王兴建丰邑，并非急于实现自己的愿望，而是追念祖先的功业，显示自己的孝心。"意思是说，迫于形势，不得不这样做。对天神地祇的祭祀，对列祖列宗的祭祀，其中体现有父父子子之道和君君臣臣之义，这就是个顺的问题。社稷之祭，山川之祭，鬼神之祭，祭的对象不同，礼数也随之不同，这就是个体的问题。某家有了丧祭之事，理应有一笔相当的开销，而作为亲朋好友也应该对丧家有所赠赠，这便是个宜的问题。大夫、士的祭祀，虽然只用一只羊羔或一头小猪作供品，但到末了，每个助祭的人都可得到一份祭肉；而天子、诸侯的祭祀，尽管是以牛、羊、豕三牲作为供品，但到末了，也还是每人一份祭肉，不会有什么剩余，这就叫做与身份相称。诸侯可以拥有龟，并以为珍宝；可以拥有圭，并以为祥瑞。而大夫之家就不得这样，不得把大门建成宫阙形式，这也是讲的合乎身份问题。

点睛：

《礼器》一章是讲礼的外在形式。《礼记·乐记第十九》的作者说："簠簋俎豆，制度文章，礼之器也。"其关键是时为大。我现在一些所谓的新儒家搞复兴古礼，千万不可搞成如戏子唱戏般的作秀，祭孔子又是用清礼，又是用明礼；我们要重礼义，即礼的精神内核，此万世不变者也。

三十六、礼也者，犹体也。体不备，君子谓之不成人。设之不当，犹不备也。

礼有大有小，有显有微。大者不可损，小者不可益，显者不可掩，微者不可大也。故经礼三百，曲礼三千，其致一也。未有入室而不由户者。君子之于礼也，有所竭情尽慎，致其敬而诚若，有美而文而诚若。(《礼记·礼器第十》)

语义：

所谓礼，就好比是人的身体。身体如有缺陷，君子就把他叫做残疾人。礼如果用得不当，就好比人体有残疾一样。礼有时以大、以多为贵，有时以小、以少为贵，有时以高、以文为贵，有时以素、以下为贵。以大、以多为贵者就不可随便减少，以小、以少为贵者就不可随便增加，以高、以文为贵者就不可随便遮掩，以素、以下为贵者就不可随便装饰和加高。所以，虽然礼的纲要有三百条，礼的细则有三千款，但它们追求的都是一个诚字。这就像人要进屋，没有不是从门而入一样。君子对于礼的态度，有时候是通过贵少、贵小、贵下、贵素而表达其诚，有时候是通过贵多、贵大、贵高、贵文而表达其诚。

点睛：

礼仪的基本要求是内静外敬，外表的诚敬是十分重要的，今天我们在所有场合行礼时都要遵循这一原则，否则，即是"不成人"。

三十七、祀帝于郊，敬之至也。宗庙之祭，仁之至也。丧礼，忠之至也。备服器，仁之至也。宾客之用币，义之至也。故君子欲观仁义之道，礼其本也。(《礼记·礼器第十》)

语义：

天子亲自在南郊祭天，这是无比的尊敬。宗庙之祭，视死如生，这是无比的仁爱。丧礼，孝子哭天号地，痛不欲生，一切发自内心，这是无比的真诚。为死者准备服装，明器，虽然明知无济于事，但也仍然尽力准备，这也表现了莫大的爱心。聘问所用的礼品，多寡都要合乎规格，这是无比的合理。所以，君子如果要观察什么叫仁义，只要观察一下礼这个根本性的东西就行了。

点睛：

这是讲诸礼仪与诸德目之间对应关系。所以德治当重礼。

三十八、立权度量，考文章，改正朔，易服色，殊徽号，异器械，别衣服，

中编："大小戴记"三纲礼义精华录

此其所得与民变革者也。其不可得变革者则有矣，亲亲也，尊尊也，长长也，男女有别，此其不可得与民变革者也。(《礼记·大传第十六》)

语义：

统一度量衡，制礼作乐，改变历法，改变服色，改变徽号，改换器械，改变衣服，以上这些事情，都是可以随着朝代的更迭而让百姓也跟着改变的。但是，也有不能随着朝代的更迭而随意改变的，那就是同族相亲，尊祖敬宗，幼而敬长，男女有别，这四条可不能因为朝代变了就让百姓也跟着变。

点睛：

礼仪，得与民变革；礼义，不可得与民变革，于此阐述最明。今人若株守古礼以为复礼之道，真如刻舟求剑！

三十九、乐也者，情之不可变者也。礼也者，理之不可易者也。乐统同，礼辨异，礼乐之说，管乎人情矣。穷本知变，乐之情也；著诚去伪，礼之经也。(《礼记·乐记第十九》)

语义：

乐所表达的，是感情之不可变易者；礼所表达的，是道理之不可变易者。乐强调调和同一，礼强调区别差异。礼和乐的学说，贯通了全部人情。探索人们内心的本源，推知它的变化规律，这是乐的实质；发扬人们真诚的品德，除去那些虚伪的东西，这是礼的原则。

点睛：

礼乐治人情，分工不同，然同归治道。

四十、君子曰：礼乐不可斯须去身。致乐以治心，则易直子谅之心油然生矣。易直子谅之心生则乐，乐则安，安则久，久则天，天则神。天则不言而信，神则不怒而威，致乐以治心者也。致礼以治躬则庄敬，庄敬则严威。心中斯须不和不乐，而鄙诈之心入之矣，外貌斯须不庄不敬，而易慢之心入之矣。故乐也者，动于内者也；礼也者，动于外者也。乐极和，礼极顺。内和而外顺，则民瞻其颜色而弗与争也，望其容貌而民不生易慢焉。故德辉动于内，而民莫不承听，理发诸外，而民莫不承顺。故曰：致礼乐之道，举而错之，天下无难矣。(《礼记·乐记第十九》)

语义：

君子说：礼乐不可片刻离身。深刻体会乐的作用并用以陶冶内心，平易正直慈爱诚信的心就会自然而然地产生。有了平易正直慈爱诚信之心就自然感到快乐，感到快乐就会心神安宁，心神安宁就会生命长久，久而久之就会被人信之如天，畏之如神。这就有如天虽不言，而四季的交替从不失信。神虽不怒，而人人敬畏其威。这就是深刻体会乐的作用从而陶冶内心的结果。深刻体会礼的作用并用来整饬自身的外貌，就会给人以庄重恭敬之感，这种庄重恭敬之感又会使人感到威严。如果内心有片刻的不和不乐，鄙卑诈伪的念头就会乘隙而入；如果外貌有片刻的不庄不敬，轻易怠慢的心志就会乘隙而入。所以说，乐这个东西，是影响人的内心的。礼这个东西，是影响人的外貌的。乐追求的目标在于和，礼追求的目标在于顺。内心和悦而外貌恭顺，那么民众只要看到他的脸色就不会与他相争了，只要望见他的容貌就不敢有轻慢的念头了。由此可见，面色和善发自内心而民众莫不乐于听从，动作中规展现于外而民众莫不乐于顺从。所以说：深刻的体会礼乐之道，并用来治理天下，就没有什么难办的事情了。

点睛：

礼乐不可斯须去身，是讲我们修行中的保任功夫，让妄念（鄙诈之心、易慢之心）不起——内和外顺，礼乐治心，有志者努力！同时礼乐又是治天下的根本，就是说："德辉动于内，而民莫不承听，理发诸外，而民莫不承顺。"所以说礼乐是内圣外王的关键所在。

四十一、天下之礼，致反始也，致鬼神也，致和用也，致义也，致让也。致反始，以厚其本也；致鬼神，以尊上也；致物用，以立民纪也。致义，则上下不悖逆矣。致让，以去争也。合此五者，以治天下之礼也。虽有奇邪，而不治者，则微矣。（《礼记·祭义第二十四》）

语义：

天下的礼有这么五项作用：一是让人们缅怀初始，二是让人们不忘祖宗，三是开发资源以便利用，四是树立道义，五是提倡谦让。缅怀初始，意在使人饮水思源而不忘其本。不忘祖宗，意在使人知道尊上。开发资源以便利用，

中编："大小戴记"三纲礼义精华录

意在使人民的生活有保障。树立道义，意在理顺君君、臣臣、父子的关系。提倡谦让，意在消除争讼。把这五项作用合起来，就构成了治理天下的无所不包的礼，即令还有些坏人坏事不能禁止，其数量也会微乎其微。

点睛：

礼最大的"始"，即人性本静，这是最大的本——修道进德者不能不知。

四十二、子云："小人贫斯约，富斯骄；约斯盗，骄斯乱。礼者，因人之情而为之节文，以为民坊者也。故圣人之制富贵也，使民富不足以骄，贫不至于约，贵不慊于上，故乱益亡。"（《礼记·坊记第三十》）

语义：

孔子说："小人贫则困顿，富则骄横；穷困了就会去偷盗，骄横了就会去乱来。所谓礼，就是顺应人的这种情况而为之制定控制的标准，以作为防止百姓越轨的堤防。所以，圣人制定出了一套富贵贫贱的标准，使富起来的百姓不足以骄横，贫下去的百姓不至于穷困，取得一定社会地位的人不至于对上级不满，所以犯上作乱的事就日趋减少。"

点睛：

这里对礼的定义特别重要："礼者，因人之情而为之节文，以为民坊者也。"正是因为礼制对富人的控制，中国才没能产生资本主义，社会结构相对平衡，这是中国古典政治最大的优点、优势。

四十三、天命之谓性，率性之谓道，修道之谓教。道也者，不可须臾离也，可离非道也。是故君子戒慎乎其所不睹，恐惧乎其所不闻。莫见乎隐，莫显乎微，故君子慎其独也。喜怒哀乐之未发，谓之中；发而皆中节，谓之和；中也者，天下之大本也；和也者，天下之达道也。致中和，天地位焉，万物育焉。（《礼记·中庸第三十一》）

语义：

上天赋于人的叫做性，遵循上天赋予的性而行动叫做道，修证大道并使众人仿效叫做教。道，是不能片刻离开的。如果可以离开，那就不是道了。所以，君子对人们看不见的也自觉地警惕谨慎，对人们听不见的也仍然战战兢兢。没有什么隐秘可以不被发现，没有什么小事可以不被显露，所以君子在独处的时候也要保持内心专一。人的喜怒哀乐尚未表现出来，叫做中；表现出来而又处处合乎规范，叫做和。中，这是天下的最大根本；和，这是天下的普遍规律。达到了中和，就会天地有条不紊，万物发育生长。

点睛：

此段是儒家心法的核心部分。它先讲何谓道，如何收放心。然后直指人心，告诉我们"喜怒哀乐之未发，谓之中"，中是我们的本心，本来面目。再由体及用，讲和，大道的运行。儒家心法早已失传，后来人根器又差，所以"中庸"，平常心，道心的本意也少有人知道了——这是中国文化的根，学人当在这些关键处苦志虔心地参究，必得大受用。

四十四、子曰："回之为人也，择乎中庸，得一善，则拳拳服膺弗失之矣。"子曰："天下国家可均也，爵禄可辞也，白刃可蹈也，中庸不可能也。"（《礼记·中庸第三十一》）

语义：

孔子说："颜回的为人，选择了中庸之道，取得了一点进步，就牢牢记在心中，使其永不丢失。"孔子说："天下国家可以得到治理，爵位俸禄可以辞掉，锋利的刀刃可以脚踏上去，而中庸之道却是很难做到的。"

点睛：

修道，证道之难，非践行者不可得而知也。梅花香自苦寒来，诸君勉之！

四十五、君子素其位而行，不愿乎其外。素富贵，行乎富贵；素贫贱，行乎贫贱；素夷狄，行乎夷狄；素患难，行乎患难，君子无入而不自得焉。在上位不陵下，在下位不援上，正己而不求于人，则无怨。上不怨天，下不尤人。故君子居易以俟命，小人行险以徼幸。（《礼记·中庸第三十一》）

语义：

君子按照当时所处的地位行事，不抱非分之想。处在富贵的地位，就按照富贵者的身份行事；处在贫贱的地位，就按照贫贱者的身份行事；处在夷狄的地位，就按照夷狄的身份行事；处在患难之中，就按照患难者的身份行事；君子无论处在什么地位，都能够恰如其分地行事。身居上位，不欺凌在下位的人；身居下位，不巴结在上位的人；端正自己而不求于人，这样就不会招

中编："大小戴记"三纲礼义精华录

致怨恨。上不埋怨苍天，下不归罪他人。所以，君子处在现有的境地而等待天命的安排，小人则铤而走险以求侥幸。

点睛：

不取不舍，素行其位，最难——若能如此，清心寡欲，则近于道矣！

四十七、子曰："文武之政，布在方策。其人存，则其政举；其人亡，则其政息。人道敏政，地道敏树。夫政也者，蒲卢也。故为政在人，取人以身，修身以道，修道以仁。仁者人也。亲亲为大；义者宜也，尊贤为大。亲亲之杀，尊贤之等，礼所生也。在下位不获乎上，民不可得而治矣！故君子不可以不修身；思修身，不可以不事亲；思事亲，不可以不知人；思知人，不可以不知天。天下之达道五，所以行之者三。曰：君臣也，父子也，夫妇也，昆弟也，朋友之交也，五者天下之达道也。知，仁，勇，三者天下之达德也，所以行之者一也。"（《礼记·中庸第三十一》）

语义：

孔子说："文王、武王的治国方法，都记载在典籍上面。他们在世，这些治国方法就能得到实施；他们去世，这些治国方法也就随着废弛。治人之道在于讲究治国方法，种地之道在于讲究种植方法。治国方法，就好像蒲苇一样。所以，治理国家的根本问题在于得到贤人，而能否得到贤人又决定于国君自身的修养，加强自身修养要靠道德，加强道德修养要靠仁。所谓仁，就是爱人，爱人之中，以亲近自己的亲人最重要；所谓义，就是适宜，适宜之中，以尊敬贤人最重要。亲近亲人而有亲疏之别，尊敬贤人而有贵贱之差，礼这个东西也就应运而生。职位卑下，又得不到上级的信任，是不能够把百姓治理好的。所以，君子不可以不加强自身修养；要想加强自身修养，不可以不侍奉双亲；要想侍奉双亲，不可以不知人；要想知人，不可以不知道天理。天下通行的准则有五条，实行这五条准则的美德有三种。君臣、父子、夫妇、兄弟、朋友的交往，这五条就是天下通行的准则；智、仁、勇，这三点就是天下通行的美德，是用来推行这五条准则的。"

点睛：

道为形而上者，礼为形而下者，二者相通。故《礼记》的作者们讲，"道也者，不可须臾离也"，"礼乐不可斯须去身"，二者皆在治心，故一刻也不能使心放逸；为政为人，其道一也。

四十八、大学之道，在明明德，在亲民，在止于至善。知止而后有定，定而后能静，静而后能安，安而后能虑，虑而后能得。物有本末，事有终始。知所先后，则近道矣。古之欲明明德于天下者，先治其国。欲治其国者，先齐其家，欲齐其家者，先修其身。欲修其身者，先正其心。欲正其心者，先诚其意。欲诚其意者，先致其知。致知在格物。物格而后知至，知至而后意诚，意诚而后心正，心正而后身修，身修而后家齐，家齐而后国治，国治而后天下平。自天子以至于庶人，壹是皆以修身为本。（《礼记·大学第四十二》）

语义：

大学的宗旨在于彰明自身的光明之德，在于亲爱民众，在于使自己达到至善的境界。知道达到至善的境界而后才能确定志向，确定了志向才能心无杂念，心无杂念才能专心致志，专心致志才能虑事周祥，虑事周祥才能达到至善。万物都有其本末，凡事都有其终始。知道了应该先作什么，后作什么，那就接近于大学的宗旨了。古代想要把自己的光明之德推广于天下的人，首先要治理好自己的国家；要治理好自己的国家，就要先管理好自己的家庭；要管理好自己的家庭，就要先修养好自身的品德；要修养好自身的品德，就要先端正内心；要端正内心，就要先意念真诚；要意念真诚，就要先得大智慧；得大智慧，在于格除物欲；格除物欲后才能得大智慧，得大智慧才能使其意念真诚，意念真诚才能使内心端正，内心端正才能使品德好生修养，品德好生修养才能使家庭管理得好，家庭管理得好才能使国家得到治理，国家得到治理才能使天下太平。上自天子，下至普通百姓，都要把修养自身品德当做根本。

点睛：

内圣外王，大学之道尽矣！注意，这里"格物"中的物不是指外在事物，而是指物欲，这是理解本段的关键。否则，失之毫厘，差之千里。

四十九、凡人之所以为人者，礼义也。礼义之始，在于正容体、齐颜色、顺辞令。容体正，颜色齐，辞令顺，而后礼义备。以正君臣、亲父子、和长幼。君臣正，父子亲，长幼和，而后礼义立。故冠而后服备，服备而后容体正、颜色齐、辞令顺。故曰："冠者，礼之始也。"是故古者圣王重冠。(《礼记·冠义第四十三》)

语义：

人之所以成为人，在于有礼义。礼义从哪里做起呢？应从举止得体、态度端庄、言谈恭顺作起。举止得体，态度端庄，言谈恭顺，然后礼义才算完备。以此来使君臣各安其位、父子相亲、长幼和睦。君臣各安其位，父子相亲，长幼和睦，然后礼义才算确立。所以说，只有行过冠礼以后才算服装齐备，服装齐备以后才能做到举止得体、态度端庄、言谈恭顺。所以说，冠礼是礼的开始。所以古时候的圣王很重视冠礼。

点睛：

古代贵族男子到了二十岁要举行加冠典礼，表示该男子已经成人，可以享受成年人所应享受的权利和义务了。所以冠礼值得我们重视，它实际上是一种关于社会责任的教育形式。

第二章 上下第二

一、曾子曰:"敢问:何谓七教?"孔子曰:"上敬老则下益孝,上顺齿则下益悌,上乐施则下益谅,上亲贤则下择友,上好德则下不隐,上恶贪则下耻争,上强果则下廉耻"。(《大戴礼记·主言第三十九》)

语义:

曾子说:"请问,什么是七教?"孔子回答说:"居高位的人尊敬老人,下面的人就格外的孝顺;居高位的人尊重长幼之序,下面的人就格外的爱敬兄长;居高位的人喜欢施德于人,下面的人就格外的真诚信实;居高位的人亲近贤者,下面的人就能够选择益友;居高位的人爱好有德行的人,下面的人就不会有隐逸的贤者;居高位的人厌恶贪婪,下面的人就羞于争夺;居高位的人克制用权,下面的人就明廉知耻。"

点睛:

领导者的榜样力量是强大的,也是在管理上实现无为而治的根本,所以《大戴礼记·主言第三十九》的作者接着说,统治者作到了七教,人们皆能对此有所辨别,就人心坚定,邪恶不为,做君王的也就不用费尽气力治理天下了。(原文:民皆有别,则贞,则正,亦不劳矣。)

二、上者,民之表也。表正,则何物不正?是故君先立于仁,则大夫忠,而士信、民敦、工璞、商悫、女憧、妇空空,七者教之志也。(《大戴礼记·主言第三十九》)

语义:

居高位的人是民众的榜样,是标准,标准正确,还有什么东西不正确。所以君王先立身于仁爱,那么高官自会忠诚,普通官员自会信实,人民自会敦厚,做工的人自会朴质,商人自会诚实谨慎,未嫁的少女自会天真,已婚的妇女自会谦虚和顺。

点睛：

千万不要以为光靠领导者的道德榜样力量就能实现社会治理。所以当曾子问及君子之道是否就是"七教"这一问题时，孔子回答说："参！姑止！又有焉。昔者明主之治民有法。必别地以州之，分属而治之，然后贤民无所隐，暴民无所伏；使有司日省如时考之，岁诱贤焉，则贤者亲，不肖者惧。使之哀鳏寡，养孤独，恤贫穷，诱孝悌，选才能，七者修，则四海之内无刑民矣。"（《大戴礼记·主言第三十九》）孔子这段话告诉我们，治国还要有与"七教"相对的"七种"制度、法规才行。

三、上之亲下也如腹心，则下之亲上也如保子之见慈母也。上下之相亲如此，然后令则从、施则行。（《大戴礼记·主言第三十九》）

语义：

在上的君王亲爱在下的人民如腹心一样，那么在下的人民亲附在上的君王也就如孩子看到慈母一样。上下相亲，如果发出命令人民就会随从，律令人民全会奉行。

点睛：

德、法不可分。《管子·权修第三》说："教训成俗而刑罚省。"

四、君子虽言不受，必忠，曰道；虽行不受，必忠，曰仁；虽谏不受，必忠，曰智。（《大戴礼记·曾子制言中第五十五》）

语义：

一个君子虽然说话不被君王所接受，仍忠心不变，这叫做道；虽然行为不被君王认可，仍忠心不变，这叫做仁；虽然进谏不被接纳，仍忠心不变，这叫做智。

点睛：

忠是下事上的德目，是上下和谐，完成职事的基础，不能因为某些具体情况的改变而改变。故守忠曰"道"、曰"仁"，曰"智"。今人动不动就将忠和愚联系起来，这种看法本身就是没有智慧的表现。

五、贵之不喜，贱之不怒。苟于民利矣，廉于其事上也，以佐其下，是

澹台灭明之行也。孔子曰："独贵独富，君子耻之，夫也中之矣。"（《大戴礼记·卫将军文子第六十》）

语义：

虽居高位，他不因此而高兴，虽居卑职，他不因此而怨怒。只要对百姓有好处，宁可对在上的人俭省，而来帮助在下的人，这是澹台灭明的行为。孔子说："独享富贵，是君子的耻辱，这个人做到这点了。"

点睛：

财富当用来布施大众，为大众谋利益，不可用来独享。"独贵独富，君子耻之"，古人处富贵之道，今天的人似乎很难理解了——这是一种道德的悲剧。

六、其事君也，不敢爱其死，然亦不忘其身，谋其身不遗其友，君陈则进，不陈则行而退，盖随武子之行也。（《大戴礼记·卫将军文子第六十》）

语义：

事奉国君，不敢爱惜生命，但也不为不义而牺牲。为自身考虑而不遗弃朋友，国君任用他就出仕，否则就引退，这大概是随武子的行为了。

点睛：

履行自己的职责敢于牺牲生命，这是多么伟大的人格啊。

七、其言曰：君虽不量于臣，臣不可以不量于君，是故君择臣而使之，臣择君而事之。有道顺君，无道横命，晏平仲之行也。（《大戴礼记·卫将军文子第六十》）

语义：

他常说，国君虽可不衡量臣下而任用，臣子却不可不衡量国君而进身。所以国君固然选择臣下来差遣，臣子也是选择国君来事奉。国君有道则顺从君命，无道则不顺从君命，这是晏平仲的行为。

点睛：

在上下关系中，愚忠、盲从不仅对居上位者不利，对居下位者更不利，所以居下位者当慎择。古语云："良禽择木而栖，贤臣择主而侍。"

八、孔子曰："有善勿专，教不能勿摺，已过勿发，失言勿踦，不善辞勿遂，

中编："大小戴记"三纲礼义精华录

行事勿留。君子入官，自行此六路者，则身安誉至，而政从矣。且夫忿数者狱之所由生也，距谏者虑之所以塞也，慢易者礼之所以失也，堕怠者时之所以后也，奢侈者财之所以不足也，专者事之所以不成也，历者狱之所由生也。君子入官，除七路者，则身安誉至，而政从矣。"（《大戴礼记·子张问入官第六十五》）

语义：

孔子说："有好处，不要想占为己有。教导比你差的人，不要超过他的程度。已经犯了的过错，不要重犯。讲错的话，不要找出歪理辩明。审讯诉讼时，不要让理屈的一方诳骗了。处理公事时，不要推欠拖延。一个有学问有德行的人，要想作官从政，能以这六条去做，就自身安定而获得赞誉，政事也办成功了；再说，忿怼不满，常去挑剔别人的过错，争执就因此而发生。不接受他人的劝说，思想就因此而闭塞。骄傲轻浮，礼节仪表就因此而丧失。怠惰懒散，机会就因此而失去。奢侈华靡，财富就因此而不足。老在小事上计较，大事就因此而不能成功。成天纷乱不安，诉讼的事就因此而成。一个有学问有德行的人，要想作官从政，能扫除这七条，就不但自身安定而赞誉也来了，政事也办成功了"。

点睛：

《大戴礼记·子张问入官第六十五》是子张问孔子为官之道，孔子所作的回答。其中要行的六条和要除的七点是超越时代的，当代为政者亦当谨记。

九、故君子莅民，不可以不知民之性，达诸民之情；既知其以生有习，然后民特从命也。故世举则民亲之，政均则民无怨。故君子莅民，不临以高，不道以远，不责民之所不能。今临之明王之成功，而民严而不迎也；道以数年之业，则民疾，疾则辟矣。故古者冕而前旒，所以蔽明也；统絖塞耳，所以弇聪也。故水至清则无鱼，人至察则无徒。（《大戴礼记·子张问入官第六十五》）

语义：

所以，一个有学问有德行的人，在管理百姓时，不可不知道百姓的本质，不可不了解百姓的心理。知道了他们先天的心理和后天的习惯。然后百姓就能彻底地服从你的政令。所以说，国家治理得好，百姓便爱戴你，政治清明平和，百姓自然没有怨尤。所以一个有才学有德行的人，在治理百姓时，理想不可要求太高，目标不可定的太远，不要责求百姓做力所不及的事。如果你用前贤圣人成功的理想，来要求百姓马上达到，恐怕百姓要敬而远之，不敢欢迎你了。你要求他们未来遥远的目标，百姓做得痛苦，当他们痛苦时，就要躲避了。所以历来帝王的冠冕上，垂挂着一串串的玉，正为警惕自己不可看得太明察了。用绵絮塞耳，是为着警惕自己，不可听得太精细了。所以水太清澈，就没有鱼还能生存下去；人太精明，就没有人跟你走了。

点睛：

中国古典政治的基础是民情，西方现代政治的基础是一种错误的假定，假定人如同没有区别的原子，生而平等——二者孰是孰非，孰短孰长，中国知识分子一定要看清楚；不可整天空谈自由民主，否则即使再喊一万年，还是没有真正的自由，没有真正的民主！

十、下无用，则国家富；上有义，则国家治；长有礼，则民不争；立有神，则国家敬；兼而爱之，则民无怨心；以为无命，则民不偷。昔者先王本此六者，而树之德，此国家之所以茂也。（《大戴礼记·千乘第六十八》）

语义：

去掉多余的浪费，国家自然富足；崇尚治国的仪法，国家自然治理；敬长能有礼让，百姓自然没有争执；立祀如有神明，境内的人自然都能恭敬；对所有的都同样的亲爱，百姓自然没有怨恨的心；不持命本注定的观念，百姓自然没有苟且偷懒的心。以前的圣王都是依据这六项来建立他的德政，这样国家才会兴盛。

点睛：

观《大戴礼记·千乘第六十八》，作者的上述观点显然同墨家无二无别，且亦主张兼爱、非命。先秦诸子不是泾渭分明的，研究中国文化时必须注意这一点，否则，很难识其大体。

十一、公曰："可以为家，胡为不可以为国？国之民、家之民也。"子曰："国之民诚家之民也，然其名异，不可同也。同名同食曰同等。唯不同等，民以

中编："大小戴记"三纲礼义精华录

知极。故天子昭有神于天地之间，以示威于天下也；诸侯修礼于封内，以事天子；大夫修官守职，以事其君；士修四卫，执技论力，以听乎大夫；庶人仰视天文，俯视地理，力时使，以听乎父母。此唯不同等，民以可治也。"（《大戴礼记·少闲第七十六》）

语义：

哀公说："可以用来治家，为什么不能用来治国呢？诸侯国的人，也就是大夫家的人啊！"孔子说："诸侯国的人当然也就是大夫家的人，但是诸侯和大夫的地位名位不同，就不可混为一谈。名位、食禄相同，才是同等。由于不同等，人们知道怎么做才适当。所以天子祭祀天地间的神，让天下人懂得天子的威严；诸侯在他封土之内修明礼仪，来事奉天子；大夫治理他们主管的政事，恪守职分，来事奉他们的国君；士要做好保卫四境的事，锻炼他们的技艺，来听大夫的指示；百姓观看天象的变化和地理所适合的，尽力做各季节中该做的事来听从父母的吩咐。正因为有上述各种不同的等级，所以人们可以得到治理。"

点睛：

中国文化，一方面重视自然秩序中的差序，同时又重视自然秩序中的均平，这与建立在"假设"和"理想"之上的西方文化明显不同。差序是社会治理的基础，用划分上下来表示。所以《大戴礼记·朝事第七十七》开篇就说："古者圣王明义，以别贵贱，以序尊卑，以体上下，然后民知尊君敬上，而忠顺之行备矣。"

十二、为人臣之礼，不显谏。三谏而不听，则逃之。（《礼记·曲礼下第二》）

语义：

为人臣的礼，不当众指责国君，数次劝谏仍不听从，就离开国君而去。

点睛：

劝告上级改正错误，要讲究场合，讲究方式，这样做有利于维护上级的威信。反过来，上级训诫下级，也要讲究方式方法，以维护下级的尊严。当自己的意见屡屡得不到采纳时，最好是另谋高就。

十三、穆公问于子思曰："为旧君反服，古与？"子思曰："古之君子，进人以礼，退人以礼，故有旧君反服之礼也。今之君子，进人若将加诸膝，退人若将坠诸渊。毋为戎首，不亦善乎！又何反服之礼之有？"（《礼记·檀弓下第四》）

语义：

鲁穆公向子思请教说："大夫光明正大地离开故国，故国对他仍然以礼相待，在这种情况下，故国国君死了，大夫奔回故国为旧君服齐衰三月，这是古来就有的礼节吗？"子思说："古代的国君，在用人时是以礼相待，在不用人时也是以礼相待，所以才有为旧君反服之礼。现在的国君，需要用人时，就像要把人家抱到怀里，亲热得无以复加，不需要用人时，就像要把人家推入深渊，必欲置之死地。这样对待臣子，臣子不带领他国军队前来讨伐就不错了，哪里还谈得上为旧君反服呢？"

点睛：

进人以礼，退人以礼，我们在处理上下关系时需要特别注意，绝对不可短视。纵鸡鸣狗盗之徒，亦有优点，居上位者不可不知。

十四、曾子曰："晏子可谓知礼也已，恭敬之有焉。"有若曰："晏子一狐裘三十年，遣车一乘，及墓而反。国君七个，遣车七乘；大夫五个，遣车五乘。晏子焉知礼？"曾子曰："国无道，君子耻盈，礼焉。国奢，则示之以俭；国俭，则示之以礼。"（《礼记·檀弓下第四》）

语义：

曾子说："晏子可以说是一个知礼的人了，礼的要害不过是个恭敬，而这一点晏子并不缺乏。"有若说："晏子一件狐皮袍子穿了三十年，办理其父丧事时，只用一辆遣车，随葬器物也少，所以很快就葬毕返回。按规矩来说，国君遣奠所取牲体是七包，遣车也就应是七辆；大夫是五包，遣车应是五辆。晏子全不照规矩来办，怎么能说他是一个知礼的人？"曾子说："在国家尚未治理好的时候，君子以照搬礼数的规定为耻。在国人奢侈成风时，君子就应作个节俭的表率；在国人节俭成风时，君子就应作出按照礼数办事的表率。"

点睛：

居上位者，能通过榜样的力量教化居下位者。曾子对晏子的评价是正确

中编："大小戴记"三纲礼义精华录

的，他说晏子知礼，是说晏子懂得礼义大道，并不是株守礼数才是知礼，大家要弄清楚这一点。

十五、故君者所明也，非明人者也。君者所养也，非养人者也。君者所事也，非事人者也。故君明人则有过，养人则不足，事人则失位。故百姓则君以自治也，养君以自安也，事君以自显也。故礼达而分定，故人皆爱其死而患其生。故用人之知去其诈，用人之勇去其怒，用人之仁去其贪。故国有患，君死社稷谓之义，大夫死宗庙谓之变。故圣人耐以天下为一家，以中国为一人者，非意之也，必知其情，辟于其义，明于其利，达于其患，然后能为之。何谓人情？喜怒哀惧爱恶欲，七者，弗学而能。何谓人义？父慈，子孝，兄良，弟弟，夫义，妇听，长惠，幼顺，君仁，臣忠，十者，谓之人义。讲信修睦，谓之人利。争夺相杀，谓之人患。故圣人所以治人七情，修十义，讲信修睦，尚辞让，去争夺，舍礼何以治之？饮食男女，人之大欲存焉。死亡贫苦，人之大恶存焉。故欲恶者，心之大端也。人藏其心，不可测度也，美恶皆在其心不见其色也，欲一以穷之，舍礼何以哉？（《礼记·礼运第九》）

语义：

所以，作为国君，应是人们效法的榜样，而不是效法他人的；应是人们乐于供养，而不是供养他人的；应是人们服侍的对象，而不是服侍他人的。所以，如果国君效法他人就说明国君犯有过错，国君一身而供养全体国民肯定其力不足，国君如果服侍他人就意味着丢掉了国君的宝座。所以，百姓都是效法国君以达到自我管理，供养国君以达到自我安定，服侍国君以达到抬高自己。举国上下都明白了这个礼，上下名分确定，就会人人都乐于为国牺牲而耻于苟且偷生。国君要重用有智、有勇、有仁的人，但要注意取其长而避其短。对于有智的人要谨防其诈伪，对于有勇的人要避免其感情冲动，对于仁人要警惕其贪婪。国家有了外患，国君与国土共存亡，这是理所当然的；大夫为保卫国君宗庙而死，这是职责所在，也是正当的。所以圣人能够使整个天下像是一个家庭，全体国民像是一个人，并不是凭着主观臆想，而是凭着了解人情，洞晓人义，明白人利，熟知人患，然后才能做到。什么叫做人情？喜、怒、哀、惧、爱、恶、欲，这七种不学就会的感情就是人情。

什么叫做人义？父亲慈爱，儿子孝敬，兄长友爱，幼弟恭顺，丈夫守义，妻子听从，长者惠下，幼者顺上，君主仁慈，臣子忠诚，这十种人际关系准则就叫人义。讲究信用，维持和睦，这叫做人利。你争我夺，互相残杀，这叫做人患。圣人要想疏导人的七情，维护十种人际关系准则，崇尚谦让，避免争夺，除了礼以外，没有更好的办法。饮食男女，是人的最大欲望所在。死亡贫苦，是人的最大厌恶所在。这最大欲望和最大厌恶，构成了人心日夜思虑的两件大事。每人都把心思藏在肚子里，深不可测。美好或丑恶的念头都深藏在心，从外表来看谁也看不出来，要想彻底搞清楚，除了礼之外恐怕也没有别的办法。

点睛：

居上位者，要想使社会得到治理，不可不知人之情、义、利、患，如果只是假设人在自然状态下就是自由平等，会出大问题的，那不过是"意之也"，不是现实中的真实情况，今天我们必须一再强调这一点。中国文化有其先进性和特殊性，不可言必称希腊，那就坏了——连基本人情都不懂，还谈什么社会管理！这是基础的基础，我们不可不知。

十六、侍坐于君子，君子欠伸，运笏，泽剑首，还屦，问日蚤莫，虽请退可也。（《礼记·少仪第十七》）

语义：

陪侍君子坐着说话，如果看到君子打哈欠，伸懒腰，转动笏板，抚摩剑柄，旋转鞋头的朝向，讯问时间的早晚，这都是君子困倦的表示，看到这种情形，主动请退是完全可以的。

点睛：

侍上，告退，不要等到端茶送客时。

十七、事君者量而后入，不入而后量。凡乞假于人，为人从事者亦然。然，故上无怨，而下远罪也。（《礼记·少仪第十七》）

语义：

向国君提建议，应该在考虑成熟以后再提，不要在提出以后才进行考虑。凡是向人借东西，或者替别人办事，也要这样。唯其这样，才可以既不招致

中编："大小戴记"三纲礼义精华录

国君怪罪，自己也不至于得罪。

点睛：

三思而后行，在与上级交往中特别重要。

十八、不窥密，不旁狎，不道旧故，不戏色。为人臣下者，有谏而无讪，有亡而无疾；颂而无谄，谏而无骄；怠则张而相之，废则扫而更之。谓之社稷之役。(《礼记·少仪第十七》)

语义：

不要窥探他人的隐私秘密，不要随便地与别人套近乎，不要揭露他人的老底，不要有嬉笑侮慢的神态。作为臣子，对国君的过失可以当面劝谏，但不可以背后讥讪毁谤；国君如果不接受劝谏，作臣子的可以离他而去，但不可以心存怨恨。国君有美德，臣子可以称颂，但不可流于谄媚。国君接受了臣子的劝谏，臣子切切不可得意忘形。国君如果怠于政事，臣子应当鼓励他帮助他；国政如果败坏，臣子应当扫除弊政，更创新政。能够这样，就叫做社稷之臣。

点睛：

在任何组织中，对待上级都应是这种态度，只有心存这种敬意，才能立于不败之地。

十九、孔子曰："管仲镂簋而朱纮，旅树而反坫，山节而藻棁。贤大夫也，而难为上也。晏平仲祀其先人，豚肩不掩豆。贤大夫也，而难为下也。君子上不僭上，下不偪下。"(《礼记·杂记下第二十一》)

语义：

孔子说："管仲身为大夫，却使用镂花镶玉的簋，系着朱红色的帽带，在大门内设置屏风，在堂上设置用以放还空酒杯的土台子，住室的斗拱上刻着山形图案，梁上的短柱雕有水草。不能说管仲不是个贤大夫，但从他的上述僭上行为来看，要当他的国君也够不容易的。晏平仲身为大夫，却在祭祖时仅用一只小小的猪蹄膀，连碗都盛不满。不能说晏平仲不是个贤大夫，但从他的这般克己来看，要当他的下属也够不容易的。君子的行为要与身份相称，既不僭上，又不逼下。"

点睛：

一个人要按照自己的身份地位行事，安分守己。否则的话，名实不副，会导致严重的问题。

二十、子言之："君子之所谓义者，贵贱皆有事于天下。天子亲耕，粢盛秬鬯以事上帝，故诸侯勤以辅事于天子。"子曰："下之事上也，虽有庇民之大德，不敢有君民之心，仁之厚也。是故君子恭俭以求役仁，信让以求役礼。不自尚其事，不自尊其身，俭于位而寡于欲，让于贤，卑己而尊人，小心而畏义，求以事君。得之自是，不得自是，以听天命。"（《礼记·表记第三十二》）

语义：

孔子说："君子的所谓'义'是说一个人无论身份贵贱，都要为天下做出应有的贡献。譬如天子，虽然至尊至贵，也要亲耕藉田，生产出粢盛，制造出秬鬯，以祭祀上帝。所以诸侯也要勤勉地辅佐天子。"孔子说："在下位的侍奉在上位的，虽然有了庇护民众的大德，也不敢有统治民众的念头，这是仁厚的表现。所以君子恭敬谦逊以求做到仁，诚信谦让以求做到礼；不自己夸耀自己做过的事，不自己抬高自己的身价；在地位面前表现出谦逊，在名利面前表现出淡泊，让于贤人；贬低自己而推崇别人，小心谨慎而唯恐不得其当，要求自己用这样的态度事奉国君；得意时自行此道，不得意时也自行此道，一切听天由命，绝不改变信仰以邀取利禄。"

点睛：

中国的"义"事实上包含平等的意思，在中国先贤的心目中，每个人都有自己的名位，也有相应的职分，人贵在安于自己的职分，努力作好自己分内的工作。

二十一、子言之："事君先资其言，拜自献其身，以成其信。是故君有责于其臣，臣有死于其言。故受禄不诬，其受罪益寡。"（《礼记·表记第三十二》）

语义：

孔子说："臣下事奉君主，要先考虑好自己的建议，然后拜见君主，亲

中编："大小戴记"三纲礼义精华录

自向君主进言；君主采纳以后，臣下就要全力以赴地促其实现，兑现自己的诺言。所以君主可以责成臣下，而臣下应当为实现自己的诺言鞠躬尽瘁，死而后已。所以臣下的受禄不是无功受禄，言行相副，受到惩罚的可能性也就很小。"

点睛：

法家讲循名责实，儒家亦讲循名责实，二者无二无别。从本质上说，中国文化是个精密的统一体。

二十一、子曰："事君难进而易退，则位有序，易进而难退则乱也。故君子三揖而进，一辞而退，以远乱也。"（《礼记·表记第三十二》）

语义：

孔子说："事奉国君，如果是提拔困难而降级容易，那么臣下的贤与不肖就区分清楚了。如果是提拔容易而降级困难，那么臣下的贤与不肖就混淆无别了。所以君子作客，一定要三次揖让之后才随着主人进门，而告辞一次就可离去，这就是为了避免出现混乱。"

点睛：

现在我们最大的问题就是易进而难退，在一个组织中定要注意这一点。

二十二、子曰："事君三违而不出竟，则利禄也，人虽曰不要，吾弗信也。"（《礼记·表记第三十二》）

语义：

孔子说："事奉君主，如果多次与君主意见不合，还不肯辞职出国，那肯定是贪图俸禄。即令有人说他没有这个念头，我也不信。"

点睛：

与上司意见屡屡不合，辞职是最好的选择。

二十三、子曰："事君，军旅不辟难，朝廷不辞贱。处其位而不履其事，则乱也。故君使其臣，得志则慎虑而从之；否则孰虑而从之，终事而退，臣之厚也。《易》曰：'不事王侯，高尚其事。'"（《礼记·表记第三十二》）

语义：

孔子说："事奉君主，接受任务时，如果是在军旅之中，就应不避艰险；

如果是在朝廷之上，就应不辞微贱。处于某种职位而不履行相应的职责，那就乱套了。所以国君派给臣下差使，臣下认为是力所能及的就应加以慎重考虑而从命；臣下认为不是力所能及的就应加以深思熟虑而从命。完成了差使以后就辞职退位，这表现了臣下的忠厚之处。《易经》上说：'不再事奉王侯，王侯还称赞臣下所作之事。'"

点睛：

《礼记·表记第三十二》的作者引孔子言曰："事君慎始而敬终。"就是说，事奉君主，要以谨慎开始，以恭敬告终。即使辞职，也要完成自己的职分，恭敬而退。

二十四、子曰："下之事上也，不从其所令，从其所行。上好是物，下必有甚者矣。故上之所好恶，不可不慎也，是民之表也。"（《礼记·缁衣第三十三》）

语义：

孔子说，"臣下事奉君长，不是听从君长所下的命令，而是盯着君长的实际行动，君长咋干臣下就咋干。君长喜欢某样东西，臣下必定有超过他的。所以，君长喜欢什么，讨厌什么，不可不格外慎重，因为臣下是把君长的行为作为表率的，"

点睛：

在道德上，居上位者不可不严格要求自己。

二十五、子曰："下之事上也，身不正，言不信，则义不一，行无类也。"（《礼记·缁衣第三十三》）

语义：

孔子说："臣下的事奉君上，如果自身不正，说话不讲信用，那么君上就不以为忠，朋友就不以为信。"

点睛：

人在社会中，行与言，不可不重视啊！否则只会处处碰壁。

二十六、君举旅于宾，及君所赐爵，皆降再拜稽首，升成拜，明臣礼也。君答拜之，礼无不答，明君上之礼也。臣下竭力尽能以立功于国，君必报之以爵禄，故臣下皆务竭力尽能以立功，是以国安而君宁。礼无不答，言上之不虚取于下也。上必明正道以道民，民道之而有功，然后取其什一，故上用足而下不匮也，是以上下和亲而不相怨也。和宁，礼之用也，此君臣上下之大义也。故曰："燕礼者，所以明君臣之义也。"（《礼记·燕义第四十七》）

语义：

燕礼中众人依次互相劝酒时，国君首先举杯向宾客劝酒，接着饮国君特赐的酒，宾客在饮酒之前都要下堂向国君行再拜稽首的大礼。国君谦让，小臣前去阻止，于是宾客和臣下又升堂再拜稽首，完成拜礼。这是表明臣下应有的礼数。国君以再拜作为答礼，礼无不答，这是表明君上应有的礼数。臣下竭尽自己的能力为国立功，君上一定要以爵位和俸禄作为回报，这样臣下就都会乐于竭尽其能去立功，因此就国家安宁、国君安宁。礼无不答，意思是说，作君上的不会让臣下白白效力。君上必须说明了正道以引导百姓，百姓跟随引导而取得收获，然后国家抽取十分之一作为赋税，其结果是君上用度充足，百姓生活也不匮乏。所以上下和睦亲密，没有互相怨恨。上下和睦亲密，互相没有怨恨，这正体现了礼的作用。这就是君臣上下的大义。所以说，燕礼是用以表明君臣大义的。

点睛：

上下之义，要在和宁。实现和宁，作下级的首先要努力工作，作上级的要按下级的工作业绩给予相应的酬劳——否则，上下之义就会落空，和宁更是谈不上。

第三章 父子第三

一、故太子乃目见正事,闻正言,行正道,左视右视,前后皆正人。夫习与正人居,不能不正也;犹生长于楚,不能不楚言也。故择其所嗜,必先受业,乃得当之;择其所乐,必先有习,乃得为之。(《大戴礼记·保傅第四十八》)

语义:

因此太子看见的尽是正当的事,听到的尽是正当的话,做着的尽是正当的行为,左看右看,前后都是正人君子。和正人相处久了,就不能不正,就如长在楚国的人不能不说楚国话一样。所以选择他爱好的以前,必须先使他读书,才能让他去尝试;选择他所喜爱的以前,必须先要学习,才可以去做。

点睛:

教子之道,环境最为重要。现代社会人心不定,如何为孩子打造一个健康的学习环境真是大问题。古代有孟母三迁,今天美国硅谷精英子女上"禁用计算机"的原始学校(《新闻晚报》,2011年10月30日,"国际周刊·社会"版。),这些特别值得我们深思。

二、谨为子孙娶妻嫁女,必择孝悌世世有行义者,如是,则其子孙慈孝,不敢淫暴,党无不善,三族辅之。故曰:凤凰生而有仁义之意,虎狼生而有贪戾之心,两者不等,名以其母。呜呼!戒之哉!无养乳虎,将伤天下。(《大戴礼记·保傅第四十八》)

语义:

谨慎的为子孙娶妻或嫁女,必须选择孝悌和有礼义的人家啊,这样他的子孙才孝顺,不敢有淫荡混乱的行为,亲朋中没有不善良的人,家人辅助他向善。所以说凤凰生来就有仁义的心性,而虎狼生来就有贪戾的心性,两者所以不同,是母亲的不同而导致的啊。小心,不要养育乳虎,那将会伤害天下人。

中编："大小戴记"三纲礼义精华录

点睛：

娶妻嫁女，实际上也是为后代选择一个成长的环境，所以要慎重。

三、事父可以事君，事兄可以事师长，使子犹使臣也，使弟犹使承嗣也；能取朋友者，亦能取所予从政者矣；赐与其宫室，亦由庆赏于国也；忿怒其臣妾，亦犹用刑罚于万民也。是故为善必自内始也。(《大戴礼记·曾子立事第四十九》)

语义：

能侍奉父亲就可以侍奉君王，能侍奉兄长就可以侍奉师长，使用儿子犹如使用大臣，使用弟弟犹如使用长子，能得到朋友，也就能够获得给予从政机会的君王。赐给住屋，也犹如国家颁赏。而向那些让自己使唤的人发怒，也犹如国家对万民用刑罚。所以做好事情必从家里开始。

点睛：

齐家、治国确有相通之处。但我们绝对不能将治家的亲亲原则随意扩大到治国方面去，否则会产生灾难性的影响。治家，当重亲情，治国，当重公义。所以郭店楚简《六德》上说："门内之治，恩掩义；门外之治，义斩恩。"说得多好啊！

四、君子之于子也，爱而勿面也，使而勿貌也，导之以道而勿强也。(《大戴礼记·曾子立事第四十九》)

语义：

君子对儿子，爱他不表现在脸上；差使他，但不表现在仪态上；用君子之道引导他，但是不要勉强他。

点睛：

这种春风化雨式的教育最有效，也最难得。

五、君子之孝也，以正致谏；士之孝也，以德从命；庶人之孝也，以力恶食；任善，不敢臣三德。故孝之于亲也，生则有义以辅之，死者哀以莅焉，祭祀则莅之以敬。如此，而成于孝子也。"(《大戴礼记·曾子本孝第五十》)

语义：

君子的孝，以正道对父母进行劝谏；士的孝，以孝德遵从父母的命令；

百姓的孝，以劳力供养父母；至于王者的孝，则是任用善人，不敢以部属看待三老。所以孝子对于父母，在父母活着的时候用道义来帮助他们，在父母死后就哀戚地来到父母的身旁，在祭祀的时候孝敬的人如父母来到一样。像这样，就是真正做到孝子了。

点睛：

为孝不易，生以义辅尤其不易。

六、身者，亲之遗体也。行亲之遗体，敢不敬乎？故居处不庄，非孝也；事君不忠，非孝也；莅官不敬，非孝也；朋友不信，非孝也；战陈无勇，非孝也。五者不遂，灾及乎身，敢不敬乎？故烹熟鲜香，尝而进之，非孝也，养也。（《大戴礼记·曾子大孝第五十二》）

语义：

自身是父母给的身体，拿父母给的身体去行事，敢不谨慎吗？所以平时生活不端正，就不是孝；侍奉君王不忠诚，就不是孝；处理政务不小心，就不是孝；结交朋友不诚信，就不是孝；上战场不勇敢，就不是孝。这五件事不能做到，灾祸就会降到身上，敢不谨慎吗？所以煮熟了新鲜美味的食品，尝过滋味再献给父母，这不是孝，只是养而已。

点睛：

古人提倡的孝道与今人的理解真是大相径庭，今天许多人将孝理解成了"养"。曾子这里讲的孝是一种真正的"大孝"，是以社会荣誉的取得为标志，从而使父母尊显。所以《大戴礼记·曾子大孝第五十二》开篇即引曾子言曰："孝有三：大孝尊亲，其次不辱，其下能养。"

七、单居离问于曾子曰："事父母有道乎？"曾子曰："有，爱而敬。父母之行若中道，则从。若不中道，则谏。谏而不用，行之如由己。从而不谏，非孝也。谏而不从，亦非孝也。孝子之谏，达善而不敢争辨。争辨者，作乱之所由兴也。"（《大戴礼记·曾子事父母第五十三》）

语义：

单居离问曾子说："侍奉父母有君子之道吗？"曾子说："有，就是爱和敬。父母的行为如果合乎道理，就遵从他们，如果不合乎道理，就劝谏他们。劝

中编："大小戴记"三纲礼义精华录

谏的话不被父母所采用，就照着父母的意思去做，好像是自己出的主意。顺从父母的错误而不去劝谏不是孝，劝谏父母没有听从，子之方法不当也不是孝。孝子的劝谏在表达正确的道理，而不敢力争强辨。力争强辨是作乱兴起的根源啊！"

点睛：

先秦儒家在处理父子关系时注重谏，宋以后有儒者将父子关系绝对化，甚至有"父叫子亡，子不得不亡"之说，这是完全违背礼义之道的。

八、亲戚不悦，不敢外交；近者不亲，不敢求远；小者不审，不敢言大；故人之生也，百岁之中，有疾病焉，有老幼焉，故君子思其不可复者而先施焉。亲戚既殁，虽欲孝，谁为孝？年既耆艾，虽欲弟，谁为弟？故孝有不及，弟有不时，其此之谓与？（《大戴礼记·曾子疾病第五十七》）

语义：

不获得父母的欢心，就不敢在外头交结朋友；不得到周围人的亲爱，就不敢去亲近远方的人；小事还不熟知，不敢谈大事。所以人生在世，百年当中，有小病、大病，也有老年、幼年，所以君子要想透那些不能再反悔的事而应先及时实行。父母已过世，虽然想孝顺，谁给你孝顺？自己一到五十岁或六十岁，虽然想尊敬长辈，你尊敬谁呢？所以说孝顺有来不及的，敬长有不得其时的，就是这样吧。

点睛：

敦伦尽分也有个时机问题，当不愧自心才行。

九、凡不孝生于不仁爱也，不仁爱生于丧祭之礼不明，丧祭之礼所以教仁爱也。致爱故能致丧祭，春秋祭祀之不绝，致思慕之心也。夫祭祀致馈养之道也，死且思慕馈养，况于生而存乎？故曰丧祭之礼明，则民孝矣。故有不孝之狱，则饰丧祭之礼。（《大戴礼记·盛德第六十六》）

语义：

大凡不孝敬亲长，是由于人与人之间不能相亲相爱，而不能相亲相爱，是由于丧葬祭祀的礼仪不分明，丧葬祭祀的礼仪，正是告诉人们相亲相爱的。尽到爱心，所以能尽到丧葬祭祀的礼仪。春秋两季的祭祀，正是尽到孝子怀念的心呵。谈到祭祀,是尽到馈食奉养的表现,亲长死了尚且思念供养,何况生前的时候呢。所以说,丧葬祭祀的礼仪修明,百姓自然敬养亲长啦。因此,有不敬养亲长的讼狱,就得先整治丧葬祭祀的礼仪。

点睛:

《大戴礼记·盛德第六十六》中,除了讲"有不孝之狱,则饰丧祭之礼",还讲"有弑狱,则饰朝聘之礼也"、"有斗辨之狱,则饰乡饮酒之礼也"、"有淫乱之狱,则饰昏礼享聘也"。礼、德、法的关系在这里表现得最为清楚。在中华文明体系中,礼以修德、德以固法、法以生德;西方文明体系以宗教、法律为轴心,中国没有宗教背景,我们不能再胡乱地学习西方。盲目学习西方的结果是:引入德目,却没有道德;引入法律,却没有法治。醒醒吧,中国知识精英们!

十、夫为人子者,出必告,反必面,所游必有常,所习必有业。恒言不称老。年长以倍则父事之,十年以长则兄事之。(《礼记·曲礼上第一》)

语义:

作子女的人,出门必须告知父母,返回必须面见父母,出游须有一定的地方,学习须有一定的内容。平常说话不称"老"字。年龄比自己大一倍的人,要像父辈那样待他。大上十岁的人,要像兄长那样待他。

点睛:

此节既包括为人子事亲之法,又包括待人接物的态度。"儿行千里母担忧",出行前与父母告别,回到家后告知父母已归,让父母知道自己的所游所学,目的是让父母放心;敬老尊长,不仅是尊敬与自己有血缘关系的父母和兄弟姐妹,还包括周围的比自己年长的人,哪怕这些人与自己非亲非友。《礼记正义》所谓:"非但敬亲,因敬亲广敬他人。"

十一、坐必安,执尔颜。长者不及,毋儳言。正尔容,听必恭。毋剿说,毋雷同。(《礼记·曲礼上第一》)

语义:

坐要安稳,保持自然的姿态。长者没有提及的,不要插进去说。表情要端庄,听讲要恭恭敬敬。不要把别人的见解说成自己的见解,不要别人说什

中编："大小戴记"三纲礼义精华录

么也说什么。

点睛：

此节讲弟子事师、子事父之礼。同长者或老师说话时，坐姿要自然端正，洗耳恭听。不要随意打乱谈话或讨论的内容，更不能人云亦云，没有自己的主见。《礼记正义》注"毋雷同"一语说："凡为人之法，当自立己心，断其是非，不得闻他人之语，辄附而同之。若闻而辄同，则似万物之生，闻雷声而应，故云'毋雷同'。但雷之发声，物无不同时而应者，人之言当各由己。"我们对那些习惯于随声附和的人，一定要提高警惕！

十二、子之事亲也，三谏而不听，则号泣而随之。（《礼记·曲礼下第二》）

语义：

儿子侍奉双亲，数次劝说仍不听从，就大声哭泣，希望他们知悟而改。

点睛：

对于自己父母的过错，除了劝告，还要用实际行动感化他们，这样作才是真正的孝顺。老师父母教育孩子，要注意维护孩子的自尊心、自信心，那是一个人上进的基础。没有了自尊心、自信心，欲人上进，如缘木求鱼！

十三、事亲有隐而无犯，左右就养无方，服勤至死，致丧三年。事君有犯而无隐，左右就养有方，服勤至死，方丧三年。事师无犯无隐，左右就养无方，服勤至死，心丧三年。（《礼记·檀弓上第三》）

语义：

侍奉双亲，对其过失不可称扬，不可直言冒犯，或左或右地精心侍候，任劳任怨，直至双亲下世，极其哀痛地守丧三年。侍奉国君，对其过失已经直言不讳地加以规劝，如果再有人问起国事，也不妨直言其得失。精心侍候，恪尽职守，任劳任怨，直到国君下世，就比照丧父的礼节守丧三年。侍奉老师，对其过失不可直言冒犯，但也不可总是缄默，像对待双亲那样地精心侍候，直至老师去世，虽不披麻戴孝，但三年之中心中的悲哀犹如丧亲一般。

点睛：

在我们讨论亲亲相隐时，应以公义、公德为先，不可笼统地讲"事亲有隐而无犯"。当亲人严重损害公共利益时，就不当为其隐，一如事上级一样，要作到"有犯而无隐"。

十四、子游问丧具,夫子曰:"称家之有亡。"子游曰:"有,无恶乎齐?"夫子曰:"有,毋过礼。苟亡矣,敛首足形,还葬,县棺而封,人岂有非之者哉!"(《礼记·檀弓上第三》)

语义:

子游向孔子请教送终物品的数量问题,夫子说:"和家庭财力的厚薄相称就行。"子游说:"如何掌握厚与薄的标准呢?"夫子说:"如果财力雄厚,也不可超过礼数的规定。如果财力不足,只要衣被可以遮体,敛毕就葬,用手拉着绳子下棺,如此尽力而为,也不会有人责怪他失礼呀。"

点睛:

先秦儒家重礼义,普遍不主张厚葬。《礼记·檀弓上第三》还引齐国大夫国子高之言曰:"葬也者,藏也。藏也者,欲人之弗得见也。是故衣足以饰身,棺周于衣,椁周于棺,土周于椁。反壤树之哉?"他的意思是说:葬,就是藏的意思。为什么说是藏呢,因为人死了叫人厌恶,所以就想叫人不能够看见。所以,只要衣衾足以遮盖身体,内棺能够包住衣衾,外棺能够包住内棺,墓圹能够容下外棺就行了。何必还要聚土成坟,植树为标志呢?"

十五、子路曰:"伤哉贫也!生无以为养,死无以为礼也。"孔子曰:"啜菽饮水,尽其欢,斯之谓孝。敛首足形,还葬而无椁,称其财,斯之谓礼。"(《礼记·檀弓下第四》)

语义:

子路说:"贫穷真叫人伤心啊!父母在世时没有什么可以供养,父母去世后,又没有东西可以按规矩办丧事。"孔子说:"生前,尽管是粗茶淡饭,但只要总是让父母高高兴兴精神愉快,这就可以说是做到孝顺了。死后,尽管所有的衣衾仅够掩藏尸体,而且是敛罢立即就葬,有棺而无椁,但只要是根据自己的财力尽力办事,也就可以说是合乎丧礼的要求了。"

点睛:

孝之真谛,尽在于此!

十六、陈乾昔寝疾,属其兄弟,而命其子尊己曰:"如我死,则必大为

我棺,使吾二婢子夹我。"陈乾昔死,其子曰:"以殉葬,非礼也,况又同棺乎?"弗果杀。(《礼记·檀弓下第四》)

语义:

陈乾昔卧病在床,自知余日不多,于是就向他的兄弟交待后事,并命令他的儿子尊己说:"如果我死了,一定要给我做个大棺材,好让我的两个妾分躺在我的两边。"陈乾昔死了以后,他的儿子说:"用活人殉葬,本来就不合礼,何况还要躺在同一棺材里呢?"最终没有杀父妾以殉葬。

点睛:

违反父命,在我们的先贤看来是十分正常的——只要父命不合礼义;从《礼记》中我们还可以看到,孔子及其门人反对人殉,这在当时来说是很了不起的。

十七、凡三王教世子,必以礼乐。乐,所以修内也;礼,所以修外也。礼乐交错于中,发形于外,是故其成也怿,恭敬而温文。立太傅、少傅以养之,欲其知父子君臣之道也。大傅审父子君臣之道以示之,少傅奉世子以观大傅之德行而审喻之。大傅在前,少傅在后。入则有保,出则有师,是以教喻而德成也。师也者,教之以事而喻诸德者也。保也者,慎其身以辅翼之,而归诸道者也。(《礼记·文王世子第八》)

语义:

夏商周三代的国君在教育太子时,一定要用礼乐。乐,可以陶冶精神;礼,可以美化外表。礼乐互相渗透于心,表现于外,其结果就能使太子顺利成长,养成外貌恭敬而又温文尔雅的气质。设立太傅、少傅来培养太子,目的是要让他知道父子、君臣的关系该如何相处。太傅的责任是把父子、君臣之道讲说明白并且身体力行做出榜样,少傅的责任是把太傅所讲的、所做的给太子仔细分析使之领会。太傅、少傅、师、保,他们时时刻刻都在太子左右,形影不离,所以他们讲的内容太子都能够明白,而太子的美德也就容易培养成功。师的责任,是把古人的行事说给太子听,并分析其善恶得失,使太子懂得择善而从。保的责任,是谨言慎行,以身作则,以此来影响太子,从而使太子的一言一行都合乎规范。

点睛：

这里尽管讲得是对太子的教育，但对于今天的普通人来说也具有相当重要的启迪作用。古人教育内外兼修，要使受教育者德才兼备。"师也者，教之以事而喻诸德者也"，如果今天所有的教师都能作到这一点，学校的德育就不会流于形式，只剩下满足应试教育的记问之学。

十八、父母有过，下气怡色，柔声以谏，谏若不入，起敬起孝，说则复谏，不说，与其得罪于乡党州间，宁孰谏。父母怒，不说，而挞之流血，不敢疾怨，起敬起孝。(《礼记·内则第十二》)

语义：

父母有了过失，做儿子的要低声下气、和颜悦色地劝谏。劝谏如果不起作用，做儿子的就应更加恭敬更加孝顺，等到他们高兴的时候再次劝谏。再次劝谏也可能招致父母的不高兴，但是与其让父母得罪于乡党州间宁可自己犯颜苦谏。如果犯颜苦谏招致父母大怒，把自己打得皮破血流，那也不敢生气埋怨，而是更加恭敬更加孝顺。

点睛：

这是谈子女的劝谏之法。社会生活要忍，家庭生活有时更要这样！

十九、父母虽没，将为善，思贻父母令名，必果。将为不善，思贻父母羞辱，必不果。(《礼记·内则第十二》)

语义：

父母虽然去世了，儿子将做好事，想到这会给父母带来美名，就一定果敢地去做；如果是将做坏事，想到这会使父母跟着丢人，那就一定敛手不敢去做。

点睛：

光宗耀祖，是一种值得提倡的社会价值取向，它是一种劝人向上向善的精神动力。

二十、曾子曰："孝子之养老也，乐其心，不违其志，乐其耳目，安其寝处，以其饮食忠养之，孝子之身终，终身也者，非终父母之身，终其身也。是故父母之所爱亦爱之，父母之所敬亦敬之，至于犬马尽然，而况于人乎！"(《礼

记·内则第十二》)

语义：

曾子说："孝子的养老，首先在于使父母内心快乐，不违背他们的旨意；其次才是言行循礼，使他们听起来高兴，看起来快乐，使他们起居安适，在饮食方面尽心侍候周到，直到孝子死而后已。所谓"终身"孝敬父母，不是说终父母的一生，而是终孝子自己的一生。所以，虽然父母已经去世，但他们生前所爱的，自己也要爱；他们生前所敬的，自己也要敬；就是对他们喜欢的犬马也都是如此对待，更何况对他们爱敬的人呢！"

点睛：

对父母的敬爱当贯彻一个人的一生。

二十一、子贡问丧，子曰："敬为上，哀次之，瘠为下。颜色称其情，戚容称其服。"（《礼记·杂记下第二十一》）

语义：

子贡问应当怎样居父母之丧，孔子答道："敬是最重要的，哀痛还在其次，形容憔悴甚至闹出病来最使不得。脸色要和哀情相称，悲容要和孝服相称。"

点睛：

《礼记·杂记下第二十一》十分注重居丧者的健康。孔子还说："孝子的身上生了疮就应该洗澡，头上生了疮就应该洗头，有了病就可以饮酒吃肉。哀伤过度形容憔悴以致于有病，君子是不这样干的。倘因哀毁而死，君子就会说他的父母白养活了这个儿子。"（原文：身有疡则浴，首有创则沐，病则饮酒食肉。毁瘠为病，君子弗为也。毁而死，君子谓之无子。）

二十二、孝子之有深爱者，必有和气；有和气者，必有愉色；有愉色者，必有婉容。孝子如执玉、如奉盈，洞洞属属然，如弗胜，如将失之。严威俨恪，非所以事亲也，成人之道也。（《礼记·祭义第二十四》）

语义：

如果孝子对父母有深深的爱戴，心中就必然充满和顺之气；心中充满和顺之气，脸上就一定会表现为和颜悦色；脸上和颜悦色，就一定会表现为曲意承欢的样子。孝子在祭祀时，容貌敬慎，就好像拿着贵重的玉，又好像端着满满的一杯水,那份虔诚,那份专注,就好像拿不动,又好像生怕失手打坏。那种威严肃穆一本正经的样子,不是孝子可以用来事奉父母的态度,而只是作为成年人应有的态度。

点睛:

在父母面前当和颜悦色,以慰父母之心。

二十三、凡治人之道,莫急于礼。礼有五经,莫重于祭。夫祭者,非物自外至者也,自中出生于心也,心怵而奉之以礼。是故,唯贤者能尽祭之义。(《礼记·祭统第二十五》)

语义:

在管理百姓的种种方法之中,没有比礼更重要的了。礼有吉、凶、宾、军、嘉五种,其中最重要的便是祭礼。祭礼,并不是外界有什么东西强迫你这么办,而是发自内心深处的自觉行动。春夏秋冬,时序推移,人们感物伤时,触景生情,不由地就会想起死去的亲人,这种感情的表达就是祭之以礼。所以只有贤者才能完全理解祭礼的意义。

点睛:

国家当重祭礼,这对整治人心,整合民志很重要——现在做的很不够。

中编: "大小戴记"三纲礼义精华录

第四章　夫妇第四

一、古之为政，爱人为大，所以治。爱人，礼为大，所以治。礼，敬为大。敬之至也，大昏为大，大昏至矣。大昏既至，冕而亲迎，亲之也。亲之也者，亲之也。是故君子兴敬为亲，舍敬是遗亲也。弗爱不亲，弗敬不正。爱与敬，其政之本与？（《大戴礼记·哀公问于孔子第四十一》）

语义：

古人为政，把爱人看得最大，所以能够得到治理。爱人，把礼看得最大，所以能够得到治理。礼，是以敬为最大。敬重要极了，以大婚（国君的婚礼）为最大。大婚重要极了，大婚既然重要极了，就要戴着冕去亲自迎娶，这是表示亲近她的意思。亲近她，就是亲爱她的意思，所以君子要拿出敬意来促成亲切。抛弃了敬意，是丢掉了亲切啊！不爱就不亲切，不敬就不正当，爱和敬，那应是政治的根本啊。

点睛：

尽管这是讲国君的婚姻，但也指出了夫妇间基本的关系——爱与敬；爱与敬不仅是为政的根本，更是家族的根本啊！

二、公曰："寡人愿有言，然冕而亲迎，不已重乎？"孔子愀然作色而对曰："合二姓之好，以继先圣之后，以为天地、社稷、宗庙之主，君何谓已重乎？"公曰："寡人固，不固，焉得闻此言也？寡人欲问，不得其辞，请少进。"孔子曰："天地不合，万物不生。大昏，万世之嗣也，君何以谓已重焉？"（《大戴礼记·哀公问于孔子第四十一》）

语义：

鲁哀公说："寡人有话想说。照这样戴着祭天地祖先的冕去亲自迎娶，礼数不是太重了吗？"孔子激动的变了脸色说："撮合两家的好事，来延续先圣

143

周公的后嗣,来作祭祀天地、社稷、祖先的主持人,您怎么能说太重了呢?"哀公说:"寡人固陋。不固陋,怎么能听到这种话呢,寡人想再问一些,不晓得怎样讲,请先生多说一些罢。"孔子说:"天地阴阳的气不交合,万物就不能产生。万代的承继,皆由大婚开始。您怎么说礼太重了呢?"

点睛:

家族和婚姻是社会的基础,过去是这样,今天也是这样——想想二十世纪初中国一些人鼓吹的"毁家革命"吧,是怎样的无知、愚蠢啊!

三、孔子遂言曰:"昔三代明王之政,必敬其妻、子也有道。妻也者,亲之主也,敢不敬与?子也者,亲之后也,敢不敬与?君子无不敬也,敬身为大。身也者,亲之枝也,敢不敬与?不能敬其身,是伤其亲;伤其亲,是伤其本;伤其本,枝从而亡。三者,百姓之象也,身以及身,子以及子,配以及配,君子行此三者,则忾乎天下矣。"(《大戴礼记·哀公问于孔子第四十一》)

语义:

孔子进一步解释说:"以前夏、商、周三代贤明君王为政,一定敬重他的妻和子是有道理的。妻,父母亲生前的供养,死后的祭祀,都是她主办的,敢不敬重吗?子,他是父母亲的骨肉,为父母亲传宗接代的后嗣,敢不敬重吗?君子无往而不用敬,但以敬自身为最重大。自身啊,是由父母亲的本源生出来的枝条,敢不敬重吗?不能敬重自身,就是伤害了父母亲,伤害了父母亲,就是伤害了本源,伤害了本源,枝条就跟着丧亡了。这三件事,也是百姓的形象,自身要敬重到自身,儿子要敬重到儿子,配偶要敬重到配偶,君子能实践这三件事,就能做百姓的表率,德泽天下了。"

点睛:

在中国古代伦理观念中,妻子占据着重要的地位。敬身、敬子、敬妻在古人看来同等重要,怎么能说古时中国妇女毫无地位可言呢?

四、天地合而后万物兴焉。夫昏礼,万世之始也。取于异姓,所以附远厚别也。币必诚,辞无不腆。告之以直信,信,事人也,信,妇德也。壹与之齐,终身不改。故夫死不嫁。男子亲迎,男先于女,刚柔之义也。天先乎地,君先乎臣,其义一也。执挚以相见,敬章别也。男女有别,然后父子亲。父子

中编："大小戴记"三纲礼义精华录

亲，然后义生。义生，然后礼作。礼作，然后万物安。无别无义，禽兽之道也。婿亲御授绥，亲之也。亲之也者，亲之也。敬而亲之，先王之所以得天下也。出乎大门而先，男帅女，女从男，夫妇之义由此始也。妇人，从人者也：幼从父兄，嫁从夫，夫死从子。夫也者，夫也。夫也者，以知帅人者也。玄冕斋戒，鬼神阴阳也。将以为社稷主，为先祖后，而可以不致敬乎？共牢而食，同尊卑也。故妇人无爵，从夫之爵，坐以夫之齿。（《礼记·郊特牲第十一》）

语义：

天气下降，地气上升，天地交配而万物生。婚礼是传宗接代繁衍子孙以至于无穷的事。娶异姓女子为妻，这既是为了和血缘关系疏远的人家结亲，也是为了严格区别血缘相近的族人。男方向女方献纳的礼品一定要诚信不欺，讲究实用，男方的使者在赠送聘礼时也不要说"礼物太菲薄了"这类客气话，要直言相告，开诚相见。这表示诚信是做人的立身之本，也是作媳妇应有的本分。只要和丈夫在同牢礼上同吃了一碗菜，同喝了一杯酒，那就生是夫家的人，死是夫家的鬼，所以丈夫死了也不再嫁。成亲的那天，男子亲自到女家迎娶，从女家出来以后，男的要先走一步，女的随后跟着，这表示阳刚阴柔的意思。这就好比天先于地，君先于臣，其道理是一样的。迎亲的时候，男子到了女家，先拜过岳父，然后放下礼品，这才和新娘施礼相见，这样做是要彰明男女之别。男女有别，然后才有父子之亲；父子相亲，然后才有君臣之义；君臣有义，然后才有礼；有了礼，然后才万物各得其所，天下太平。如果男女无别，无亲疏之分，那岂不是禽兽之行了吗！从女方家中出来，婿亲自为新娘赶车，让车子往前走三圈，然后又亲自把登车的引绳交给新娘，这样做是表示对新娘的亲爱。新郎对新娘表示亲爱，作为回报，新娘自然也亲爱新郎。对新娘又敬又爱，把这种敬爱推而广之，有的先王就是凭借这点得到天下的。从女家大门出来以后男的就一直在前，男的领着女的，女的跟着男的，夫唱妇随的表现就由此开始。所谓"妇人"，就是跟从别人的人。幼小时跟从父兄生活，出嫁后跟从丈夫生活，丈夫死了则跟从儿子生活。所谓"夫"，就是师傅的意思。作为师傅，自然要以智慧领导别人。迎亲之前，新郎要身着祭服，斋戒沐浴，禀告祖先和天地。试想，成亲之后，新娘就成了内当家的，生男育女，繁衍后代，事体如此重大，怎能不虔诚地祭告天地祖宗呢。成亲的当晚，在新房里，夫妇同吃一个碗里的菜，其含义是夫妇平等，尊卑相同。所以妇人是没有爵位的，丈夫有了爵位，妻子就跟着作命妇，这叫夫贵妇荣。就是席间座次的安排，也是以丈夫的辈分和年龄为准。

点睛：

女性有其独特的生理特点，在社会家族中有其独特的地位，但绝对不能胡乱解释说古代妇女因为讲三从四德，就全都生活在地狱中。夫妇"同尊卑"，二人的地位是平等的，这才是夫妇之义的基础。事实上，文中的"从"是跟着一起生活的意思，不是顺从的意思，我们读历史就知道，古代儿子顺从母亲的历史事件特别多，而不是相反。三从最早出自《仪礼·丧服》，上面说："《传》曰：为父何以期也？妇人不贰斩也。妇人不贰斩者，何也？妇人有三从之义，无专用之道。故未嫁从父，既嫁从夫，夫死从子。故父者子之天也，夫者妻之天也。妇人不贰斩者，犹曰不贰天也，妇人不能贰尊也。"湖南科技大学中文系张晚林先生解释说："上面一段文字，是说明女子服斩衰之服的情形与道理的。联系上下文，其大意是说：女儿出嫁了，只为其父母及父亲之兄弟服齐衰一年之丧。何以如此呢？乃因为女性不能守两个三年的丧期。何以故？男女有别也。其别乃在女子有'三从'，故其礼俗亦随之变化，无专一不变的道理。哪'三从'呢？就是未出嫁的女子跟随着父亲生活，已出嫁的女子跟随着丈夫生活，丈夫死后跟随儿子生活。所以，女子在未出嫁时，以父母为天；已出嫁之后，以丈夫为天。女子不守两个三年之丧期，犹如吾人不能同时有两个天，女子亦不能有两个最尊贵之天也。"（详见张晚林：《千年的误会——"三从四德"真的是女性的地狱吗？》，网址：http://www.confucius2000.com/admin/list.asp?id=4614，访问日期：2011年11月20日）

五、子妇孝者敬者，父母舅姑之命，勿逆勿怠。若饮食之，虽不耆，必尝而待；加之衣服，虽不欲，必服而待；加之事，人代之，己虽弗欲，姑与之，而姑使之，而后复之。子妇有勤劳之事，虽甚爱之，姑纵之，而宁数休之。子妇未孝未敬，勿庸疾怨，姑教之；若不可教，而后怒之；不可怒，子放妇出，而不表礼焉。（《礼记·内则第十二》）

中编："大小戴记"三纲礼义精华录

语义：

做儿子做媳妇的，如果想要有个孝敬的美名，就必须对于父母公婆的旨意，一不要违背，二不要懈怠。父母公婆如果叫他们吃东西，虽然做儿子做媳妇的不喜欢吃，也要少尝一些，等到父母公婆察觉以后说声不爱吃也就算了，这才住口。父母公婆赐给他们衣服，虽不想穿也要暂时穿上，等到父母公婆发话说收起来吧，才能脱下。父母公婆交待他们要办的事，中途可能会叫他人代替来作，自己虽然不想让人代替，但也要姑且交给代替者来做，等到代替者把事情办糟之后，自己再心平气和地从头收拾。当儿子媳妇在辛勤劳作时，做父母公婆的很心疼他们，就一定要劝说他们别赶得那么紧，而且宁可让他们多休息几次。如果儿子和媳妇不孝敬公婆，也用不着生气埋怨，可以先教育他们。如果教育了也不管用，那就可以责罚他们；如果责罚还不管用，那就把儿子赶出家门，把媳妇休回娘家。即令如此，也不对人明言其过，免得家丑外扬。

点睛：

孝与顺是联系在一起的，但这个顺不是言听计从，而是要努力作到不伤长者之心；作父母公婆的，遇到不孝顺的儿子媳妇，也不要生气，而是要有理有节地处理——这样家庭会更加和谐。

六、子云："好德如好色。诸侯不下渔色。故君子远色以为民纪。男女授受不亲，御妇人则进左手。姑姊妹女子，子已嫁而反，男子不与同席而坐。寡妇不夜哭。妇人疾，问之，不问其疾。以此坊民，民犹淫泆而乱于族。"（《礼记·坊记第三十》）

语义：

孔子说："人们的爱好道德之心，如果像爱好女色那样就好了。诸侯不应该在本国臣民中挑选美女作妻妾。所以君子不贪女色，为百姓树立楷模。所以男女授受不亲。为妇人驾车，应该以左手上前。姑、姊妹、女儿出嫁以后又回到娘家，男子就不再和她们同席而坐。寡妇不应该在夜间哭泣。妇人有病，可以问她病是轻了还是重了，但不要问她害的是什么病。用这种办法来教育百姓，百姓还有乱搞两性关系而败坏伦常的。"

点睛：

人的淫欲心最强烈，修行人要好好调伏。特别是在古代的男女之坊，今天多已经不复存在的现代社会；性教育工作者特别要注重古代的经验，实际上男女之坊首先是一种自重的体现。

七、敬慎重正而后亲之，礼之大体，而所以成男女之别，而立夫妇之义也。男女有别，而后夫妇有义；夫妇有义，而后父子有亲；父子有亲，而后君臣有正。故曰："昏礼者，礼之本也。"（《礼记·昏义第四十四》）

语义：

通过敬慎郑重其事的婚礼而后夫妇相亲，这是婚礼的基本原则，也从而确定了男女之别，建立起夫唱妇随的夫妇关系。正因为男女有别，所以才会有夫唱妇随的夫妇关系；正因为有夫唱妇随的夫妇关系，所以才会有父子相亲；正因为有父子相亲，所以君臣才能各正其位。所以说，婚礼是各种礼的根本。

点睛：

礼仪都是具体的社会教育形式，所以《礼记·昏义第四十四》的作者接着说："夫礼，始于冠，本于昏，重于丧祭，尊于朝聘，和于射乡，此礼之大体也。"就是说，在众礼当中，冠礼是礼的开始，婚礼是礼的根本，丧礼、祭礼最为隆重，朝礼、聘礼最能体现尊敬，射礼、乡饮酒礼最能体现和睦，这是礼的大概情况。

中编："大小戴记"三纲礼义精华录

第五章　杂说第五

一、毕弋田猎之得，不以盈宫室也。征敛于百姓，非以充府库也。慢怛以补不足，礼节以损有余。（《大戴礼记·主言第三十九》）

语义：

君王打猎所得禽兽，并不是用来充满宫室的。从人民那里征求敛取来的财物车马兵甲等，也不是用来装满公家府库的。这些都是用来为人民谋福利的。君王的心胸是博大的，经常忧虑人民的疾苦，拿出宫室府库里所藏的来救济百姓贫乏，君王经常用礼仪规范来约束自己消费的过度。

点睛：

"损有余补足"，以实现百姓均平，这是中国古典政治学的基础原则，是一切公共政策的出发点。这一原则发端于古代礼制，于此明矣。《白虎通·礼乐》从消费的角度说："礼所以防淫佚，节其侈靡也……礼者，盛不足，节有余。使丰年不奢，凶年不俭，富贫不相悬也。"

二、公曰："敢问：何谓为政？"孔子对曰："政者，正也。君为正，则百姓从政矣。君之所为，百姓之所从也。君所不为，百姓何从？"公曰："敢问：为政如之何？"孔子对曰："夫妇别，父子亲，君臣严，三者正，则庶民从之矣。"（《大戴礼记·哀公问于孔子第四十一》）

语义：

哀公说："请问什么叫做为政？"孔子回答说："政，就是正的意思，君王做得正，百姓就跟着做得正，领袖所做的，就是百姓所跟从的，领袖不做表率，百姓如何去跟从？"哀公说："请问为政要怎么做？"孔子说："丈夫和妻子的职责要辨别得很清楚，父亲和儿子的感情要很亲切，君王和大臣的地位要分得很清楚。三者做正确了，百姓就会跟从。"

点睛：

社会治理的根本在正名分，其中三纲（六位）最为重要，即夫妇、父子、君臣。子路与孔子之间也曾发生过类似对话，只不过内容上没有此段具体。《论语·子路篇第十三》载："子路曰：'卫君待子为政，子将奚先？'子曰：'必也正名乎！'"

三、公曰："敢问：君子何贵乎天道也？"孔子对曰："贵其不已。如日月西东相从而不已也，是天道也；不闭其久也，是天道也；无为物成，是天道也；已成而明，是天道也。"（《大戴礼记·哀公问于孔子第四十一》）

语义：

哀公说："请问君子为什么重视天道呢？"孔子回答说："重视它的运行不止。犹如日月的东升西落相从不止，这就是天道。不闭塞且永恒不变，这就是天道。自然无为而物成，这就是天道。化成万物而功效彰明，这就是天道。"

点睛：

《论语·公冶长篇第五》载子贡言曰："夫子之文章，可得而闻也；夫子之言性与天道，不可得而闻也。"于是有人断言孔子罕言性与天道，这是不对的。子贡是在讲性与天道依靠耳闻是不能够学到的，因为它们是无形的，不可言说，只可心感。先秦典籍中，孔子讲天道的地方是很多的——心性之学是孔学之大端，孔子岂能不讲？！

四、凡人之知，能见已然，不能见将然。礼者，禁于将然之前；而法者，禁于已然之后。是故法之用易见，而礼之所为生难知也。若夫庆赏以劝善，刑罚以惩恶，先王执此之正，坚如金石，行此之信，顺如四时，处此之功，无私如天地，尔岂顾不用哉？然如曰礼云礼云，贵绝恶于未萌，而起敬于微眇，使民日从善远罪而不自知也。孔子曰："听讼，吾犹人也，必也使无讼乎。"此之谓也。（《大戴礼记·礼察第四十六》）

语义：

一般人的智慧，能看到已经发生的事情，不能看到将要发生的事情。礼是在恶事发生之前先加禁止，而法却是在恶事发生之后再加以惩治，因此法的作用很容易看到，而礼所能产生的作用却难以被人知道了。至于用奖赏来

中编："大小戴记"三纲礼义精华录

鼓励人行善，用刑罚来惩罚人作恶，先王把握这一原则的坚定就如金石一样，推行这一原则的忠诚就如顺着四季的轮回一样，对这一原则所采取立场的公正无私就如天地一样啊，哪里会不用赏罚呢？然而所谓礼呀礼呀，就是在罪恶还没有萌发时就先消灭了它，从极微小的地方培养起诚信来，使百姓一天天接近善良远离罪恶而自己并不知道。孔子说："听断诉讼我和别人一样，只是我尽力使他们没有争讼呀！"就是这个意思吧。

点睛：

现在治国，尽乎完全按照西方政治的逻辑。于法，重刑罚而少庆赏；于礼，则被铲除得一干二净。如此，怎能实现社会大治呢？学习西方，不仅没有使我们"进步"，反而将基于中国现实的根本治国原则都抛弃了，真可悲啊！

五、于禽兽，见其生不食其死，闻其声不尝其肉，故远庖厨，所以长恩，且明有仁也。(《大戴礼记·保傅第四十八》)

语义：

对于动物，看到它们活着就不忍心使它们被宰食。听到它们的叫声就不忍心再去吃它们的肉，因此就远离厨室。这样是增加恩德，并且彰明仁爱的心啊。

点睛：

慈悲与智慧本是一体，所以君子远庖厨是重要的。

六、君子入人之国，不称其讳，不犯其禁，不服华色之服，不称惧惕之言。故曰：与其奢也宁俭，与其倨也宁句。《大戴礼记·曾子立事第四十九》)

语义：

君子进别人的国家，不说那国忌讳的话，不触犯别国的禁令，不穿着色采华丽的服装，不散布恐惑的言辞。所以说。与其奢华不如俭约，与其倨傲不如谦虚。

点睛：

如果西方的外交家放弃他们所谓的"文明"，懂得这些君子之行，世界可能会更加安定些。

七、草木以时伐焉，禽兽以时杀焉。夫子曰："伐一木，杀一兽，不以其时，非孝也。"(《大戴礼记·曾子大孝第五十二》)

151

语义：

砍伐草木要有定时，猎杀禽兽要有定时。孔夫子说过："砍伐一棵树，猎杀一个禽兽，不在合适的时候就不是孝。"

点睛：

孟子曰："亲亲而仁民，仁民而爱物。"（语出《孟子·尽心上》）由亲亲至于爱物，由爱物亦及亲亲。所以说不按时取物是不孝。从孝敬双亲至保护生态，中国文化一以贯之，其博大如此！

八、富以苟，不如贫以誉；生以辱，不如死以荣。辱可避，避之而已矣；及其不可避也，君子视死若归。（《大戴礼记·曾子制言上第五十四》）

语义：

用不正当的方法获得富足的，不如贫穷而有美名；处在耻辱的环境中偷生的，不如死去而得光荣。耻辱如果能避开就避开罢了，要是到了不可避免的时候，君子把走向死亡看得像回家一般。

点睛：

在面临生死抉择的时候，我们中国人就是这样有气节——大丈夫可杀不可辱！

九、曾子门弟子或将之晋，曰："吾无知焉。"曾子曰："何必然，往矣！有知焉，谓之友；无知焉，谓之主。且夫君子执仁立志，先行后言，千里之外，皆为兄弟，苟是之不为，则虽汝亲，庸孰能亲汝乎？"

语义：

曾子的学生将往晋国，临行时说："那边我没有相知的人。"曾子说："何必一定要有相知的人，去吧，有相知的人就认为他们是朋友，没有相知的人，就称他们是待客的主人吧！何况君子本着仁道，立定志向，先身体力行，后发表言辞，千里之外的人，都会受到感染而亲如兄弟。假如这方面不加追求，那么虽然是你的亲人，又有谁能真正亲近你呢。"

点睛：

从孔子及弟子们的言行看，先秦儒家绝对没有后来儒者普遍的狭隘和保守心理。四海之内皆兄弟，这使一个人超越了民族国家的界线，是一种怎样广阔的胸怀啊!值得今人学习。

十、曾子曰:"君子进则能达,退则能静。岂贵其能达哉?贵其有功也。岂贵其能静哉?贵其能守也。夫唯进之何功?退之何守?是故君子进退,有二观焉。故君子进则能益上之誉,而损下之忧;不得志,不安贵位,不怀厚禄,负耜而行道,冻饿而守仁,则君子之义也。"(《大戴礼记·曾子制言中第五十五》)

语义:

曾子说:"君子为朝廷效力就能实现他的志愿,在家里不当官就能淡泊宁静。在官岂能仅重视他自己能够发达啊,而是重视他有功劳,闲居岂能仅重视自己能淡泊宁静啊,而是重视他有操守。当官有什么功劳,不当官有什么操守,因此君子一进一退就有这两种教化民众的形式。君子进仕就能增加上级的美誉,而减少百姓的忧患。要是不能施展抱负,就不安居于显贵的职位,不羡慕那丰厚的俸给,宁可担着耒耜下田,去力行正道,受冷挨饿而仍坚守仁德,这才是君子应有的表现啊。

点睛:

出处之道极为重要。实际上我们不作官,正是修行的大好时节。无论如何,人不能终日汲汲于富贵,戚戚于贫贱。那样的话,只能是心为物转,身为形役,一生不得翻身!此节下面也说:"故君子无悒悒于贫,无勿勿于贱,无悼悼于不闻。"就是说,君子不因贫穷而郁闷不乐,不因卑贱而惶惶不安,不因没有名声而忧心重重。

十一、国有道,则突若入焉;国无道,则突若出焉,如此之谓义。夫有世,义者哉,曰仁者殆,恭者不入,愤者不见使,正直者则迮于刑,弗违则殆于罪;是故君子错在高山之上,深泽之污,聚橡栗藜藿而食之,生耕稼以老十室之邑。(《大戴礼记·曾子制言下第五十六》)

语义:

国家有道就很快地进入,国家无道就很快地离开,这样就叫义。有时候,守义的人受到灾祸,推行仁的人遇到危难,恭敬的人不能进言,谨慎的人不被任用,正直的人会接受刑罚,不快离去就有被治罪的危险。因此君子就住在高山的上面或深泽的中间，采集橡栗和藜藿当饭吃，或是从事耕作而终老于十户人家的小邑。

点睛：

儒家同道家一样讲归隐，但儒家讲归隐是有条件的，即在无道的乱世才隐退。儒家出世入世本圆融无碍，后世儒者多远不及此！

十二、鹰隼以山为卑，而曾巢其上，鱼、鳖、鼋、鼍以渊为浅，而蹶穴其中，卒其所以得之者，饵也。是故君子苟无以利害义，则辱何由至哉？（《大戴礼记·曾子疾病第五十七》）

语义：

鹰和隼认为山还是太低，而把巢加在山颠的树上。鱼、鳖、鼋、鼍认为潭水还是太浅，而在水底另挖洞穴。最后它们还是被人抓到，那是因为贪吃那饵啊！因此，君子真能够不贪利而不害义，那么耻辱会从哪里来呢？！

点睛：

在这样一个物质主义、享乐主义盛行的时代，我们更要讲"无以利害义"，否则要使风俗淳，有如天方夜谭。

十三、君子游，苾乎如入兰芷之室，久而不闻，则与之化矣；与小人游，贷乎如入鲍鱼之次，则与之化矣；是故，君子慎其所去就。与君子游，如长日加益，而不自知也；与小人游，如履薄冰，每履而下，几何而不陷乎哉？（《大戴礼记·曾子疾病第五十七》）

语义：

和君子交游，就如走入放置香草的室中，芳香浓郁时间长了就闻不到香味，那是嗅觉被香草同化了；和小人交游，就像走进鲍鱼的市场，腥臭四溢，时间长了就闻不到臭味，那是嗅觉被臭鱼同化了。因此，君子应对于离开或交结朋友是很谨慎的。和君子交游，如冬至以后白天越来越长，而自己不觉得；和小人交游，好像在薄冰上走路，每踏一步冰层便下沉一点，能有几个不陷下去呢？

点睛：

君臣、朋友以义合，所以有就去。在这方面，不可不慎，否则将是灾难性的。

十四、是故不升高山，不知天之高也；不临深溪，不知地之厚也；不闻

中编："大小戴记"三纲礼义精华录

先王之遗道，不知学问之大也。(《大戴礼记·劝学第六十四》)

语义：

所以不登高山，不知天有多高；不到深谷，不知道地有多厚；不听到前贤留下来的道理，不晓得学问的博大。

点睛：

在接受了现代西方学术后，我们不再理会圣贤之道，喜欢讲学术创新。创新是好的，但不能背离大道搞创新，不知返本，光开新，知识就成了无源之水，不可能经得起时间的检验。2011年8月9日，净空法师在香港佛陀教育协会的讲演中曾经这样开示："现代的人走西方的路子，从小就讲创造，要发明，夫子不是这个态度，中国几千年读书人做学问也没有这个态度。这个态度太傲慢了、太狂妄了，中国人从小就学谦虚、学恭敬。能不能超过古人？说老实话，是超不过的。为什么？我们现在冷静去想一想，古时候人心是安静的，心是定的，现在人心是动的。佛法对这个特别有讲求，定他生智慧，动他生烦恼，烦恼跟智慧两个相比，那就差得太远了。愈是上古时候的人愈静，夫子处于动乱的时代，定的功夫远远不如前人。周朝末年衰了，这就变成春秋战国，我们能想象得到，那个时候的人已经逐渐心浮气躁了，但是肯定比现在好。为什么？当时这些诸子，他们的思想，他们的学说，著述成书流传到今天，现在人还没有一个人能够跟他相比。由此可知，那个时候虽然在动乱，心还是静的、还是定的，非常可贵。前人的东西，后人真的写不出来。两千多年来，历代这些文人学者留下来的著述，不能跟经典相比，连先秦诸子都赶不上，我们怎么可以狂妄？怎么可以轻视古人？甚至于批判古人，这大错。"(学佛网，网址：http://www.xuefo.net/nr/article9/85245.html，访问日期：2011年11月14日) 孔子"述而不作"，不是说孔子无创造力，而是孔子感到自己无法超越先贤——现代人的傲慢早已经超越了理性的界线。

十五、积土成山，风雨兴焉；积水成川，蛟龙生焉；积善成德，神明自传，圣心备矣。是故不积跬步，无以致千里；不积小流，无以成江海；骐骥一跃，不能千里；驽马无极，功在不舍；锲而舍之，朽木不折；锲而不舍，金石可镂。(《大戴礼记·劝学第六十四》)

语义：

泥土聚积，成为大山，风雨就起了；水流的积聚，成为大河，蛟龙就产生了；聚积了善行，成就美德，神明自通，圣人的心就全备了。所以不聚积半步、一步，就不能达到千里；不聚积小河、细流，就无从成为江海；最好的好马，只是一跃，再神骏也无法行千里；最笨的劣马，一刻也不放松，就能成功。锲刻一会儿就丢下了，即使是朽木也无法折断；锲刻不停下，即使是金石，也可雕镂。

点睛：

无论是内业修行，还是外王事功，只要我们一心一意、精进不懈，就能得大成就，所以后面作者接着说："是故无愤愤之志者，无昭昭之明；无绵绵之事者，无赫赫之功；行跂涂者不至，事两君者不容；目不能两视而明，耳不能两听而聪。"这段话大意是说，所以没有发愤不止的志向的人，就没有洞彻的智慧；没有持之以恒的努力的人，就没有显赫的成就；走上歧路的人不能到达，侍奉两君的人不能见容，眼睛不能同时看两处而看得明白，耳朵不能同时听两处而听得清楚。

十六、子贡曰："君子见大川必观，何也？"孔子曰："夫水者，君子比德焉：偏与之而无私，似德；所及者生，所不及者死，似仁；其流行庳下，倨句皆循其理，似义；其赴百仞之溪不疑，似勇；浅者流行，深渊不测，似智；弱约危通，似察；受恶不让，似贞；苞裹不清以入，鲜洁以出，似善化；必出，量必平，似正；盈不求概，似厉；折必以东西，似意。是以见大川必观焉。"（《大戴礼记·劝学第六十四》）

语义：

子贡说："君子看到大河大川，必要观望，为什么？"孔子说："水，君子拿来比喻德行，普遍给与万物，但是没有一点私心，这就像德；被它沾到就生长，沾不到的就死亡，这又像仁；它流行在卑下的地方，直行或曲行都遵循着条理，这又像义；它奔赴百仞的深谷毫不迟疑，这又像勇；在浅露处灵活运行，在深渊里又使人不可测度，这又像智；遇到柔弱的地方就旋绕，遇到危险的地方就通达，这又像察；受到污秽，而不逃避，这又像贞；包裹着污秽的东西纳进去，变成鲜明清洁的拿出来，这又像善化；当流行时必流

中编："大小戴记"三纲礼义精华录

行,流到那种凹进去的地方,水面必是平的,这就像公正;盈满了不须用盖来平抑,这又像严谨;受到阻折就变向东西,这又像意愿;所以看到大河川,必要观望了。"

点睛：

《论语·雍也篇第六》引孔子言曰："知（同"智"——笔者注）者乐水,仁者乐山；知者动,仁者静；知者乐,仁者寿。"可与此节相参阅。

十七、古者殷书为成男成女名属,升于公门,此以气食得节,作事得时,劝有功。夏服君事不及暍,冬服君事不及冻。是故年谷不成,天之饥馑,道无殣者。在今之世,男女属散,名不升于公门,此以气食不节,作事不成。天之饥馑,于时委民,不得以疾死。是故立民之居,必于中国之休地,因寒暑之和,六畜育焉,五谷宜焉；辨轻重,制刚柔,和五味,以节食时事。(《大戴礼记·千乘第六十八》)

语义：

古时把成年的男女姓名登记在政府的户籍中,使官吏掌管,以此来作为配给食物的依据,使工事的进行得随时宜,劝勉百姓戮力工作。在炎热的夏天,为公家作事不至于过劳而中暑,在寒冷的冬天为公家作事,也不会因受寒而冻坏。所以一年作物收成不好,遇天灾,有了饥荒的现象,道路上也没有饿死的人；可是现在的社会,男女都流散了,户籍也没有登记在政府里,因此食物也得不到配给,公事的进行也不得时宜。遇到天灾的时候,饥饿的百姓转徙沟壑,病死都不能在家了。所以建百姓的住所,一定要在美好的地方,因顺着寒暑的调和,使六畜兴旺,五谷宜于播种。辨别市场价格的高低,控制百姓性情的急燥或平和,调和食物的味道,使粮食得到适当的调配,耕作按着时节进行。

点睛：

《周礼·秋官·司民》记载："司民掌登万民之数。"也就是说,至少从周代起,中国已经有了人口管理制度,并在此制度的基础上进行经济管理。中国古典经济学（轻重术）之发达,由此可见一斑。

十八、子曰："贪于味不让,妨于政。愿富不久,妨于政。慕宠假贵,妨于政。治民恶众,妨于政。为父不慈,妨于政。为子不孝,妨于政。大纵耳目,妨于政。好色失志，妨于政。好见小利，妨于政。变从无节，挠弱不立，妨于政。刚毅犯神，妨于政。鬼神过节，妨于政。"（《大戴礼记·四代第六十九》）

语义：

孔子说："老为自己打算，贪取食禄而不谦让的，政事就很难推行；老想富贵，不愿贫穷的，政事就很难推行；羡慕别人受宠，要谋求高位的，政事就很难推行；治理百姓，却暴虐他们，政事就很难推行；为人父却不知慈爱子女的，政事就不易推行；为人子女而不孝养亲长的，政事就不易推行；成天纵情于耳目声色之欲的，政事就不易推行；爱好美色，使意志消沉的，政事就不易推行；好贪小利的，政事就不易推行；一天到晚老在改变，没有固定主见的，政事就不易推行；对事情的处理，不能当机立断，政事就不易推行；心性强悍，不敬信鬼神的，政事就不易推行；信鬼神太过分的，政事就不易推行。"

点睛：

这是孔子讲的"民征"，即从民众那里看为政的某些征兆。今天，我们考察民情，移风易俗，也要以此为标尺才行。

十九、父之于子，天也。君之于臣，天也。有子不事父，有臣不事君，是非反天而到行耶？故有子不事父，不顺；有臣不事君，必刃。顺天作刑，地生庶物。（《大戴礼记·虞戴德第七十》）

语义：

（孔子说）从父亲对儿子的地位看来，是天啊。从君主对臣下的地位看来，也是天啊。有子女不孝于父的，臣子不忠于君的，这是把是非颠倒过来，违反天道的倒行逆施。所以有子女不孝于父的，要治以逆伦的大罪。有臣子不忠于君的，要处以斧钺的重刑。顺天道而制定刑法，顺地道而养万物。

点睛：

《周易·序卦》曰："有天地然后有万物，有万物然后有男女，有男女然后有夫妇，有夫妇然后有父子，有父子然后有君臣，有君臣然后有上下，有上下然后礼义有所错。"人伦道德源于自然秩序，法律制度亦源于自然秩序，而自然秩序具有不变性。中国文化从大处着眼，历久弥新，实由于此！

中编："大小戴记"三纲礼义精华录

二十、人生有喜怒，故兵之作，与民皆生，圣人利用而弭之乱，乱人兴之丧厥身。(《大戴礼记·用兵第七十五》)

语义：

(孔子说)人类生来就有喜怒的感情，怒就有战斗。所以兵器的发明，是一有人类就有的事。圣人把它用到好的地方来防止祸乱的发生，作乱的人发展它却丧送了自己的性命。

点睛：

《大戴礼记·用兵第七十五》还说："圣人之用兵也，以禁残止暴于天下也；及后世贪者之用兵也，以刈百姓，危国家也。"贪者用兵，如虎添翼，害人必深，所以我们一定要警惕西方资本主义对人类文明的巨大伤害，中国要承担起更大的世界责任来才行——西方主流社会不是空谈和平，就是武装掠夺，他们不知贪者用兵之害以及以战止战的道理。

二十一、若夫坐于尸，立如齐。礼从宜，使从俗。(《礼记·曲礼上第一》)

语义：

至于坐的样子，要像祭祀时的尸那样端重；立的样子，要像斋戒时的人那般恭敬。礼节要顺应事之所宜，出使要顺应当地的风俗。

释义：

古时代死者接受祭祀的人居神位，坐必端正，所以《礼记》的作者用"尸"来比喻坐姿。这里是说，或坐、或立，都要端正恭敬，俗话说坐有坐相、站有站相；据《礼记正义》，"礼从宜"说的是人臣奉命出使征伐之礼，"使从俗"说的是臣为君出聘之法。无论这两句话的原意如何，都是说礼贵当时之宜，当地之俗。西方教士传教时，总要要求当地人改变自己本土的生活方式和价值体系，在中国人看来，这是不符合礼的行为。只有在礼的基础上，人类不同文明之间的宽容与尊重才有普世基础。

二十二、贫者不以货财为礼，老者不以筋力为礼。(《礼记·曲礼上第一》)

语义：

对于贫穷的人，就不必苛求他非要用金钱财物为礼了，对于年老的人，就不必苛求他非要耗体力行礼了。

点睛：

本节体现了礼的灵活性，即一个人要根据自己的实际情况量财而行，量力而行。《礼记正义》上说："礼许俭，不非无也。"本来家里财力不足，为了所谓的"面子"，一味大讲排场，使礼成为社会上许多人沉重的经济负担，这种礼只是繁文缛节，只会"纵人欲，害人情"；这里的"筋力为礼"是指起立跪拜之类，年老体衰者和病残者当然要免除这些礼仪。

二十三、子夏问于孔子曰："居父母之仇，如之何？"夫子曰："寝苫，枕干，不仕，弗与共天下也。遇诸市朝，不反兵而斗。"曰："请问居昆弟之仇如之何？"曰："仕，弗与共国。衔君命而使，虽遇之不斗。"曰："请问居从父昆弟之仇如之何？"曰："不为魁。主人能，则执兵而陪其后。"（《礼记·檀弓上第三》）

语义：

子夏向孔子请教说："对于杀害父母的仇人应该怎么办？"孔子说："睡在草垫子上，枕着盾牌，不担任公职，时刻以报仇雪恨为念，决心不和仇人并存于世。不论到什么地方，武器都不离身。即令是在市上或公门碰到了，拔出武器就和他拼命。"子夏又问："请问对杀害亲兄弟的仇人应该怎么办？"孔子说："不和仇人在同一国家担任公职。如果是奉君命出使而和仇人相遇，应当以君命为重，暂不与之决斗。"子夏又问："请问对杀害堂兄弟的仇人怎么办？"孔子说："报仇的时候，要让死者的子弟带头，自己手执武器随后协助。"

点睛：

《礼记》中还有血亲复仇的痕迹在。但其中私德与公德、私恩与公义之间的界线相当清楚，这一点值得我们注意。

二十四、谋人之军师，败则死之；谋人之邦邑，危则亡之。（《礼记·檀弓上第三》）

语义：

指挥军队征伐，战败就自杀，以承担责任；掌管邦国都邑，社会动荡就接受放逐国外，以承担责任。

点睛：

2008年6月9日的《中国青年报》报道，《中国青年报》社调中心和题客

中编："大小戴记"三纲礼义精华录

调查网联合开展的一项在线调查显示(8139人参与)，79.0%的人认为应当提倡官员主动引咎辞职，使他们勇于承担责任，27.3%的人认为制度上应该加强对权力的制约。看来在中国民间传统礼义精神仍发挥着潜移默化的影响；长期以来，人们认为引咎辞职是"现代管理中的行政机制"，是"西方国家的产物"，是"一个关于政治文明的积极信号"，中国人自己已经不知道，这是中国礼义的基础原则之一。而目前有些官员却是表面引咎辞职，实则"曲线复职"，当代官场中竟无任何廉耻可言——中华礼义文明离我们真是太远，太久了！

二十五、有子问于曾子曰："闻丧于夫子乎？"曰："闻之矣：丧欲速贫，死欲速朽。"有子曰："是非君子之言也。"曾子曰："参也闻诸夫子也。"有子又曰："是非君子之言也。"曾子曰："参也与子游闻之。"有子曰："然。然则夫子有为言之也。"曾子以斯言告于子游。子游曰："甚哉,有子之言似夫子也！昔者夫子居于宋，见桓司马自为石椁，三年而不成。夫子曰：'若是其靡也，死不如速朽之愈也。'死之欲速朽，为桓司马言之也。南宫敬叔反,必载宝而朝。夫子曰：'若是其货也，丧不如速贫之愈也。'丧之欲速贫，为敬叔言之也。"曾子以子游之言告于有子。有子曰："然。吾固曰'非夫子之言也。'"曾子曰："子何以知之？"有子曰："夫子制于中都，四寸之棺，五寸之椁，以斯知不欲速朽也。昔者夫子失鲁司寇，将之荆，盖先之以子夏，又申之以冉有，以斯知不欲速贫也。"(《礼记·檀弓上第三》)

语义：

有子问曾子："你从夫子那里可曾听说过如何对待丢掉官职？"曾子说："倒是听夫子说过：丢掉官职，最好快点贫穷；死了，最好快点烂掉。"有子说："这不像是君子应该说的话。"曾子说："这是我亲耳从夫子那里听到的呀！"有子仍然坚持说："这不像是君子应该说的话。"曾子说："是我与子游一道听到夫子这样讲的。"有子说："那么，我相信夫子是这样说过。但是，夫子一定是有所针对才这样讲的。"曾子把这番对话告诉了子游。子游说："真了不得，有子的话太像夫子了！从前夫子住在宋国，见到桓司马为自己制造石椁，花了三年功夫还没做好，夫子就说：'像他这样的奢侈，死了，还不如快点烂掉为好。'死了最好快点烂掉，这是针对桓司马说的。南宫敬叔丢官以后，每次返国，一定满载珍宝去晋谒国君。夫子说：'像他这样的行贿以求官，丢了官，还不如快点贫穷为好。'丢掉官职，最好快点贫穷，这是针对南宫敬叔说的"。曾子又把子游这番话讲给有子，有子说："这就对了。我本来就说过'这不像夫子所讲的嘛。'"曾子说："你是怎么知道的呢？"有子说："夫子当中都宰时，曾经规定，内棺四寸厚，外椁五寸厚，就凭这一点就可以知道夫子是不主张人死了就快点烂掉的。还有，从前夫子丢掉了鲁国司寇的官职，将要应聘到楚国去作官，就先派子夏去安排，接着又加派冉有去帮办，凭这一点就可以知道夫子是不主张丢了官就速贫的。"

点睛：

为学，断章取义最可怕，通达最可贵。西方学术本身是碎片化的，国人对这种碎片化的学术断章取义，乌呼哀哉！

二十六、吴侵陈，斩祀杀厉。师还出竟，陈大宰嚭使于师。夫差谓行人仪曰："是夫也多言，盍尝问焉？师必有名，人之称斯师也者，则谓之何？"大宰嚭曰："古之侵伐者，不斩祀，不杀厉，不获二毛。今斯师也，杀厉与？其不谓之杀厉之师与？"曰："反尔地，归尔子，则谓之何？"曰："君王讨敝邑之罪，又矜而赦之，师与，有无名乎？"（《礼记·檀弓下第四》）

语义：

吴国入侵陈国，砍伐陈国社坛的树木，杀害染有疫疾的陈国百姓。在吴军班师退出陈国国境时，陈国派大宰嚭出使到吴军。夫差对行人仪说："这个人很会说话，我们何不试着考问他一下。凡是军队一定要有个好名声，问问他，人们对我们这支军队是怎样评论的。"行人仪这样提出问题后，大宰嚭回答说："古代的军队在侵伐敌国时，不砍伐敌国社坛的树木，不杀害对方染病的百姓，不俘获头发斑白的老年人。而现在贵国的军队，不是在杀害患病的百姓吗，那岂不要被人称作杀害患病百姓的军队了吗？"又问："如果我们归还侵占的土地，送回俘虏的百姓，你们又将如何评论呢？"回答说："贵国国君因为敝国有罪而兴师讨伐，现在又悯怜敝国而加以赦免，这样的仁义之师，何愁没有美名呢？"

点睛：

现在西方国家从事战争，就是在自由民主的旗帜下进行经济掠夺，其他

中编："大小戴记"三纲礼义精华录

什么都不讲——与中国春秋时礼义之道比，是野蛮！他们还口口声声说要领导世界，师出无名，何能服世界人民之心！

二十七、工尹商阳与陈弃疾追吴师，及之。陈弃疾谓工尹商阳曰："王事也。子手弓而可。"手弓。"子射诸！"射之，毙一人，韔弓。又及，谓之，又毙二人。每毙一人，掩其目。止其御曰："朝不坐，燕不与。杀三人，亦足以反命矣！"孔子曰："杀人之中，又有礼焉。"（《礼记·檀弓下第四》）

语义：

工尹商阳和陈弃疾同乘一辆战车追赶吴军，很快地就追上了。陈弃疾对工尹商阳说："我们可是肩负着国王的使命，您现在可以把弓拿在手里了。"工尹商阳这才握弓在手。陈弃疾又对他说："您可以向敌人放箭了！"工尹商阳这才射了一箭，射死一人，然后把弓又装入袋子。又追上了敌人，陈弃疾又对他说了以上的话，工尹商阳这才又射杀了二人。每射杀一人，他都闭上眼睛，不忍心看。他让驾车的停止追赶，说："我们都是朝见国君没有座位，国君设宴没有席位的贱士，杀死三个敌人，也完全可以交差了。"孔子说："就是在杀人时，也还是有礼节的。"

点睛：

所谓礼，首先是名位（名）与职分（实）相符，工尹商阳可以说是作到了这一点。有恶人，有战事，不得不杀人，但当存慈悲心，不可乱杀。

二十八、季孙之母死，哀公吊焉。曾子与子贡吊焉，阍人为君在，弗内也。曾子与子贡入于其厩而修容焉。子贡先入，阍人曰："乡者已告矣。"曾子后入，阍人辟之。涉内霤，卿大夫皆辟位，公降一等而揖之。君子言之曰："尽饰之道，斯其行者远矣。"（《礼记·檀弓下第四》）

语义：

季孙的母亲去世了，鲁哀公前去吊丧。曾子和子贡也去吊丧，但守门人因为哀公在里面，不让他们进去。曾子和子贡就进到马房里把自己的仪容修饰了一番，然后再去。子贡先进去，守门人说："刚才已经往里通报了。"曾子后进去，守门人则已经把路让开。二人走到寝门的屋檐下，卿大夫都连忙让位，哀公也从阼阶上走下一个台阶，作揖，请他们就位。君子议论这件事

163

情说:"尽力修饰仪容的作法,对达到自己的目的是很有作用的。"

点睛:

仪表不可不重视,特别是在正式的场合。

二十九、赵文子与叔誉观乎九原。文子曰:"死者如可作也,吾谁与归?"叔誉曰:"其阳处父乎?"文子曰:"行并植于晋国,不没其身,其知不足称也。""其舅犯乎?"文子曰:"见利不顾其君,其仁不足称也。我则随武子乎!利其君,不忘其身;谋其身,不遗其友。"晋人谓文子知人。文子其中退然如不胜衣,其言呐呐然如不出诸其口。所举于晋国管库之士,七十有余家,生不交利,死不属其子焉。(《礼记·檀弓下第四》)

语义:

赵文子和叔誉一道在九原巡视,文子说:"这墓地中埋葬的死者如果能够复活,你最赞成和爱戴他们中的哪一位?"叔誉答道:"大概是阳处父吧?"文子说:"阳处父在晋国身为太傅,却刚强而无计谋,不得善终,他的智慧叫人不敢恭维,"叔誉又说:"那么舅犯可以吗?"文子说:"舅犯在考虑自己的利益时就不顾及国君,他的仁爱也叫人不敢恭维。我最赞许和爱戴的人是随武子,他既能为国君利益考虑,也能兼顾个人利益;他既能为自己打算,又不忘掉朋友。"晋国人都认为文子的评价很恰当。文子的身体柔弱得好像连衣服都驮不动,讲起话来迟钝缓慢得像难以出口。他为晋国举荐的管理仓库的官员多达七十余人,但在他生前却从来不和他们在钱财上有交往,死后也不把孩子托付给他们。

点睛:

能老成谋国,出污泥而不染者古今有几人——文子圣贤者也!

三十、凡官民材,必先论之。论辨,然后使之。任事,然后爵之。位定,然后禄之。爵人于朝,与士共之。(《礼记·王制第五》)

语义:

凡是选用平民中有才能的人做官,一定要对他的德才先进行考察。考察清楚了,然后试用。如果胜任工作,然后授予一定的爵位。爵位定了,然后授予一定的俸禄。在朝廷上品评某人爵位时,让士也一道参加,以示公正无私。

中编："大小戴记"三纲礼义精华录

点睛：

中国古典政府共治精神自西周已经很明显，这种理念一直持续到今天。从大历史角度对比东西方政治，东方现实主义的共治要比西方言不副实的民主更有生命力。

三十一、家宰制国用，必于岁之杪。五谷皆入，然后制国用。用地小大，视年之丰耗。以三十年之通制国用，量入以为出。（《礼记·王制第五》）

语义：

家宰编制下一年度国家经费的预算，必定在年终进行。因为要等五谷入库之后才能编制预算。编制预算，要考虑国土的大小，年成的丰歉，用三十年收入的平均数作依据来编制预算，根据收入的多少来决定如何开支。

点睛：

长期以来，特别是上个世纪八十年代以来，欧美各国实行借贷发展和超前消费的经济政策，其结果就是至今还看不见谷底的金融危机。量入以为出，是中国几千年财政政策的基石，今人不能弃如敝履。

三十二、析言破律，乱名改作，执左道以乱政，杀。作淫声、异服、奇技、奇器以疑众，杀。行伪而坚、言伪而辨、学非而博、顺非而泽以疑众，杀。假于鬼神、时日、卜筮以疑众，杀。此四诛者，不以听。（《礼记·王制第五》）

语义：

凡是断章取义曲解法律，擅自改变事物的既定名称而另搞一套，用邪道扰乱政令的人，杀掉。凡是制作靡靡之音、奇装异服、怪诞之技、奇异之器而蛊惑民心的人，杀掉。行为诈伪而又顽固不化、言辞虚伪而又巧言利舌、所学陷入异端而又自以为博闻、言辞谬戾而讲得冠冕堂皇，以此蛊惑人心者，杀掉。凡是假托鬼神、时辰日子、卜筮招摇撞骗以蛊惑人心者，杀掉。上述的四种被杀者，不再接受他们的申诉。

点睛：

西方社会讲所谓的"言论自由"，但它的媒体在平时主要受资本控制，在战时则直接受政府控制（政府和大的媒体巨头达成默契）。言论自由的边界如何确定是大问题，现在中国学者"以学杀人"，不但无罪，还可以到处招摇。

西周言论上犯罪从严治理,是对的,因为其社会危害性更大。总之,在言论立法方面,我们不仅要借鉴西方的经验,也要借鉴中国古代的实践经验。

三十三、少而无父者谓之孤,老而无子者谓之独,老而无妻者谓之矜,老而无夫者谓之寡。此四者,天民之穷而无告者也,皆有常饩。瘖、聋、跛、躃、断者、侏儒、百工,各以其器食之。(《礼记·王制第五》)

语义:

年幼即失去父亲的人叫做孤,老了却失去儿子的人叫做独,年老而失去妻子的人叫做矜,年老而失去丈夫的人叫做寡。这四种人,是世界上最可怜而又求告无门的人,国家对他们有经常性的生活补贴。哑吧、聋子、一足瘸者、两足俱废者、肢体残缺者、躯体矮小者以及各种手艺人,这些人都靠着干点力所能及的工作由国家养活他们。

点睛:

中国古典政治重差序,所以重视对弱势群体的政策倾斜,以实现百姓均平,这是中国传统政治的大优点;西方传统政治重平等,有其内在的缺点,所以用慈善事业补这方面的不足。有人看到西方多慈善事业,就跟人家亦步亦趋,连基本的政策倾斜都快不要了——中国人学西方,常常以这样愚昧的方式。

三十四、凡学世子及学生,必时。春夏学干戈,秋冬学羽籥,皆于东序。小乐正学干,大胥赞之;籥师教戈,籥师丞赞之。胥鼓《南》。春诵夏弦,大师诏之。瞽宗秋学礼,执礼者诏之;冬读《书》,典《书》者诏之。礼在瞽宗,《书》在上庠。(《礼记·文王世子第八》)

语义:

凡教育太子及太学生,一定要因时制宜。春夏二季教手执干戈的武舞,秋冬二季教手执羽籥的文舞,地点都是在东序。小乐正负责教执干舞,太胥帮助他;籥师负责教执戈舞,籥师丞帮助他。旄人负责教南夷之乐,太胥则在旁击鼓为节。春季诵读诗章,夏季练习为诗章谱曲,这两项都由太师来教。秋冬在瞽宗学礼,由主管礼的官员来教。冬季读《尚书》,由精通《尚书》的官员来教。教礼是在瞽宗,教《书》是在上庠。

中编："大小戴记"三纲礼义精华录

点睛：

本节所记，与《礼记·王制第五》所述基本相吻合，上面说："乐正崇四术，立四教，顺先王《诗》、《书》、礼、乐以造士。春秋教以礼、乐，冬夏教以《诗》、《书》。"西周的知识体系由《诗》、《书》、礼、乐四部分构成，其中礼、乐重在实践，《诗》、《书》则要诵读。孔子以后，鲁史《春秋》和《易经》的地位越来越高，战国时后者已经同西周四术并列——至于今天有些学者将《易经》称为中国文化的根，真不知是从何说起——至少从历史的角度看不是这样。

三十五、公族之罪，虽亲，不以犯有司正术也，所以体百姓也。刑于隐者，不与国人虑兄弟也。弗吊，弗为服，哭于异姓之庙，为忝祖，远之也。素服居外，不听乐，私丧之也，骨肉之亲无绝也。公族无宫刑，不剪其类也。（《礼记·文王世子第八》）

语义：

国君的族人犯罪，尽管有亲属关系，国君也不因此而干扰司法部门公正执行法令，以此表明公族犯法，与庶民同罪。在隐蔽之处行刑，这是为了不使国人联想到族人自相残杀。对犯了死罪的族人，不去吊唁，不为之穿孝，哭于异姓之庙，这是因为他有辱祖宗，所以疏远他。但又为之改穿素服，住在室外，不听音乐，这只是表示个人的哀悼，骨肉之亲的感情尚存。公族犯罪，不适用于宫刑，这是为了不绝其后代。

点睛：

《礼记·曲礼上第一》中有"礼不下庶人，刑不上大夫"一语，于是就有人断章取义，将之作为西周法律不公正的证据。事实上，西周是一个平等的法制社会，任何人犯罪都要受到制裁，国君的宽宥也只是形式上的礼仪。这在《礼记·文王世子第八》中记述得特别清楚，包括如何在隐处行刑，如何"宽宥"等。上面说："公族其有死罪，则磬于甸人。其刑罚，则纤剸，亦告于甸人。公族无宫刑。狱成，有司谳于公，其死罪，则曰：'某之罪在大辟。'其刑罪，则曰：'某之罪在小辟。'公曰：'宥之。'有司又曰：'在辟。'公又曰：'宥之。'有司又曰：'在辟。'及三宥，不对，走出，致刑于甸人。公又使人追之，曰：'虽然，必赦之。'有司对曰：'无及也。'反命于公。公素服不举，为之变，如其伦之丧，无服，亲哭之。"（这段话的意思是说：国君的族人如果犯有死罪，则交付甸人将其绞死。国君的族人如果犯有刑罪，则或针刺或刀割，也告于甸人由其执行。国君的族人犯罪，不适用宫刑，这是为了不绝其类。案件判决之后，有关官吏向国君请示，如果所犯是死罪，就说："族人某某所犯之罪属于大辟。"如果所犯是刑罪，就说："族人某某所犯之罪属于小辟。"国君说："饶了他吧。"有关官吏则回答："法不容恕。"国君又说："饶了他吧。"有关官吏也照旧回答："法不容恕。"等到国君第三次求情，有关官员就不再回答，径自走出，将犯人交付甸人行刑。国君又派人追来，传命说："即令有罪，也一定要赦免他。"有关官员回答说："已经来不及了。"行刑之后，报告国君。国君为其改穿素服，取消盛馔，并依照与死者亲疏关系应有的礼数，为之改变日常生活。但因其有辱祖宗，所以不为之穿孝，而亲哭之于异姓之庙。

三十六、天子存二代之后，犹尊贤也。尊贤不过二代。（《礼记·郊特牲第十一》）

语义：

天子要封前两个朝代的后裔为国君，准许他们以天子之礼祭祖，这是尊重前代贤者的表示。但这种尊贤也只以前两个朝代为限，再远的朝代就不好说了。

点睛：

古礼有"二王三恪"，属宾礼之一。就是分封前两代或三代王室后裔爵位，给予封邑，祭祀宗庙，用以怀柔安抚，显示本朝所承继统绪，标明正统地位；在西周，周天子封夏禹的后代于杞，封商汤的后代于宋，特许他们以天子之礼祭祀其祖。汉以后，逐步有了对历代先王的祭祀，直至明清时于历代帝王庙国家祭历代贤王名臣。中国政统由此绵绵不绝——这个政统在一定程度上显示了政权的合法性，是中华文化代代相传的标志。一个忘记自己英雄的民族注定是一个没有前途的民族。目前只祭中华人文始祖黄帝和一八四零年以来的英雄是不够的，还应祭历史上所有为中华文明的发展作出过巨大贡献的先贤。

中编："大小戴记"三纲礼义精华录

三十七、天子之元子，士也。天下无生而贵者也。继世以立诸侯，象贤也。以官爵人，德之杀也。(《礼记·郊特牲第十一》)

语义：

天子的长子举行冠礼也用士礼，这说明天下没有生下来就尊贵的人。之所以让诸侯的子孙继位为诸侯，是为了让他们效法自己祖宗的贤德，而不是说他们生下来就尊贵。至于说以官爵授人，也是因为他有功德；功德大的授以大官，功德小的授以小官，而不是看他出身是否尊贵。

点睛：

中国古典政治学中有尚功的传统，到秦汉，这一传统以二十等爵制的形式发展到顶峰。进一步说，中国传统政治是按社会贡献的大小分配资源，现代西方政治是按资本的多少分配资源，后者不值得我们学习。《礼记·王制第五》中也说："诸侯世子世国，大夫不世爵，使以德，爵以功。"这段话意思是说，诸侯的太子可以继承君位，大夫的儿子则不能世袭爵位，因为大夫的儿子未必贤惠，有德行才委以职务，有功劳才赐以爵位。

三十八、上治祖祢，尊尊也。下治子孙，亲亲也。旁治昆弟，合族以食，序以昭缪，别之以礼义，人道竭矣。圣人南面而听天下，所且先者五，民不与焉。一曰治亲，二曰报功，三曰举贤，四曰使能，五曰存爱。五者一得于天下，民无不足无不赡者。五者一物纰缪，民莫得其死。圣人南面而治天下，必自人道始矣。(《礼记·大传第十六》)

语义：

排列好上代祖祢的顺序，是为了尊其所当尊；排列好下代子孙的顺序，是为了亲其所当亲；排列好兄弟等旁系亲属的关系，集合同族的人在祖庙中聚餐，以父昭子穆的次序排列座次，以礼义区别男女。做人的道理，也就是这么多了。圣人一旦坐上天子宝座而治理天下，有五件事情是当务之急，老百姓的事还不包括在内。第一件是排列好所有亲属的顺序，第二件是报答有功之臣，第三件是选拔德行出众的人，第四件是任用有才能的人，第五件是体恤有仁爱之心的人。这五件事如果统统做到了，那么，百姓就不会有不满意的，没有不富足的。这五件事如果有一件做得糟糕，老百姓就要大吃苦头了。

所以，圣人一旦坐上天子宝座而治理天下，一定要从治亲开始抓起。

点睛：

这里讲的"人道"和《老子》中讲的"损不足以奉有余"的"人之道"是不同的，是指做人治亲的道理。西周时代宗族极其重要，故以治亲为先。报功第二，中国古典政治尚功如此！

三十九、宾客主恭，祭祀主敬，丧事主哀，会同主诩。军旅思险，隐情以虞。(《礼记·少仪第十七》)

语义：

接待宾客，要强调的是外貌之恭。举行祭祀，要强调的是内心之敬。办理丧事，要强调的是内心悲哀。国际交往，要强调的是扬我国威。行军作战，要留心险阻之处，不泄露自己的秘密，估量敌方意图。

点睛：

礼容必须与场合相适应，上述道理古今同。

四十、古之教者，家有塾，党有庠，术有序，国有学。比年入学，中年考校。一年视离经辨志，三年视敬业乐群，五年视博习亲师，七年视论学取友，谓之小成；九年知类通达，强立而不反，谓之大成。夫然后足以化民易俗，近者说服，而远者怀之，此大学之道也。(《礼记·学记第十八》)

语义：

古时教学的地方，二十五家有一塾，一党有一庠，一遂有一序，国都则有学。每年都有新生入学，每隔一年进行一次考校。第一学年结束，考核学生的经文句读能力，辨别其志向所趋。第三学年考核学生是否专心学业和能否向优秀学生看齐。第五学年考核学生是否广博学习，亲近师长。第七学年考核学生能否在学术上有自己的见解，以及能否选择好人与之为友。如果考核通过，就叫做"小成"。第九学年考核学生能否触类旁通，临事不惑，不违背师训。如果考核通过，就叫做"大成"。到了这个时候，才能够改造民心，移风易俗，使近处的人心悦诚服而远处的人愿意归服。这就是大学教育的步骤。

点睛：

大学之道，贵在大成，不仅要知晓专门知识，还在将各专门科目学通；

中编："大小戴记"三纲礼义精华录

大学之道，最终要经世治民，一平天下，中国文化气魄之大，令人敬服。

四十一、今之教者，呻其占毕，多其讯言，及于数进，而不顾其安，使人不由其诚，教人不尽其材；其施之也悖，其求之也佛。夫然，故隐其学而疾其师，苦其难而不知其益也，虽终其业，其去之必速。教之不刑，其此之由乎！（《礼记·学记第十八》）

语义：

今天的教师，只知拉长声调地照本宣科，不等学生发问，一味填鸭式地灌输，贪求进度，而不管学生是否能够接受，教人时也缺乏诚意，不能考虑因材施教。教师的教法既然违反规律，学生的求学也就难于达到目的。这样的结果，就造成了学生厌恶学习，怨恨老师，只感到学习的困难枯燥，而不知究竟能从中得到什么好处，虽然勉勉强强地毕了业，但所学的知识容易忘得一干二净。教育之所以不成功，大概就是由于这个原因吧！

点睛：

《礼记·学记第十八》还说："记问之学，不足以为人师。"记问之学，不足以为人师，但足以害人。为什么？因为学问本以润身为本，现代西式大学教育却以谋食为本，本末倒置，故害人极深。

四十二、乐者，音之所由生也，其本在人心之感于物也。是故其哀心感者，其声噍以杀；其乐心感者，其声啴以缓；其喜心感者，其声发以散；其怒心感者，其声粗以厉；其敬心感者，其声直以廉；其爱心感者，其声和以柔。六者，非性也，感于物而后动。是故先王慎所以感之者。故礼以道其志，乐以和其声，政以一其行，刑以防其奸。礼乐刑政，其极一也，所以同民心而出治道也。（《礼记·乐记第十九》）

语义：

所谓"乐"，是由音所构成的，而其本源乃在于人心对于外界事物的感受。所以，人心有了悲哀的感受，发出的声音就焦急而短促；人心有了快乐的感受，发出的声音就宽裕而舒缓；人心有了喜悦的感受，发出的声音就开朗而轻快；人心有了愤怒的感受，发出的声音就粗犷而严厉；人心有了崇敬的感受，发出的声音就正直而端方；人心有了爱慕的感受，发出的声音就温和而柔顺。

这六种声音并非人们的内心原来就有，而是人们的内心受到外界事物影响才造成的。所以古代圣王十分注意能够影响人心的外界事物。用礼来引导人们的意志，用乐来调和人们的性情，用政令来统一人们的行动，用刑罚来防止人们做坏事。用礼、用乐、用政令、用刑罚，手段虽然不同，但其目的是一样的，就是要统一民心而实现天下大治。

点睛：

治道最终要归结到人心，这是中国古典政治理论最值得注重的特点。礼、乐、刑、政，皆在治人心，使之回归安静本性。大矣哉，中国治道！

四十二、人生而静，天之性也。感于物而动，性之欲也。物至知知，然后好恶形焉。好恶无节于内，知诱于外，不能反躬，天理灭矣。夫物之感人无穷，而人之好恶无节，则是物至而人化物也。人化物也者，灭天理而穷人欲者也。于是有悖逆诈伪之心，有淫泆作乱之事。是故，强者胁弱，众者暴寡，知者诈愚，勇者苦怯，疾病不养，老幼孤独不得其所，此大乱之道也。是故先王之制礼乐，人为之节，衰麻哭泣，所以节丧纪也；钟鼓干戚，所以和安乐也；昏姻冠筓，所以别男女也；射乡食飨，所以正交接也。礼节民心，乐和民声，政以行之，刑以防之。礼乐刑政，四达而不悖，则王道备矣。（《礼记·乐记第十九》）

语义：

人心本静，这是先天赋予人的本性。受到外界的影响而变为好动，这是本性受到了引诱。人的认识和外界事物相交接，就会表现为两种态度：喜好或厌恶。喜好或厌恶的态度如果从自身得不到节制，再加上对于外界事物的引诱不能自我反省和正确对待，那么人的天性就会完全丧失。本来外界事物就在不断地影响着人，如果再加上人在主观上对自己的好恶反应不加限制，那就等于外界事物和人一接触就把人完全征服了。人被外界事物完全征服，就等于人的天性完全丧失，放纵人欲。人到了这一地步，就会产生犯上作乱欺诈虚伪之心，就会干出纵欲放荡胡作非为之事。以致于强者压迫弱者，人多的欺负人少的，聪明人欺骗老实人，勇猛者折磨怯懦者，有病的人得不到照顾，老幼孤独者也得不到关怀。这是天下大乱的办法，行不通的。有鉴于

中编："大小戴记"三纲礼义精华录

此，古代圣王就制礼作乐，为人们制定出节制的办法：有关丧服、哭泣的规定，这是用来节制丧事的；钟鼓干戚等乐器舞具，这是用来调节安乐的；男大当婚，女大当嫁，这是用来区别男女的；射乡食飨，这是用来规范人们交往的。用礼来节制民心，用乐来调和民性，用政令加以推行，用刑罚加以防范。礼、乐、刑、政，如果这四个方面都得到贯彻而不发生梗阻，也就具备王道政治了。

点睛：

内圣外王之王道，全在于此。这是政治的最高境界，比西方政治学深刻得多，是清静心和清静世界得以实现的理论基础。

四十三、子贡观于蜡。孔子曰："赐也乐乎？"对曰："一国之人皆若狂，赐未知其乐也！"子曰："百日之蜡，一日之泽，非尔所知也。张而不弛，文武弗能也；弛而不张，文武弗为也。一张一弛，文武之道也。"（《礼记·杂记下第二十一》）

语义：

子贡观看年终的蜡祭，孔子问他："赐啊，你看出蜡祭给人们带来的巨大欢乐了吗？"子贡答道："举国上下都像是在发酒疯，我还看不出乐在何处？"孔子说："人们辛勤劳作一年，好不容易才有这么一天享受，这是你体会不到的。让民众一味紧张而没有一天轻松，即使文王、武王也不能把天下治理得好；让民众一味轻松而没有一天紧张，文王、武王也不会这么办。该紧张时紧张，该轻松时轻松，这才是文王、武王治理天下的办法。"

点睛：

蜡祭时万民狂欢，饮酒游戏，无不醉者。有张有弛，一切个人和社会组织都应这样。

四十四、夫圣王之制祭祀也：法施于民，则祀之；以死勤事，则祀之；以劳定国，则祀之；能御大菑，则祀之；能捍大患，则祀之。是故，厉山氏之有天下也，其子曰农，能殖百谷；夏之衰也，周弃继之，故祀以为稷。共工氏之霸九州也，其子曰后土，能平九州，故祀之以为社。帝喾能序星辰以著众，尧能赏均刑法以义终，舜勤众事而野死。鲧鄣洪水而殛死，禹能修鲧之功。黄帝正名百物，以明民共财，颛顼能修之。契为司徒而民成，冥勤其官而水死。汤以宽治民而除其虐，文王以文治，武王以武功去民之灾。此皆有功烈于民者也。及夫日月星辰，民所瞻仰也，山林、川谷、丘陵，民所取材用也。非此族也，不在祀典。（《礼记·祭法第二十三》）

语义：

圣王制定祭祀的原则：凡是被百姓树立为榜样的就祭祀，凡是因公殉职的就祭祀，凡是为安邦定国建有功劳的就祭祀，凡是能为大众防止灾害的就祭祀，凡是能救民于水火的就祭祀。所以当厉山氏统治天下的时候，他有一个儿子叫农，能够指导人民种植百谷。到了夏代衰亡之时，周人的始祖弃能够继承农的未竟之业，所以被后人奉为稷神来祭祀。当共工氏称霸九州的时候，他有一个儿子叫后土，能够区划九州的风土，使人民各得其所，所以被人当作社神来祭祀。帝喾能根据星辰的运行画定四时，使人民的劳动与休息各有定时；帝尧能尽量使刑法公正，为民表率；帝舜为操劳国事而死于他乡；鲧治理洪水，大功未成而被杀死；夏禹能完成父亲未竟之业；黄帝能给各种事物都取个合适的名称，使人民贵贱有别，都可取用山泽的物产；颛顼能进一步完善黄帝的事业；契作为司徒在教化人民方面成绩卓著；冥恪尽职守，死在他的工作岗位上；商汤能对待人民宽厚，除暴安良；文王以其文治，武王以其武功，为人民除去纣这个祸害。上述诸人，都是为人民建功立业的人，所以被人们当作神来祭祀。此外还有日、月、星辰之神，人民赖以区分四时，安排农事；还有山林、川谷、丘陵之神，人民赖以取得各种生产生活资料。不属于此类情况的，就不会被人们当作神灵来祭祀了。

点睛：

中国的祭祀之礼不同于西方的宗教，它是建立在人文基础上的社会活动，主要是基于人道，而非重在神道设教。《荀子·礼论第十九》中明确指出："祭者，志意思慕之情也。忠信爱敬之至矣，礼节文貌之盛矣，苟非圣人，莫之能知也。圣人明知之，士君子安行之，官人以为守，百姓以成俗。其在君子，以为人道也；其在百姓，以为鬼事也。"祭祀是为崇德报功，对德行高尚，有功于社会的人和自然万物进行祭祀，不忘其本，才能继往开来——这是今天中国社会所欠缺的。

中编："大小戴记"三纲礼义精华录

四十五、先王之所以治天下者五：贵有德，贵贵，贵老，敬长，慈幼。此五者，先王之所以定天下也。贵有德，何为也？为其近于道也。贵贵，为其近于君也。贵老，为其近于亲也。敬长，为其近于兄也。慈幼，为其近于子也。是故，至孝近乎王，至弟近乎霸。至孝近乎王，虽天子，必有父。至弟近乎霸，虽诸侯，必有兄。先王之教，因而弗改，所以领天下国家也。（《礼记·祭义第二十四》）

语义：

先王用来治理天下的原则有这么五条：教育大家都来尊重有德的人，尊重有地位的人，尊重老年人，尊敬年长的人，爱护下一代。这五条，就是先王之所以能够安定天下的原因。尊重有德的人，这是为什么呢？因为有德的人近乎天理人情。尊重有地位的人，是因为他们近乎国君。尊重老年人，是因为他们近乎自己的双亲。尊敬年长的人，是因为他们近乎自己的兄长。爱护下一代，是因为他们近乎自己的子女。所以，完全做到了"孝"字就近乎建成王道之业，完全做到了"悌"字就近乎建成霸主之业。做到了"孝"字就近乎建成王道之业，这是因为虽天子也有其父。做到了"悌"字就近乎建成霸主之业，这是因为虽诸侯必有其兄。对于先王的这种教化，后王如果能遵循不改，就可以领导天下国家。

点睛：

由齐家而治国，齐家是治国的基础。所以《礼记·祭义第二十四》引孔子言曰："教以敬长，而民贵用命。孝以事亲，顺以听命。错诸天下，无所不行。"

四十六、天子有善，让德于天；诸侯有善，归诸天子；卿大夫有善，荐于诸侯；士庶人有善，本诸父母，存诸长老，禄爵庆赏，成诸宗庙，所以示顺也。昔者，圣人建阴阳天地之情，立以为易。易抱龟南面，天子卷冕北面，虽有明知之心，必进断其志焉。示不敢专，以尊天也。善则称人，过则称己。教不伐以尊贤也。（《礼记·祭义第二十四》）

语义：

天子有了成绩，应该归功于天。诸侯有了成绩，应该归功于天子。卿大夫有了成绩，应该归功于诸侯。士、庶人有了成绩，应该归功于父母，归功

175

于长辈。遇到加官进爵喜庆受赏之事，则应设祭告成于祖宗，以表示这是祖宗积德所致，子孙不过是托庇受荫而已。从前，圣人根据阴阳变化所显示的吉凶之兆，归纳为《易》。掌卜筮的官员抱着用来占卜的龟南面而立，天子戴着礼帽穿着龙袍北面而立，尽管天子已经胸有成竹，也一定要通过占卜再作出最后的决断，这表示不敢独断专行，对天意的尊重。有成绩要归功他人，有过失则应归咎于己，这是要教人不自夸，教人尊重贤人。

点睛：

谦下守雌，不仅是一种好的品质，也会得大的福报。

四十七、子云："君子辞贵不辞贱，辞富不辞贫，则乱益亡。故君子与其使食浮于人也，宁使人浮于食。"（《礼记·坊记第三十》）

语义：

孔子说："君子推辞高贵而不推辞卑贱，推辞富有而不推辞贫穷，大家都这样作，作乱的事情就会日趋消亡。所以君子与其让俸禄超过才能，宁可让才能超过俸禄。"

点睛：

安贫乐道，这样的人，古今鲜矣！

四十八、凡为天下国家有九经，曰：修身也，尊贤也，亲亲也，敬大臣也，体群臣也，子庶民也，来百工也，柔远人也，怀诸侯也。修身则道立，尊贤则不惑，亲亲则诸父昆弟不怨，敬大臣则不眩，体群臣则士之报礼重，子庶民则百姓劝，来百工则财用足，柔远人则四方归之，怀诸侯则天下畏之。齐明盛服，非礼不动，所以修身也；去谗远色，贱货而贵德，所以劝贤也；尊其位，重其禄，同其好恶，所以劝亲亲也；官盛任使，所以劝大臣也；忠信重禄，所以劝士也；时使薄敛，所以劝百姓也；日省月试，既禀称事，所以劝百工也；送往迎来，嘉善而矜不能，所以柔远人也；继绝世，举废国，治乱持危，朝聘以时，厚往而薄来，所以怀诸侯也。（《礼记·中庸第三十一》）

语义：

凡治理天下国家有九条原则，即修养自身，尊重贤人，亲爱亲属，敬重大臣，体恤群臣，爱护民众，招徕百工，怀柔藩国，安抚诸侯。修养自身，

中编："大小戴记"三纲礼义精华录

道德就能树立；尊重贤人，遇事就不迷惑；亲爱亲属，伯父、叔父、兄弟就不会怨恨；敬重大臣，遇事就能安之若素；体恤群臣，群臣就会加倍回报；爱护民众，百姓就会受到鼓励；招徕百工，财用就会充足；怀柔藩国，四方就会归顺；安抚诸侯，天下就会畏服。斋戒沐浴，衣冠整齐，不合乎礼的事情不做，这是用来修养自身的办法；摒退谗佞，远离女色，轻视财货而看重道德，这是用来鼓励贤人的办法；高位厚禄，好亲人之所好，恶亲人之所恶，这是用来鼓励亲爱亲属的办法；属员众多，足备使令，这是用来鼓励大臣的办法；忠信待士，给以厚禄，这是用来鼓励群臣的办法；役使有时，减轻赋税，这是用来鼓励百姓的办法；每日检查，每月考试，论功行赏，这是用来鼓励百工的办法；来时欢迎，走时欢送，多夸奖而少责备，这是用来怀柔藩国的办法；延续断绝了的世系，恢复灭亡了的国家，国内有乱就帮助平定，国势危急就给予支援，按时接受朝聘，走的时候赏赐丰厚，而来的时候纳贡菲薄，这是用来安抚诸侯的办法。"

点睛：

这是孔子在讲内圣外王之道，从治身到治国，从内事到外事，修身、齐家、治国、平天下无所不包，十分重要！如果美国政府也懂得什么是"厚往而薄来"，它的外交政策就会变得聪明些，而不是四处掠夺，到处树敌。

四十九、至诚之道，可以前知。国家将兴，必有祯祥；国家将亡，必有妖孽。见乎蓍龟，动乎四体。祸福将至，善，必先知之；不善，必先知之。故至诚如神。（《礼记·中庸第三十一》）

语义：

心怀至诚，就可以预知未来。国家将要兴盛，必定有吉祥的预兆；国家将要灭亡，必定有妖异的前征。反映在占卜的蓍草、龟甲中，表现在人们的仪容、举止上。祸福将要来临的时候，是福，必定预先知道；是祸，也必定预先知道。所以，心怀至诚的人就像神明一样。

点睛：

儒家讲心法，少讲神通，这里只是略提一下。修行注神通，岂止白用功——必受其害！

五十、子曰:"民以君为心,君以民为体。心庄则体舒,心肃则容敬。心好之,身必安之;君好之,民必欲之。心以体全,亦以体伤,君以民存,亦以民亡。"(《礼记·缁衣第三十三》)

语义:

孔子说:"人民把君主当作心,君主把人民当作身体。心胸广大就会身体安舒,内心严肃就会容止恭敬。内心喜好的东西,身体一定也乐于适应;君主喜好的东西,百姓也一定愿意得到;身体安然无恙的话,心也就会得到保护;身体如果出了毛病,心也会跟着受到损伤。君主由于人民的拥护而存在,君主也由于人民的反对而灭亡。

点睛:

政治领袖与民众之间的有机联系,这里表达得十分清楚。人要有心,社会组织亦然——西方社会心理学告诉我们,实现集体意志的多数表决产生的心智水平低于一般个人智力,这是西方民主制的最大问题之一。进而言之,它不是贤人共治,而是形式化了的群氓政治。

五十一、生财有大道,生之者众,食之者寡,为之者疾,用之者舒,则财恒足矣。仁者以财发身,不仁者以身发财。未有上好仁而下不好义者也,未有好义其事不终者也,未有府库财非其财者也。孟献子曰:"畜马乘不察于鸡豚,伐冰之家不畜牛羊,百乘之家不畜聚敛之臣。与其有聚敛之臣,宁有盗臣。"此谓国不以利为利,以义为利也。长国家而务财用者,必自小人矣。彼为善之,小人之使为国家,灾害并至。虽有善者,亦无如之何矣!此谓国不以利为利,以义为利也。(《礼记·大学第四十二》)

语义:

生财有方法规律可循。这就是生产的要多,食用的要少,生产效率要高点,消费速度要慢点,那么财富就永远充裕了。仁者把自己的财富分给别人,赢得令名;不仁者宁要财富,不要令名,没有听说过国君爱好仁而臣下却不爱好义的。也没有听说过臣下爱好义而事情却办不成的。也没有听说过臣下不把国家府库的财富当做自己的财富加以爱护的。孟献子说:"畜马乘之家,就不必再计较养鸡养猪之利;伐冰之家,就不必再计较养牛养羊之利;百乘之家,

中编："大小戴记"三纲礼义精华录

就不该再养活一个专门敛财的部下。与其养活一个专门敛财的部下，还不如养活一个强盗做部下。"这就是说，国家不应该以利为利，而应该以义为利。当了国君而一心想着如何敛财，必定陷入小人行径。国君想要施行仁义，却让此辈小人来管理国家，那就要闹到祸不单行，灾害并至的地步。到了这时候，即使有善人帮助，对此也无可奈何了。这就是说，国家不应该以利为利，而应该以义为利啊！

点睛：

这个生财大道不仅适用于古代，也适用于现代。中国最大的悲剧在于，后世儒生将义和利对立了起来，最后变成了儒者不言利，真是荒唐！结果连中国古典经济学轻重之术也失传了上千年，国家的经济动员能力变得极低，真正成了"小政府"，所以唐以后中国越来越弱。《大学》不是不言利啊，义本身就是为了长利啊，吾辈不可不知！

五十二、射者，仁之道也。射求正诸己，己正而后发，发而不中，则不怨胜己者，反求诸己而已矣。孔子曰："君子无所争，必也射乎！揖让而升，下而饮，其争也君子。"（《礼记·射义第四十六》）

语义：

比赛射箭这件事，其中含有求仁之道。射箭时先要求自己做到心平气和、身体端正，自己做到了心平气和、身体端正之后才开始发射。发射而没有射中目标，则不应埋怨胜过自己的人，而应回过头来检查一下自己。孔子说："君子没有什么可争的，要说有的话，那就是在射箭比赛这件事上。虽然比赛结束时胜负的双方还是客客气气地揖让而升，揖让而降，但最后仍免不了由胜者使不胜者饮罚酒。君子以不胜为耻，所以要争，而且不争就是没有君子风度。"

点睛：

显而易见，中国古代的体育精神比西方人一味追求"更高、更快、更强"来得深刻。比如射箭比赛，它要求身体与心性的完美和谐，是一种和平的竞争，也是一种教化。面对西方体育精神带来的过度竞争，难道不值得我们更多地关注中国古代的体育精神吗？

五十三、聘射之礼，至大礼也。质明而始行事，日几中而后礼成，非强有力者弗能行也。故强有力者，将以行礼也。酒清、人渴而不敢饮也；肉干、人饥而不敢食也；日莫人倦、齐庄正齐，而不敢解惰。以成礼节，以正君臣，以亲父子，以和长幼。此众人之所难，而君子行之，故谓之有行。有行之谓有义，有义之谓勇敢。故所贵于勇敢者，贵其能以立义也；所贵于立义者，贵其有行也；所贵于有行者，贵其行礼也。故所贵于勇敢者，贵其敢行礼义也。故勇敢强有力者，天下无事，则用之于礼义；天下有事，则用之于战胜。用之于战胜则无敌，用之于礼义则顺治，外无敌，内顺治，此之谓盛德。故圣王之贵勇敢强有力如此也。（《礼记·聘义第四十八》）

语义：

聘礼和射礼，是最重大的礼。天刚亮时开始举行，差不多到了中午时才能结束，不是强健有力的人便做不到。所以，只有强健有力的人才能行此重大之礼。酒已凉了，人虽然渴了也不敢喝；肉也要晾干了，人虽然饿了也不敢吃；天色已晚，人们都疲倦了，但还神态端庄，班列整齐，不敢有丝毫懈怠，坚持完成各种应有的礼节。以此来使君臣正位，父子相亲，长幼和睦。这是一般人所办不到的，而君子却能办得到，所以称君子为有行。有行就是有义，有义就是勇敢。所以说，勇敢之所以可贵，在于他能够立义；立义之所以可贵，在于他能够有行；有行之所以可贵，在于他能够行礼。人们之所以看重勇敢，是看重了他敢于实行礼义。所以勇敢坚强有力的人，在天下无事之时，就把他的勇敢坚强有力用到实行礼义方面；在天下有事之时，就把他的勇敢坚强有力用到克敌制胜方面。用到克敌制胜方面就会所向无敌，用到实行礼义方面就会无为而治。对外做到了所向无敌，对内做到了无为而治，这就叫做盛德。所以圣王对勇敢坚强有力的人是如此地看重。

点睛：

读《礼记》诸篇，便知中国古代尚武精神是今天的我们所不能想象的，也令我们惭愧。若人人只研究辞章之学，舞文弄墨，以为此是中国文化核心，误人误国深矣！

下编：新圣学十图

下编：新辑圣学十图

古人修道进德，用心良苦。

据《大戴礼记·武王践阼》，周武王刚登上君主之位时，曾在席子四周及日常器物上刻上铭文，以时刻警示自己。

公元1568年，年迈的朝鲜大儒李退溪作《圣学十图》进献朝廷，他试图以图文相结合的方法示人以圣学入道之门。李退溪在《进圣学十图札》中明确写道："道之浩浩，何处下手？古训千万，何所从入？圣学有大端，心法有至要，揭之以为图，指之以为说，以示人入道之门，积德之基……古之圣帝明王，有忧于此，是以兢兢业业，小心畏慎，日复一日，犹以为未也。立师傅之官，列谏诤之职。前有疑，后有丞，左有辅，右有弼。在舆有旅贲之规，位宁有官师之典，倚几有训诵之谏，居寝有瞽御（侍御——笔者注）之箴，临事有瞽史之导，宴居有工师之诵，以至盘盂、几杖、刀剑、户牖，凡目之所寓，身之所处，无不有铭、有戒。其所以维持此心，防范此身者，若是其至矣。"

李退溪（1501~1570年），名滉，朝鲜朝儒学泰斗。他继承程朱理学，并开创了退溪学派。李退溪毕生穷究理学，志在圣贤事业，尝自云："于书无所不读，而尤用心于性理之学。"李退溪在韩国可谓家喻户晓，韩国政府为了纪念这位思想家，将其头像印在了1000元的韩圆上。

在这样一个信息大爆炸的时代，世人最易受外物所牵。所以我们更当学古人，时时维持此心，处处防范此身，使敬慎战胜懈怠，公义战胜私欲。黄帝颛顼丹书云："敬胜怠者吉，怠胜敬者灭，义胜欲者从，欲胜义者凶。"（《大戴礼记·武王践阼》）吾辈敢不努力！

笔者从李退溪《圣学十图》中选出六幅，又从美国基督教长老会传教士丁韪良（1827~1916年）《汉学菁华》选出无名氏所作的清末广为流布的四幅图（用丁韪良的话说："这张图表的作者不详，然而作者名子的缺失丝毫无损于其价值。"），辑为《新圣学十图》，以飨读者。它们是：

太极图第一（北宋周敦颐作）

权氏大学图第二（朝鲜权近作）

无名氏大学图第三（无名氏作）

无名氏心图第四（无名氏作）

无名氏操存图第五（无名氏作）

无名氏省察图第六（无名氏作）

程氏心图第七（元代程复心作）

敬斋箴图第八（宋代王柏作）

夙兴夜寐箴图第九（朝鲜李滉作）

小学图第十（朝鲜李滉作）

这些图以简单扼要的形式阐释了入道之门，成圣之路。希望对于广大读者日常用功有所启发，有所助益。

下编：新辑圣学十图

第一章 太极图第一

题解：

《太极图说》的作者是周敦颐。周敦颐（1017~1073年），字茂叔，号濂溪，宋营道楼田堡（今湖南道县）人，北宋著名哲学家，宋明理学的开山鼻祖。

《太极图说》是其代表作，中心思想是："圣人定之以中正仁义而主静，立人极焉。"人性本静，于此立极，可谓得内圣外王之学的根本。

《太极图》源自五代宋初著名道家学者陈抟，《宋史·朱震传》载："陈抟以《先天图》传种放，放传穆修，修传李之才，之才传邵雍。放以《河图》、《洛书》传李溉，溉传许坚，许坚传范谔昌，谔昌传刘牧。穆修以《太极图》传周敦颐，敦颐传程颢、程颐。"

儒、道本来不二，后世学者侏守一隅，不通大道，何其狭隘！

本篇辑自贾顺先主编：《退溪全书今注今译》第二册，王成儒注译，四川大学出版社，1993年5月，第161~166页。

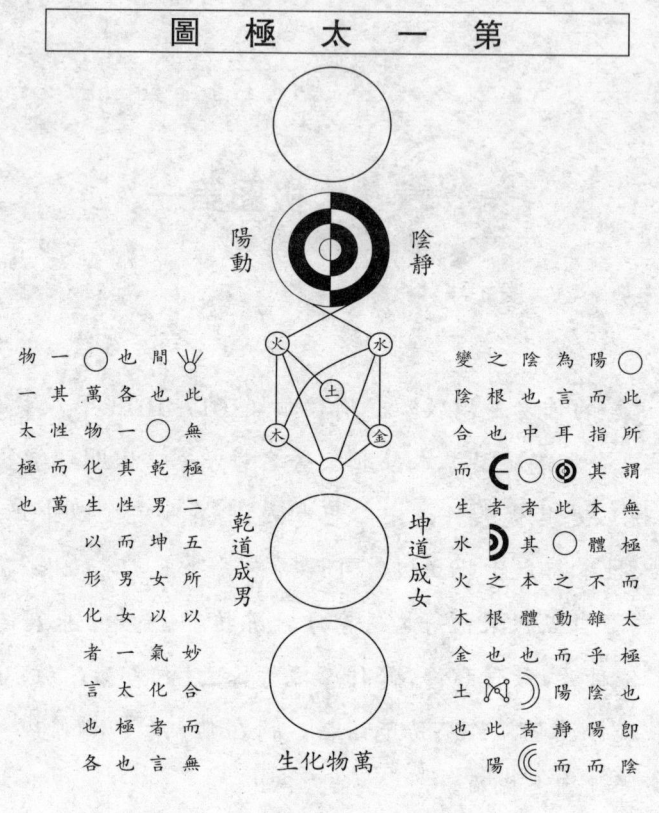

太极图说

无极而太极，太极动而生阳，动极而静，静而生阴，静极复动，一动一静互为其根，分阴分阳两仪立焉。阳变阴合而生水火木金土，五气顺布四时行焉。五行一阴阳也，阴阳一太极也，太极本无极也，五行之生也，各一其性。无极之真，二五之精，妙合而凝，乾道成男坤道成女，二气交感化生万物。万物生生而变化无穷焉，惟人也得其秀而最灵，形既生矣，神发知矣，五性感动而善恶分，万事出矣。圣人定之以中正仁义而主静，立人极焉，故圣人"与天地合其德，日月合其明，四时合其序，鬼神合其吉凶。"君子修之吉，小人悖之凶，故曰："立天之道，曰阴与阳；立地之道，曰柔与刚；立人之道，曰仁与义。"又曰："原始反终，故知死生之说。"大哉《易》也，斯其至矣。

朱子曰："《图说》首言阴阳变化之原，其后即以人所禀受明之。自惟人也，得其秀而最灵，纯粹至善之性也，是所谓太极也。形生神发，则阳动阴静之为也。

下编：新辑圣学十图

五性感动则阳变阴合，而生水火木金土之性也。善恶分，则成男、成女之象也。万事出，则万物化生之象也。至圣人定之以中正仁义而主静，立人极焉。则又有得乎太极之全体，而与天地混合无间矣。故下文又言，天地、日月、四时、鬼神，四者无不合也。"又曰："圣人不假修为而自然也，未至此而修之，君子之所以吉也，不知此而悖之，小人之所以凶也。修之悖之，亦在乎敬肆之间而已矣。敬则欲寡而理明，寡之又寡以至于无，则静虚动直而圣可学矣。"

右濂溪周子自作图并说，平岩叶氏谓此图即《系辞》"易有太极是生两仪，两仪生四象"之义，而推明之。但《易》以卦爻言，图以造化言，朱子谓此是道理大头脑处，又以为百世道术渊源，今兹首揭此图，亦犹《近思录》以此说为首之意。盖学圣人者求端自此，而用力于小、大学之类，及其收功之日，而逆极一源，则所谓穷理尽性而至于命，所谓穷神知化，德之盛者也。

译文：

无极之极就是太极。太极通过内部的自我运动，产生出阳；运动到了极限就转化为静止，静止便产生阴；静止到了极限，又再变成运动。运动和静止，两者相互将对方作为自己的根基。太极分成阳和阴后，天与地便出现了。阴阳再变化结合，又产生出了水、火、木、金、土五气。这五行之气，顺其本性变化，这样就产生了春、夏、秋、冬四时。五行统一于阴阳，阴阳统一于太极，太极原本就是指无极。五行的产生，各有各自的属性。无极的真髓，阴阳五行的精粹，微妙地结合凝聚。从而促使天的阳气形成为男人，地的阴气形成为女人。阴阳二气的交相感应，便变化产生出万物。万物的生成无穷，变化运动无尽，但只有人获得了阴阳变化中的最优秀部分，而成为万物中的有灵之物。人的体形既已经产生了人体中的精神，便产生了智慧。喜、怒、欲、惧、忧这五性因有感于外物而发动，于是便产生出人行为的善恶区别，各种各样的事情，便因此而出现。圣人为了区分人类的善恶和处理万事，提出了中正的原则，仁义的品德和实现这一原则的主静专一的修养方法，作为做人的最高标准。所以圣人能"合天地的德性，合日月的光明，合四季的序次，合鬼神的吉凶"。君子按圣人提出的标准而进行修养，便得到吉祥。小人与此相背离，便会遭受凶灾。所以说："确立了天的法则是阴和阳；确立了地的法则是柔和刚；确立了人的法则是仁和义。"又说："能知道天地万物，从始至终，又由终反始的道理，就会了解生成与灭亡的全部理论。"《周易》一书是多么的伟大呀！它在此提出了宇宙人类的最高道理。

  朱熹说，《太极图说》一文，开始是说阴阳变化的源泉，后面是说人因禀受阴阳二气而产生。由于人禀受的是阴阳变化过程中最优之气，所以便形成人的纯净精粹最善的本性，这即是所说的太极。当形体形成以后，精神便随之而发生作用，这是由阴阳的运动与静止造成的。喜、怒、欲、惧、忧五性的感应，阴阳的变化结合，便产生出水、火、木、金、土五行的各自属性。善与恶有了分别，构成男人和女人的各种外貌形象。万事的产生，是万物变化发展的不同外貌形象。直至圣人用仁义和不偏不倚的中正之道为准绳，以主静专一为方法，将之作为做人的最高标准。这些都是认识到整个太极属性的结果，所以能同天地之德混然结合得天衣无缝。因此下文便说："天地、日月、四时、鬼神，这四者也没有不是混然一体的。"又说："圣人是顺从自然的。没有增加什么修饰有为的东西。没有达到这个标准就努力学习，这是君子所以获得利吉的原因。不知这些标准而与此相背离，这是小人所以遇凶灾的理由。努力学习争取达到这个标准，主要在于主敬与放纵之间的区别。能敬就可以减少非份的欲望，而使天理明白，减少了再减少，直至无非分的贪欲，无论是动还是静，纯然是自然的流露，这样就可以学做圣人了。"

  上图是周敦颐自己所作并加上说明，平严叶采说此图即《周易·系辞》中"《易》有两仪，两仪生四象"的意思，并由此推衍出来的，但是《周易》是针对卦与爻来说的，周敦颐的《太极图说》是从万物的生成变化来说的。朱熹称此图及其说明是一切聪明智慧道理的总枢纽，认为这是千百年来道学的源泉，现首先书此图，就象《近思录》作为宋明理学的开始读物一样。大凡学圣人的人，都是从此开头入门，并且在启蒙教育的小学及经书大学上用功夫，等到功成名就的时候，再回过头来追溯其源流，即所说的穷尽事物中的理和人的本性，直达天命。这种能穷究事物之理的神妙变化的功夫是学习、认识和德行达到最高顶点的境界。

下编：新辑圣学十图

第二章 权氏大学图第二

题解：

需要特别强调，《大学》中讲的格物，是格除物欲之意，不是研究外物事理的意思，那样，就成了心外求法，最要不得，同时也偏离了《大学》中"欲修其身者先正其心"这一重要思想。郭店楚简《性自命出》说："凡道，心术为主。"修道，关键在修心，《性自命出》讲得最清楚。

本图作者为权近。权近（1352~1409年），朝鲜高丽末期、李朝初期的哲学家。字可远，号阳村。权近出身于贵族，其曾祖权溥是与其老师安晌、白颐正、禹倬等人一起最早从元朝引进程朱理学的人。1370年科举考试及第，官至密直。1392年李朝建立后，权近主张改革政治，排斥佛教，积极支持改革派，成为李朝统治阶层理论上的代言人，被拜为大提学，封为吉昌君。其对朝鲜朱子学发展有较大影响。著有《礼记浅见录》、《入学图说》、《五经浅见录》等，后刊有《阳村文集》。

本篇辑自贾顺先主编：《退溪全书今注今译》第二册，王成儒注译，四川大学出版社，1993年5月，第181~186页。

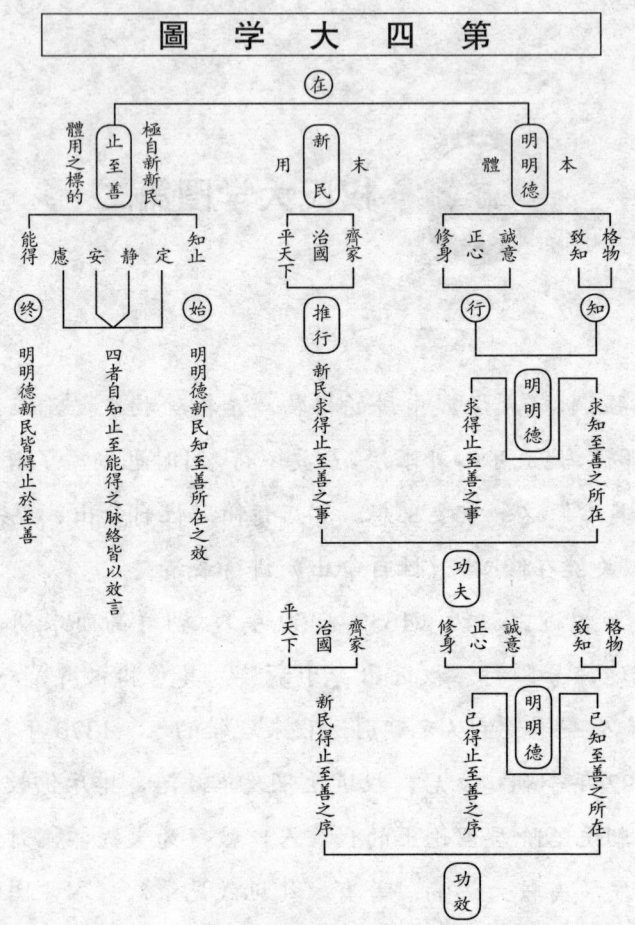

大学经

　　大学之道，在明明德，在新民，在止于至善，知止而后有定，定而后能静，静而后能安，安而后能虑，虑而后能得，物有本末，事有终始，知所先后则近道矣。古之欲明明德于天下者，先治其国，欲治其国者先齐其家，欲齐其家者先修其身，欲修其身者先正其心，欲正其心者先诚其意，欲诚其意者先致其知，致知在格物。物格而后知至，知至而后意诚，意诚而后心正，心正而后身修，身修而后家齐，家齐而后国治，国治而后天下平。自天子以至于庶人，壹是皆以修身为本。其本乱而末治者，否矣。其所厚者薄而其所薄者厚，未之有也。

下编：新辑圣学十图

或曰，敬若何以用力耶，朱子曰："程子尝以主一无适言之，尝以整齐严肃言之。"门人射氏之说，则有所谓常惺惺法者焉。尹氏之说，则有其心收敛，不容一物者焉云云。敬者，一心之主宰。而万事之本根也。知其所以用力之方，则知小学之不能无赖于此以为始。知小学之赖此以始，则夫大学之不能无赖于此以为终者，可以一以贯之而无疑矣。盖此心既立，由是格物致知，以尽事物之理，则所谓尊德性而道问学。由是诚意正心以修其身，则所谓先立其大者而小者不能夺，由是齐家治国而及乎天下，则所谓修己以安百姓，笃恭而天下平，是皆未始一日而离乎敬也。然则敬之一字，岂非圣学始终之要也哉。

右孔氏遗书之首章，国初，臣权近作此图，章下所引《或问》，通论大小学之义，说见《小学图》下，然非但二说当通看，并与上下八图，皆当通此二图而看。盖上二图是求端扩充，体天尽道极致之处，为小学大学之标准本源，下六图是明善诚身，崇德广业用力之处，为小学大学之田地事功，而敬者又彻上彻下著工收效，皆当从事而勿失者也。故朱子之说如彼，而今兹十图皆以敬为主焉。（《太极图说》言静不言敬，朱子注中言敬以补之。）

译文：

大学的宗旨在于彰明自身的光明之德，在于亲爱民众，在于使自己达到至善的境界。知道达到至善的境界而后才能确定志向，确定了志向才能心无杂念，心无杂念才能专心致志，专心致志才能虑事周祥，虑事周祥才能达到至善。万物都有其本末，凡事都有其终始。知道了应该先作什么，后作什么，那就接近于大学的宗旨了。古代想要把自己的光明之德推广于天下的人，首先要治理好自己的国家；要治理好自己的国家，就要先管理好自己的家庭；要管理好自己的家庭，就要先修养好自身的品德；要修养好自身的品德，就要先端正内心；要端正内心，就要先意念真诚；要意念真诚，就要先得大智慧；得大智慧，在于格除物欲；格除物欲后才能得大智慧，得大智慧才能使其意念真诚，意念真诚才能使内心端正，内心端正才能使品德好生修养，品德好生修养才能使家庭管理得好，家庭管理得好才能使国家得到治理，国家得到治理才能使天下太平。上自天子，下至普通百姓，都要把修养自身品德当做根本。这个根本没有抓好，而要使家庭、国家、天下的问题解决好，那是不可能的。该下力气的地方没有下，不该下力气的地方却下了力气，这样做而希望得到好的结果，也是没有的事。

  有人问，敬应该在什么地方用力呢？朱熹答道："程颐尝以使自己的思想能专一而不被外物所牵，来阐明'敬'字，尝以使自己的言行要端庄严肃讲'敬'字。"他的学生谢良佐，则要求要经常保持警觉。以作为"敬"的法则。而尹淳则认为要约束身心，不容外物才是"敬"。"敬"是一心的主宰，也是万事的根本。认识到致力于"敬"的方法，就认识了小学不能不依赖于敬并且以它为开始。知道小学要依赖于"敬"字开始，那么就认识到大学也不能不依赖于"敬"，并且以它为终结。可以用"敬"字贯穿小学与大学的自始至终，这是没有疑义的。此"主敬"之心已经确立，便可以通过"格物"，来达到"致知"，进一步穷尽事物的道理，这就是所说的"尊德性而道问学"的功夫。由"诚意"、"正心"到"修身"，这就是所说的先确立了大的方向，而小的方面便不会改变。通过"齐家"、"治国"到平定天下，这就是所说的先"修己"，然后以安定百姓，用真诚庄重的工作，以使天下太平。这些都没有一天离开了"敬"字的。如此看来"主敬"工夫，难道不是圣人的学问之自始至终的关键吗？

  上面"大学经"是孔子遗留下来的《大学》一书的第一章。李朝初期的大臣权近绘成此图。首章之后所引用的《大学或问》中，概括了大学、小学相互融会贯通的思想，论说可参见《小学图》下。然而不是说只这两图应该贯通起来看，还应结合上下八图贯通这两图看。上面这两图是寻求开端、扩充内心，体察天道最终级的方面，这是小学与大学追求的目的，也是其根本与源泉。下面六图是阐述"明善"、"诚意"、"正心"、"修身"，即崇尚扩大德业的用力之处，这是小学与大学取得实际功效的地方。而"敬"字的工夫又是自始至终贯彻在里面的，这些都应当从事情中体现出来，而绝不能割裂开来看。上面所说，便是朱熹的意思。今天所画的十图，都是以"敬"字为关键。(《太极图说》中只讲"静"而不讲"敬"'朱熹便在其注中讲"敬"加以补充。)

下编：新辑圣学十图

第三章 无名氏大学图第三

题解：

"大学之道，在明明德、在亲民、在止于至善"，此四句，阐明了大学之道内圣外王的主旨。

明代憨山大师《大学纲目决疑》释云："大学者，谓此为没量（没量，无边无量之意——笔者注）大人之学也。道字，犹方法也。以天下人见的小，都是小人，不得称为大人者，以所学的都是小方法，即如诸子百家、奇谋异数，不过一曲之见，纵学得成，只成得个小人。若肯反求自己本有心性，一旦了悟，当下便是大人。以所学者大，故曰大学。大学方法不多些子，不用多知多见，只是三件事便了：第一要悟得自己心体，故曰在明明德。其次要使天下人个个都悟得与我一般，大家都不是旧时知见，斩（通"崭"——笔者注）新作一番事业，无人无我，共享太平，故曰在亲民。其次为己为民不可草草半途而止，大家都要做到彻底处，方才罢手，故曰在止于至善。果能学得这三件事，便是大人。"

一切惟心造。内圣外王，皆在"同民心而出治道"，故治之本在治心。

本图辑自 [美] 丁题良：《汉学菁华》，沈弘等译，香港中华书局，2007年9月，第163页。为了阅读方便，笔者对该图重新绘制，并附上原图，作以解读。

193

礼之道——中华礼义之学的重建

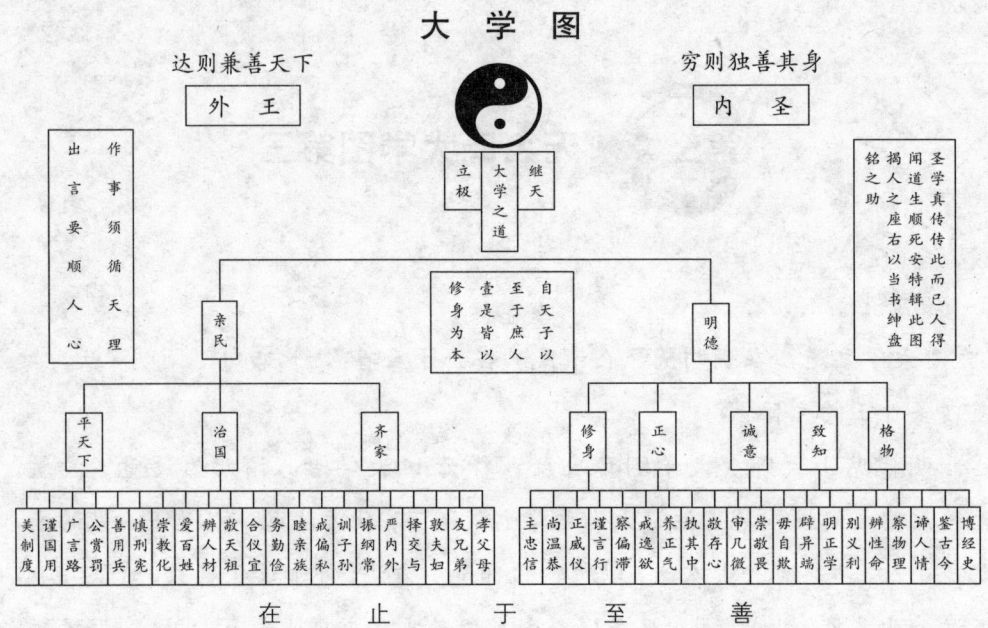

原图：

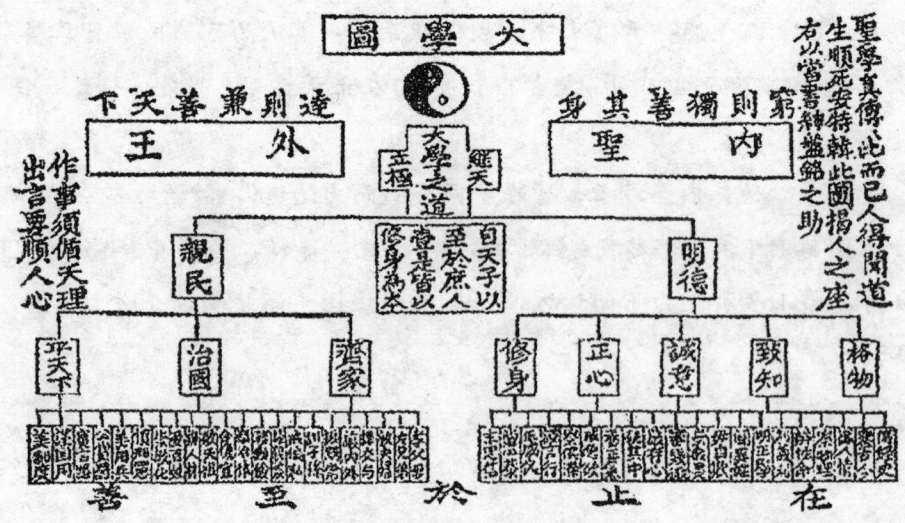

194

下编：新辑圣学十图

解读：

本图大致分以下几个层次：

一、第一层一是"内圣"，一是"外王"，中间是太极图以及"大学之道：继天立极"几个字。太极图标志着内圣外王二者间的阴阳辩证关系，内圣外王足以概括大学之道，而大学之道足以继天立极，秉承天意，为人类树立最高准则。"穷则独善其身"是指退隐不仕则要修行——作内圣之功；"达则兼善天下"是指出仕则以治国平天下为匹夫之责——尽外王之业。

二、第二层有三个要目。1. 自天子以至于庶人壹是皆以修身为本（中间）2. 明德（右边）3. 亲民（左边）

三、第三层有两大类八个要目。1. 格物、致知、诚意、正心、修身（右边）——此属于明"明德"2. 齐家、治国、平天下（左边）——此属于"亲民"。

四、第四层有两大类分四十四个条目。1. 博经史、鉴古今、谛人情、察物理、辨性命、别义利、明正学、辟异端、毋自欺、崇敬畏、审几微、敬存心、执其中、养正气、戒逸欲、察偏滞、谨言行、正威仪、尚温恭、主忠信——右边此20个细目属于上位的"格物、致知、诚意、正心、修身"。2. 孝父母、友兄弟、敦夫妇、择交与、严内外、振纲常、训子孙、戒偏私、睦亲族、务勤俭、严治体、合仪宜、敬天祖、辨人材、爱百姓、崇教化、慎刑宪、善用兵、公赏罚、广言路、谨国用、美制度——左边此22个细目属于上位的"齐家、治国、平天下"。

五、第五层为《大学》"三纲之一"，即"在止于至善"——此置于最后一层次，是对于上面所列内容的总括。

六、两侧说明文字。1. 圣学真传，传此而已。人得闻道，生顺死安。特辑此图，揭（有高举之意——笔者注）人之座右，以当书绅盘铭之助。2. 作事须循天理，出言要顺人心。

第四章　无名氏心图第四

题解：

宋以后，《孟子》一书被列为四书之一，导致性善论大行。童蒙读物《三字经》开篇即说："人之初，性本善。"

观《孟子》原文，孟子显然是从究竟意义上说人性本善，这种说法确有偏颇之处。因为人心天生有善有恶，不可能全善，所以有人心、道心之分，要我们时时用功，上达至大道。早在两千多年前，董仲舒在《春秋繁露·实性第三十六》中就指出孟子这种提法会造成名实不副，他形象地指出："孔子曰：'名不正，则言不顺。'今谓性已善，不几于无教而如其自然？又不顺于为政之道矣。且名者性之实，实者性之质，质无教之时，何遽能善？善如米，性如禾，禾虽出米，而禾未可谓米也；性虽出善，而性未可谓善也。米与善，人之继天而成于外也，非在天所为之内也；天所为，有所至而止，止之内谓之天，止之外谓之王教，王教在性外，而性不得不遂，故曰，性有善质，而未能为善也，岂敢美辞，其实然也。天之所为，止于茧、麻与禾，以麻为布，以茧为丝，以米为饭，以性为善，此皆圣人所继天而进也，非情性质朴之能至也，故不可谓性。"这段话大意是说，孔子说："名称不正，称说起来就不通顺。"如今有人认为人的本性已经善良，不是近乎不行教化而如同原来的自然状态一样吗？这种看法又和管理政事的方法不一致。况且名称是本性的实质，实质是本性的基础。基础在没接受教化时，为什么突然能够变成善？善如同米一样吗？本性如同禾苗一般。禾苗虽然能生出米，但禾苗不可以叫做米。本性虽然可以培养出善，但本性不可以叫做善。米和善，是人类继承天命形成的，不是上天自己完成的，上天的作为有其边界。在作为之内停止的叫做上天的本性，在上天作为之外的是天子教化的结果。天子的教化是在本性之外，而本性不得不随顺教化。所以说本性有善的基础，却没有达到善。哪敢讲和先圣观点不同的话，实质就是如此。上天的作为，只限于蚕茧、桑麻和禾苗。用桑麻织成布帛，用蚕茧抽成丝，用禾苗生成米，将本性变成善，这些全是圣人继承上天之命而进一步教化而成的，不是人的本性。

关于作此图的目的，作者指出："阅《大学图》，自知正心矣，然难收易放者心也，故再辑《心图》。"正心为修身之根本，心又如平原跑马，易放难收——此图值得修行人仔细参究。

本图辑自[美]丁韪良：《汉学菁华》，沈弘等译，香港中华书局，2007年9月，第167页。为了现代读者阅读方便，笔者对其重新绘制，并附上原图，作以解读。

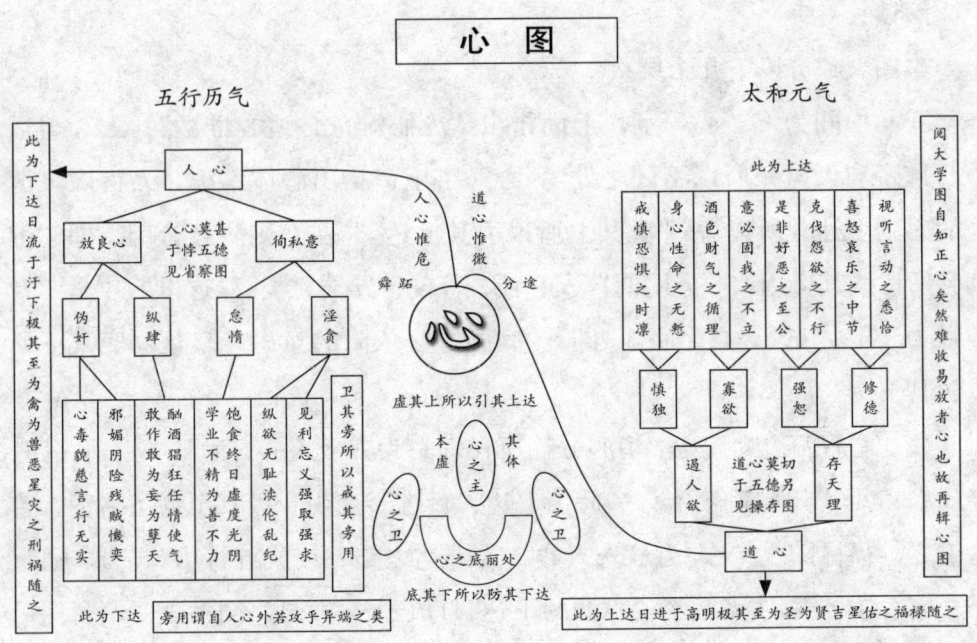

原图：

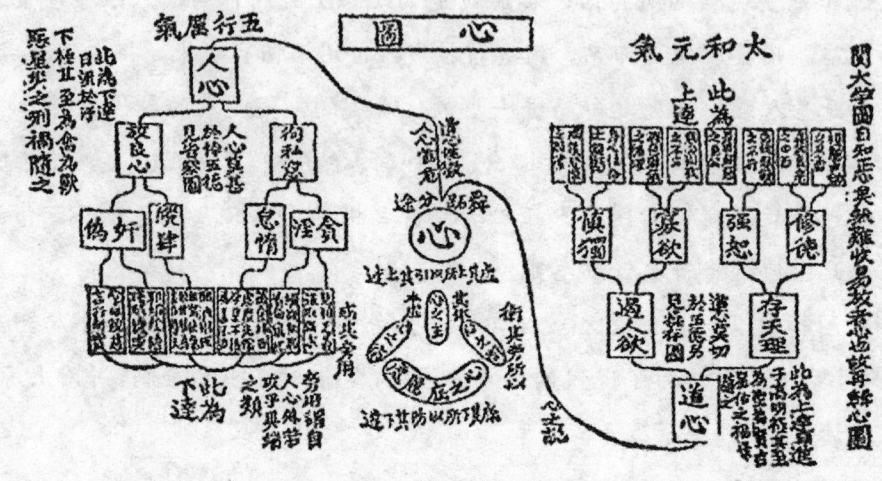

心　图

解读：

本图大致分以下几个层次：

一、中间为一"心"字，上面指出"人心惟危，道心惟微"，人心与道心乃舜帝与大盗跖所以不同之处。"心"字下，指出心体本虚，人得虚灵清静的心则上达，所以说："虚其上所以引其上达。"左右则防其旁用，即"卫其旁所以戒其旁用"，"旁用谓自人心外，若攻乎异端之类。"这里的攻是"专心致力于"之意。"心之底丽处"，"底丽"是依附的意思，就是"底其下所以防其下达"。

二、左右两边为人心、道心分途所在。右为养成道心，为君子上达之路，终成太和元气，作者解释说："此为上达，日进于高明，极其至为圣为贤，吉星佑之，福禄随之。"左为放逸人心，为下达之路，终成五行戾（"戾"通戾——笔者注）气，作者解释说："此为下达，日流于汙（"汙"同污——笔者注），下极其至为禽为兽，恶星灾之，刑祸随之。"

三、养成道心包括"存天理"、"遏人欲"两个要目。这里的"遏"字用得好，比宋明理学家常用的"灭"字好得多。"存天理"又包括"修德"与"强恕"两个要目,"强恕"是勉力于恕道的意思。"遏人欲"又包括"寡欲"和"慎独"两个要目。"修德"要作到:1. 视听言动之悉恰。 2. 喜怒哀乐之中节。"强恕"要作到:1. 克伐怨欲之不行。 2. 是非好恶之至公。"寡欲"要作到:1. 意必固我之不立。("意必固我"指《论语·子罕篇第九》中的"子绝四——毋意,毋必,毋固,毋我。")2. 酒色财气之循理。"慎独"要作到:1. 身心性命之无慙("慙"同惭——笔者注)。2. 戒慎恐惧之时凛。

四、放逸人心包括"徇私意"和"放良心"两个要目。"徇私意"包括"贪淫"与"怠惰"两个要目,"放良心"包括"纵肆"与"伪奸"两个要目。"贪淫"是指:1. 见利忘义强取强求。2. 纵欲无耻渎伦乱纪。"怠惰"是指饱食终日虚度光阴,学业不精为善不力。"纵肆"是指酗酒猖狂任情使气,敢作敢为妄为孽天。"伪奸"是指:1. 邪媚阴险残贼懱奕。("懱奕"当为烦忧之意)2. 心毒貌慈言行无实。

五、右侧说明文字:阅《大学图》,自知正心矣,然难收易放者心也,故再辑《心图》。

第五章 无名氏操存图第五

题解：

操存，即执持心志，不使放逸之意。《孟子·告子上》引孔子言心曰："操则存，舍则亡，出入无时，莫知其乡。"朱熹说："为学之要，只在着实操存，密切体认，自己身心上理会。"（《朱子全书》卷三）

无名氏《心图》右边有"道心莫切于五德，另见《操存图》"一语。《操存图》将道心落实在日常生活中。"五德"即仁、义、礼、智、信"五常"。该图将五常细分成诸德目，再将如何实践这些德目加以具体说明——这些是克念作圣的日常着力点。

本图辑自[美]丁题良：《汉学菁华》，沈弘等译，香港中华书局，2007年9月，第171页。为了现代读者阅读方便，笔者对其重新绘制，并附上原图，作以解读。

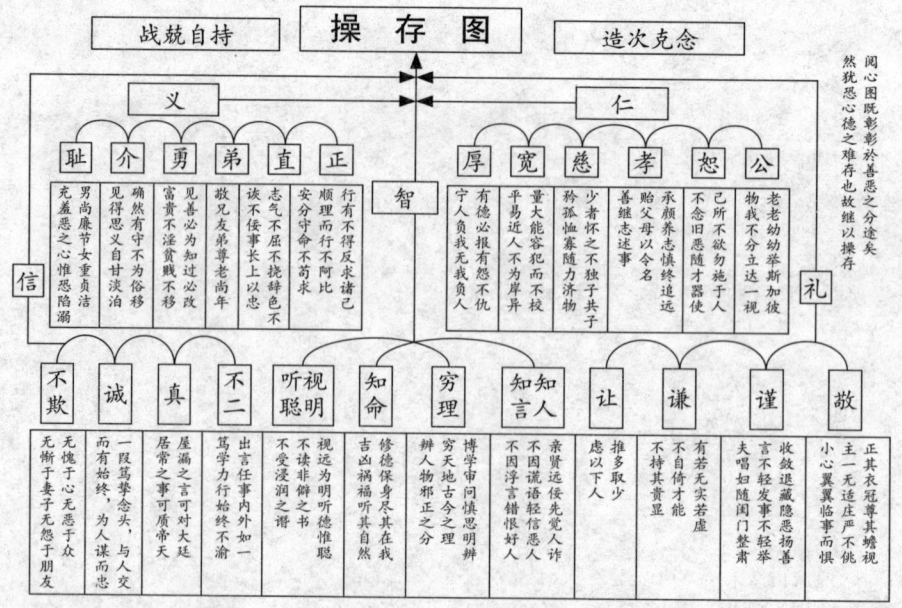

下编：新辑圣学十图

原图：

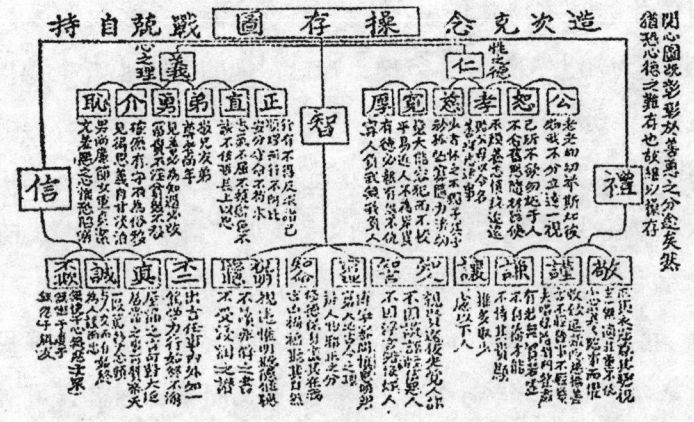

操存图

解读：

本图分仁、义、礼、智、信五大部分。

一、"仁"分为公、恕、孝、慈、宽、厚六个德目。"公"要求我们：老老幼幼举斯加彼，物我不分立达一视；"恕"要求我们：己所不欲勿施于人，不念旧恶随才器使；"孝"要求我们：承颜养志慎终追远，贻父母以令名，善继志述事（"善继志述事"就是善于继承父辈的志向，善于传述父辈的事迹）；"慈"要求我们：少者怀之不独子共子，矜孤恤寡随力济物；"宽"要求我们：量大能容犯而不校，平易近人不为岸异（"岸异"意为独特不凡）；"厚"要求我们：有德必报有怨不仇，宁人负我无我负人。

二、"义"分为正、直、弟、勇、介、耻六个德目。"正"要求我们：行有不得反求诸己，顺理而行不阿比，安分守命不苟求；"直"要求我们：志气不屈不挠，辞色不诐不佞，事长上以忠；"弟"要求我们：敬兄友弟，尊老尚年；"勇"要求我们：见善必为知过必改，富贵不淫贫贱不移；"介"要求我们：确然有守不为俗移，见得思义自甘淡泊。"耻"要求我们：男尚廉节女重贞洁，充羞恶之心惟恐陷溺。

三、"礼"分为敬、谨、谦、让四个德目。"敬"要求我们：正其衣冠尊其瞻视，主一无适庄严不佻，小心翼翼临事而惧；"谨"要求我们：收敛退藏

201

隐恶扬善，言不轻发事不轻举，夫唱妇随闺门整肃；"谦"要求我们：有若无实若虚，不自倚才能，不持其贵显；"让"要求我们：推多取少，虑以下人。

四、"智"分为知人、知言，穷理，知命，视明，听聪五个德目。"知人、知言"要求我们：亲贤远佞先觉人诈，不因谎语轻信恶人，不因浮言错恨好人；"穷理"要求我们：博学审问慎思明辨，穷天地古今之理，辨人物邪正之分；"知命"要求我们：修德保身尽其在我，吉凶祸福听其自然；"视明、听聪"要求我们：视远为明听德惟聪，不读非僻之书，不受浸润之谮。

五、"信"分为不二、真、诚、不欺四个德目。"不二"要求我们：出言任事内外如一，笃学力行始终不渝；"真"要求我们：屋漏之言可对大廷，居常之事可质帝天；"诚"要求我们：一叚（"叚"同段——笔者注）笃挚念头，与人交而有始终，为人谋而忠。"不欺"要求我们：无愧于心无恶于众，无惭于妻子，无怨于朋友。

六、右侧说明文字：阅《心图》既彰彰于善恶之分途矣，然犹恐心德之难存也，故继之以操存。

下编：新辑圣学十图

第六章　无名氏省察图第六

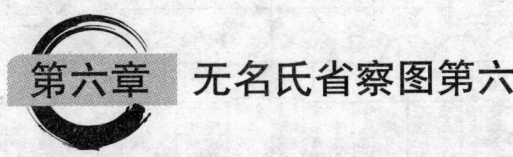

题解：

丁韪良曾将上面的《操存图》称为"美德图"，本图正好与"美德图"相反，是让我们反省自己道德上的瑕疵。无名氏《心图》左边有"人心莫甚于背五德，见省察图"，这里的"背五德"与五常相反，是指：不仁、不义、无礼、无智、不信五个方面。

《论语·学而篇第一》引曾子言曰："吾日三省吾身。为人谋而不忠乎？与朋友交而不信乎？传不习乎？"这里的"日三省"，是时时刻刻反观自心之意。王骧陆大居士曾强调说："曾子三省吾身，此三省不可指为三次，若每日三次，亦几一曝十寒矣。此三乃一日三时，初时、中时、后时也。即言无日无时不如是，日如是，月如是，久之自熟，去三月不违仁不远矣。"（《王骧陆居士全集》[下]，宗教文化出版社，2009年6月，第433~434页。）古人用功如此，值得我们学习！

本图辑自 [美] 丁韪良：《汉学菁华》，沈弘等译，香港中华书局，2007年9月，第174页。为了现代读者阅读方便，笔者对其重新绘制，并附上原图，作以解读。

203

礼之道——中华礼义之学的重建

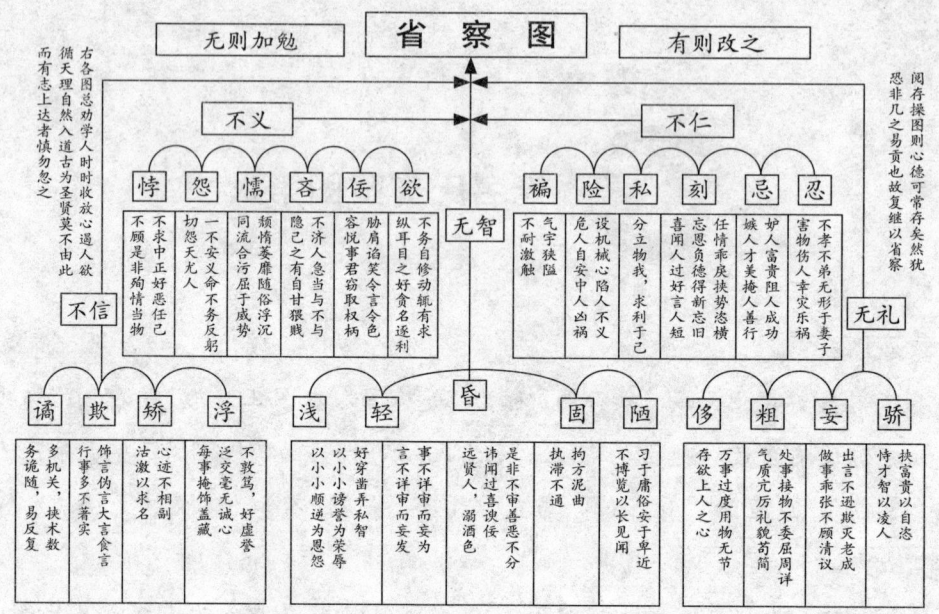

原图：

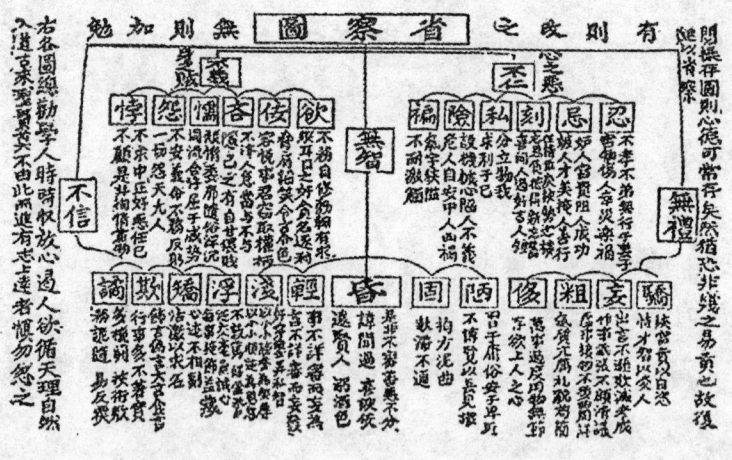

省察图

解读：

与《操存图》相对，《省察图》分不仁、不义、无礼、无智、不信五大部分。

一、"不仁"分为忍、忌、刻、私、险、褊六个方面。"忍"是指：不孝不弟无形于妻子，害物伤人幸灾乐祸；"忌"是指：妒人富贵阻人成功，嫉人才美掩人善行；"刻"是指：任情乖戾挟势恣横，忘恩负德得新忘旧，喜闻人过好言人短;"私"是指:分立物我,求利于己;"险"是指:设机械心陷人不义,危人自安中人凶祸;"褊"是指:气宇狭隘,不耐激触。

二、"不义"分为欲、佞、吝、懦、怨、悖六个方面。"欲"是指:不务自修动辄有求,纵耳目之好贪名逐利;"佞"是指:胁肩谄笑("胁肩谄笑"是指为了奉承人,缩起肩膀装出笑脸,形容巴结人的丑态。)令言令色,容悦事君窃取权柄;"吝"是指:不济人急当与不与,隐己之有自甘猥贱;"懦"是指:颓惰萎靡随俗浮沉,同流合污屈于威势;"怨"是指:不安义命不务反躬,一切怨天尤人;"悖"是指:不求中正好恶任己,不顾是非殉情当物。

三、"无礼"分为骄、妄、粗、侈四个方面。"骄"是指:挟富贵以自恣,恃才智以凌人;"妄"是指:出言不逊欺灭老成,做事乖张不顾清议;"粗"是指:处事接物不委屈周详,气质亢厉礼貌苟简。"侈"是指:万事过度用物无节,存欲上人之心。

四、"无智"分为陋、固、昏、轻、浅五个方面。"陋"是指:习于庸俗安于卑近("卑近"是低贱的意思),不博览以长见闻;"固"是指:拘方泥曲,执滞不通;"昏"是指:是非不审善恶不分,讳闻过,喜谀佞,远贤人,溺酒色;"轻"是指:事不详审而妄为,言不详审而妄发;"浅"是指:好穿凿弄私智,以小小谤誉为荣辱,以小小顺逆为恩怨。

五、"不信"分为浮、矫、欺、谲四个方面。"浮"是指:不敦笃,好虚誉,泛交,毫无诚心,每事掩饰盖藏;"矫"是指:心迹不相副,沽激("沽激"意为伪装真情骗取名誉)以求名;"欺"是指:饰言伪言大言食言,行事多不著实;"谲"是指:多机关,挟术数,务诡随("诡随"意为欺诈虚伪),易反复。

六、两侧说明文字:阅《存操图》,则心德可常存矣。然犹恐非几之易贡也。故复继以省察;右各图总劝学人时时收放心,遏人欲,循天理,自然入道。古为圣贤莫不由此。而有志上达者,慎勿忽之。

第七章 程氏心图第七

题解：

道心与人心之辨涉及中国文化的最精髓部分。一般认为道心与人心的提出源自后世伪作的《古文尚书·大禹谟》（原文："人心惟危，道心惟微；惟精惟一，允执厥中。"），这里我们一定要清楚，道心与人心之辨本身非后世伪作，因为《荀子·解蔽篇》就有：故《道经》曰："'人心之危，道心之微'，危微之几，惟明君子而后能知之。"

若拯人心之危，得道心之微，则证大道，得大智慧矣。所以紧接着荀子就形象地写道："故人心譬如盘水，正错而勿动，则湛浊在下，而清明在上，则足以见须眉而察理矣。微风过之，湛浊动乎下，清明乱于上，则不可以得大形之正也。心亦如是矣。故导之以理，养之以清，物莫之倾，则足以定是非、决嫌疑矣。"这段话大意是说，人的心就像盘中的水，端正地放着而不去搅动，那么沉淀的污浊渣滓就在下面，而清澈透明的水就在上面，那就能够用来照见胡须眉毛并看清楚皮肤的纹理了。但如果微风在它上面吹过，沉淀污浊的渣滓就会在下面泛起，清澈透明的水就会在上面被搅乱，那就不能靠它获得人体的正确映像了。人心也像这样啊。如果用正确的道理来引导它，用高洁的品德来培养它，外物就不能使它倾斜不正，那就能够准确判定是非、决断嫌疑了。

本图作者为程复心。程复心，字子见，号林隐，元代江西婺源人。早年以道学为志，师朱熹从孙洪范，又与新安学派另一重要人物胡炳文为学友，由此登"朱子之学"堂奥。中年后笃学践行，用力更深，曾授徽州路儒学教授。他的学术以治《四书》为其长，而学本朱熹，终生致力于阐释朱熹《四书》为旨。以30年之功，著《四书章图》，发扬朱熹之微言，间以自己的心得体会，

下编：新辑圣学十图

阐扬朱熹学说的未尽之处。

本篇辑自贾顺先主编：《退溪全书今注今译》第二册，王成儒注译，四川大学出版社，1993年5月，第207~212页。

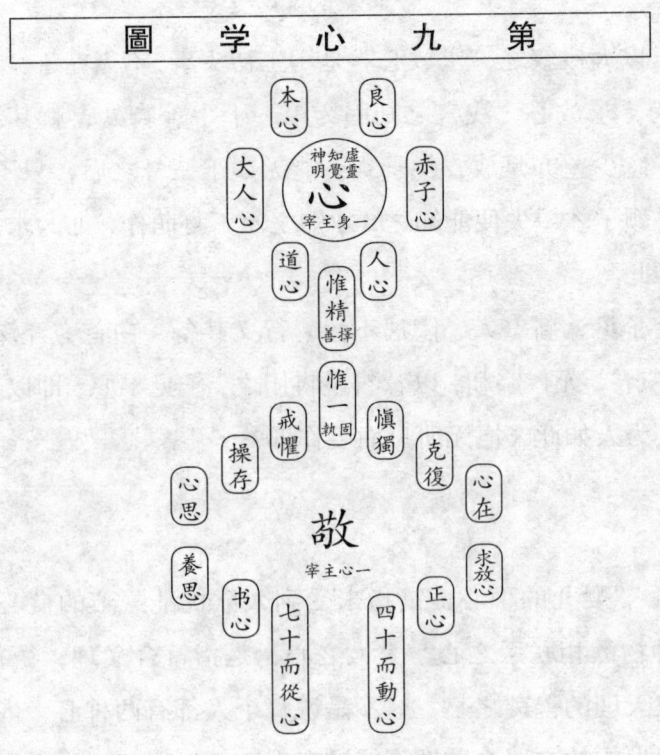

心学图说

林隐程氏复心曰："赤子心是人欲未汩之良心，人心即觉于欲者。大人心是义理具足之本心，道心即觉于义理者，此非有两样心，实以生于形气则皆不能无人心。原于性命，则所以为道心，自精一择执以下，无非所以遏人欲而存天理之工夫也。慎独以下，是遏人欲处工夫，必至于不动心，则富贵不能淫，贫贱不能移，威武不能屈，可以见其道明德立矣。戒惧以下，是存天理处工夫，必至于从心，则心即体，欲即用，体即道，用即义，声为律而身为度，可以见不思而得，不勉而中矣。要之，用工之要，俱不离乎一敬。盖心者，一身之主宰，而敬又一心之主宰也。学者熟究于主一无适之说，整齐严肃之说，与夫其心收敛常惺惺之说，则其为工夫也。尽而优入于圣域，亦不难矣。"

右林隐程氏掇取圣贤论心学名言，为是图。分类对置，多而不厌，以见圣学之法，亦非一端，皆不可不用功力云尔。其从上排下，只以浅深生熟之大概言之，有如此者，非谓其工程节次，如致知、诚意、正心、修身之有先后也。

或疑既云以大概叙之，"求放心"是用工初头事，不当在于"心在"之后。

臣窃以为，求放心，浅言之则固为第一下手著脚处，就其深而极言之，瞬息之顷，一念少差亦是放，颜子犹不能无违于三月之后，只不能无违于斯涉于放。惟是颜子才差失便能知之，才知之便不复萌作，亦为求放心之类也。故程图之叙如此。

程氏，字子见，新安人，隐居不仕，行义甚备，白首穷经深有所得，著《四书章图》三卷，元仁宗朝，以荐召至将用之，子见不愿，即以为乡郡博士，致仕而归，其为人如此，岂无所见而妄作耶？

译文：

程复心说："婴儿的稚心，是指未受到人欲扰乱蒙蔽的良心，而人心是指已经和各种物欲相联系之心。大人之心，是指符合义理，德行高尚之心。道心是指反映天理的善良之心，这不是说每个人都有两种心，人原本是由形气与理结合而生成的，那么谁都不能没有人心，但形气之中又以理作为天命本性的源泉，造就成为道心。（图中）自精粹纯一地执守中正之道的道心以下，无非都是用来遏止人欲，保存天理的工夫。自'慎独'以下，是在遏止人欲处下功夫，并一定要达到内心不被外物所牵，做到富贵不能乱我之心，贫贱不能变我之志，威武不能屈我之节操，以达到道明、德立的境界。自'戒惧'以下，是如何在保存天理方面下功夫，并一定要达到随心所欲也不会违背天理的境界。如此则本心就是体，欲望就是用，体就是道，用就是义，语言就是法则，行为就是尺度，可以表现出不用思虑就会有所获得，不用鼓励就可以达到天理的要求。简要地说来，用功的关键，全在于不能背离专一与主敬功夫。心是一身的主宰，而敬又是一心的主宰。学者要娴熟地掌握弄懂主敬专一，心不外适的思想和庄重严肃没有邪僻之心的方法，经常收敛本心，保持清醒机警的头脑,这些都是求学问的功夫。能身体力行地穷尽这些道理,进入圣人的境界就不困难了。"

上面是程复心摘取圣贤们讨论心学的名言而画出的图。他分成类别,加以处理,虽多却不觉得厌烦,这说明圣学的传心养性方法,也不是只有一个端绪,大家都应该去用功研究和寻找啊!图中自上而下,只是从浅到深、从生到熟而已。大概地说,像这样的话,并不是说它的硬性程次目录,如同"致知"、"诚意"、"正心"、"修身"这些有先后次序的事一样。

有人疑问,既然是以大概来说的,那么收敛"放心"是用功的开始,就不应当放在"心在"之后。

臣私下认为,收敛"放心",从浅显地角度来讲,固然应是用功的开始;从深入地终极角度来讲,在瞬息变化之间,在心头一念稍有差错之际也是放逸。颜回犹不可能在三月之后保证不背离仁,只是在这里讲不要背离,更不能放逸自心。也只有颜回才是刚刚有所差失,便能立刻认识,刚刚认识到它,便不会重复萌发,其实这也是收敛"放心"一类。所以程复心的图是如此画的。

程复心,字子见,新安人。过着隐居的生活,从未任过官职,行为非常讲究气节,深入研究学问,直至年老白头时。他所得非常深刻,著有《四书章图》三卷。元朝仁宗时期,由荐举而被召入朝,正考虑任用他做官,但是程复心不愿意,最后他作为乡郡博士回到家中。他是这般地为人,难道他所提出的见解,会是乱说的吗?

第八章 敬斋箴图第八

题解：

内静外敬是礼仪的基本规范。外敬是内静的外在体现，内静是外敬的内在基础。

《敬斋箴》的作者是著名理学家朱熹。他是据张栻的《主一箴》而作，用以阐发自己的持敬理论。朱熹（1130~1200年），字元晦。南宋江南东路徽州府婺源县（今江西省婺源）人。19岁进士及第，曾任荆湖南路安抚使，仕至宝文阁待制。为政期间，申敕令，惩奸吏，治绩显赫。

本图的作者是王柏。王柏（1197~1274年），字会之，号鲁斋，婺州金华人。从何基学习，是朱熹的三传弟子。景定五年（1264年），王柏任丽泽书院讲席。著有《诗疑》、《书疑》等，已佚。明正统年间六世孙王迪衷为其集为《王文宪公文集》二十卷。

本篇辑自贾顺先主编：《退溪全书今注今译》第二册，王成儒注译，四川大学出版社，1993年5月，第213~219页。

下编：新辑圣学十图

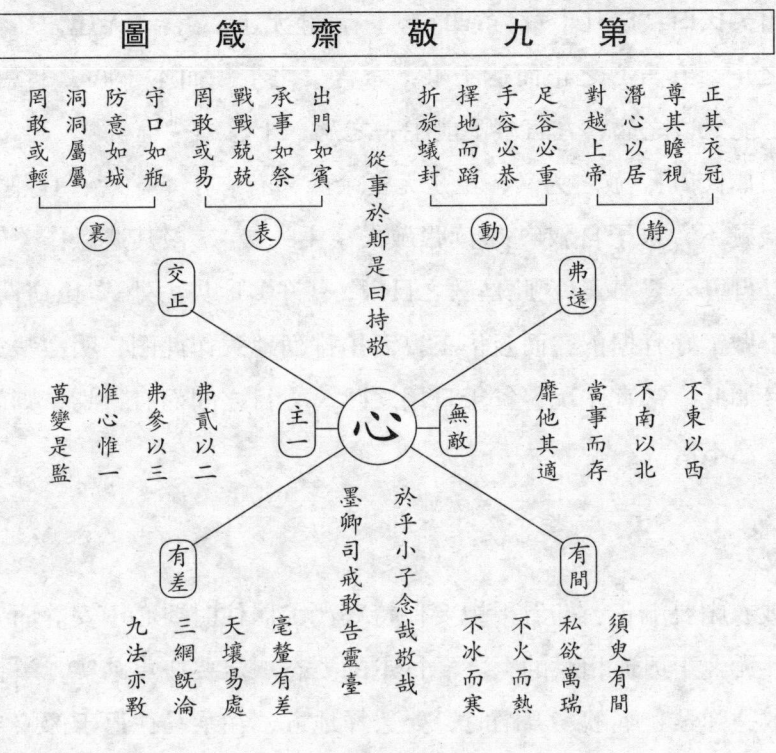

敬斋箴

正其衣冠，尊其瞻视，潜心以居，对越上帝。足容必重，手容必恭，择地而蹈，折旋蚁封。出门如宾，承事如祭，战战兢兢，罔敢或易。守口如瓶，防意如城，洞洞属属，罔敢或轻。不东以西，不南以北，当事而存，靡他其适。弗贰以二，弗参以三，惟心惟一，万变是监。从事于斯，是曰持敬，动静弗违，表里交正。须臾有间，私欲万端，不火以热，不冰以寒。毫厘有差，天壤易处，三纲既沦，九法亦斁。于乎小子，念哉敬哉，墨卿司戒，敢告灵台。

朱子曰："周旋中规，其回转处欲其圆，如中规也。折旋中矩，其横转处，欲其方，如中矩也。蚁封，蚁垤也。古语云，乘马折旋于蚁封之间。言蚁封之间，巷路屈曲狭小，而能乘马折旋于其间，不失其驰骤之节，所以为难也。守口如瓶，不妄出也，防意如城，闲邪之入也。又云，敬须主一，初来有个事，又添一个，便是来贰，他成两个，元有一个，又添两个，便是参，他成三个。须臾之间以时言，毫厘之差以事言。"

临川吴氏曰:"箴凡十章,章四句。一言静无违,二言动无违,三言表之正,四言里之正,五言心之正而达于事,六言事之主一而本于心,七总前六章,八言心不能无适之病,九言事不能主一之病,十总结一篇。"

西山真氏曰:"敬之为义,至是无复余蕴,有志于圣学者,宜熟复之。"

右箴题下,朱子自叙曰:"读张敬夫《主一箴》,掇其遗意作《敬斋箴》,书斋壁以自警云。"又曰:"此是敬之目说,有许多地头去处。"臣窃谓"地头"之说,于做工好有据依,而金华王鲁斋柏排列地头作此图,明白整齐,皆有下落。又如此,常宜体玩警省于日用之际、心目之间而有得焉,则敬为圣学之始终,岂不信哉。

译文:

穿戴衣帽要端正,仰看平视要保持尊严,居住时要心中安静而专一,作人做事,无愧于遥遥相对的上天。行走的姿态一定要庄重踏实,举止仪表一定要恭敬,弹琴、唱歌、舞蹈时,要选择地方,在乘马往返于像蚁穴那样曲折的小路中,也要能保持其奔驰之势。出门(工作)好像去接待贵宾一样,承担的事严肃认真,好像去参加大祭时的典礼,经常谨慎小心地作事,不敢有一点疏忽。像堵塞住瓶口一样不要随便说话,像筑起城墙一样地严防邪念随时侵入心中,恭敬虔诚地对待一切,不敢有一丝一毫的轻视。要表里如一,不能以西而向东,不能以北而向南,按事物的本来实际办事,而不要被外物的引诱以放失本心。要保持专一的心境,不能因没有二而说成二,没有三而说成三,惟有心境的专一,才能把握住事物的万变。像这个样子去学习和作事,就叫做"持敬"。无论动与静都不违背上述原则,就会表与里都相互一致而正确无误。假如你有短时间的背离,也会产生出千万种私心杂念,那就如同没有接触火而感到熟,没有碰到冰而感到寒冷一样躁怒忧惧。一旦有一丝一毫的差错,也会造成天地那样远的差别,三种主要的道德纲常既然已经被淹没,那么九种主要的治国大法也就被败坏。对于我们这些人,要时刻记住这些,加以勤勉警戒,并以此常常来告诫自己的心灵。

朱熹对《敬斋箴》作补充说:"在周旋回转时一定要像规所画的圆形一样,

有一定的风度。在折旋横转时，应成方形。要像矩所画的方形一样。总之人们的进退容止，都要符合一定的标准。蚁封，即蚁穴外面隆起的小土堆。古语讲，乘马在蚁穴外隆起的小土堆之间行走。是说蚁穴外的小土堆之间虽然通道狭窄而曲折，但仍然能够在其中乘马，可以不失掉奔驰的风度，这自然是很难的事情。守口如瓶，是指说话时，不要随意地乱说。防意如城，是讲决不能让邪恶的意念随时侵入心中。又说，敬必须是始终专一，开始有一件事，又添上一件事，这就成了两件事。原初有一件事，又添上两件事，这就成了三件事。须臾之间，是指时间而言；毫厘之间是指事物的大小而言。"

临川吴氏说："此箴共十条法规，每条有四句。一是讲在日常的生活起居时，不要背离主静的原则；二是讲动时不要有所背离本心；三是讲外表要端正；四是讲内在要端正；五是讲本心要正直，才能通达各种事情；六是讲做事时，在心中要始终保持专一；七是总结前六条的法则；八是讲心不能没有被外物引诱的毛病；九是讲做事也会有不能始终如一的不足之时；十是全篇的总结。"

真德秀说："敬的含义，达到这个水平，也就没有什么话再多讲了。有愿成就圣学大道的人，应当娴熟地不断照此去做。"

上面《敬斋箴》的题下面，朱熹曾自己写了序文，说："读张拭关于主一的告诫，择取他的遗意而作此《敬斋箴》，并写在墙上，用以自我警戒。"又说："这些是敬的条目，还有许多方面可以发挥。"臣李滉私下认为，朱熹的许多方面论说，使做起事来的具体行为有所依据，而金华的王柏便依据朱熹上述排列而作出此图，使全文的思想清淅明白，字句整齐，而且都有所着落。这样更适宜于进行体察玩味，以及自警反省，这不论是在日常生活之中，或是在内心里，都会有所收获。所以"敬"的功夫，贯穿圣人学问的开始和终结，难道不是这样吗！

第九章  夙兴夜寐箴图第九

题解：

"夙兴夜寐"是起早睡晚之意，言勤劳。这是要我们时时刻刻照顾本心，不忘作功夫。所以文章特别强调慎独。需要说明的是，郑玄以后学人多将"慎独"理解为"独处时谨慎不苟"，这一理解多偏颇之处。因为据1993年出土的郭店楚简《五行》，我们知道，"独"要求我们舍弃身体感官对外物的知觉，返回自心，是极高的修行境界。上面说："言至内者之不在外也，是之谓独。独也者，舍体也。"《庄子·大宗师》也说："参日而后能外天下。已外天下矣，吾又守之，七日而后能外物。已外物矣，吾又守之，九日而后能外生。已外生矣，而后能朝彻，朝彻而后能见独，见独而后能无古今，无古今而后能入于不死不生。"

如果将慎独这种心地上的功夫世俗化，显然不利于学人的进步。

《夙兴夜寐箴》，一名《朝夕箴》，作者是宋人陈柏。陈柏，字茂卿，生平无所考。记其最详者为明代学者宋濂，在《题朝夕箴后》（载《文宪集》，《文渊阁四库全书》卷20，北京商务印书馆，2005年）中，宋濂写道："右《朝夕箴》，一名《夙兴夜寐箴》，凡二百八字，南塘先生陈公之所撰也。先生讳柏，字茂卿，台之仙居人。与同邑谦斋吴梅卿清之，直轩吴谅直翁父子游，而深于道德性命之学。盖自谦斋从考亭门人传其遗绪，而微辞奥旨尧生得之为多。当时有愧堂郑雄飞景温，辈行虽稍后，而事先生为甚谨。人以其学行之同通，以四君子称之。今观先生之著此箴，本末明备体用兼该，非真切用功者当不能为是言。乡先生鲁斋王柏会之读而善焉，以教上蔡书院诸生，使人录一本置于坐右。则其所以尊尚者为何如哉！呜呼，前修日远，后生小子不知正学之趋，惟文辞是攻，是溺志亦陋矣。濂故表而出之，并系先生师友之盛于其后，以励同志者云。"

另外《宋诗纪事》卷七十七收陈柏诗一首,亦别有风味。诗云:"携书入空山,几若与世绝。俯仰一室间,颇见古人别。良朋令人思,思君意弥切。食芹差自甘,那得共君啜。"

《夙兴夜寐箴图》的作者是李滉;本篇辑自贾顺先主编:《退溪全书今注今译》第二册,王成儒注译,四川大学出版社,1993年5月,第221~225页。

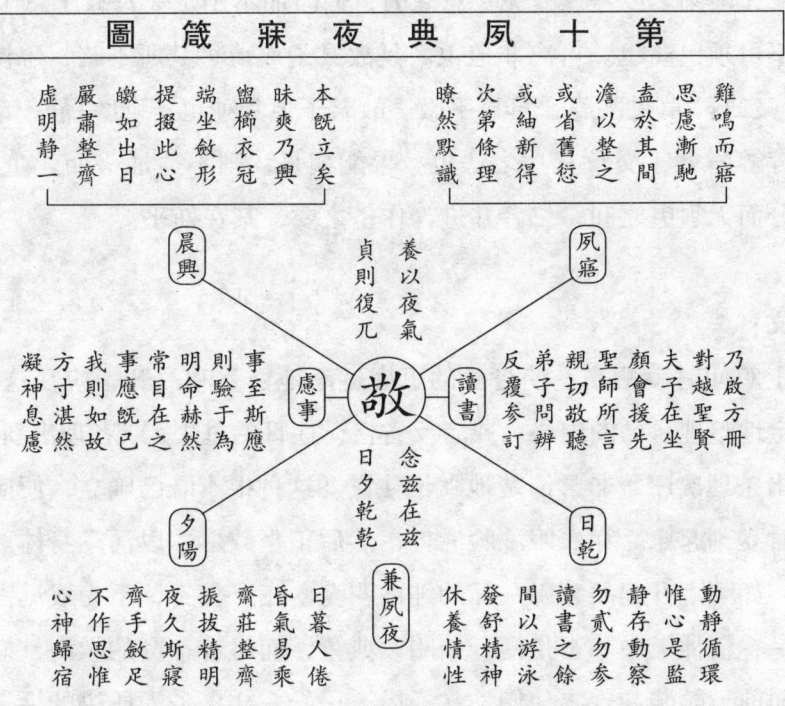

夙兴夜寐箴

鸡鸣而寤,思虑渐驰,盍于其间,澹以整之。或省旧愆,或紬新得,次第条理,了然默识。本既立矣,昧爽乃兴,盥栉衣冠,端坐敛形。提掇此心,皦如出日,严肃整齐,虚明静一。乃启方册,对越圣贤,夫子在坐,颜曾后先。圣师所言,亲切敬听,弟子问辨,反复参订。事至斯应,则验于为,明命赫然,常目在之。事应既已,我则如故,方寸湛然,凝神息虑。动静循环,惟心是监,静存动察,勿贰勿参。读书之余,间以游泳,发舒精神,休养情性。日暮人倦,昏气易乘,斋庄整齐,振拔静明。夜久斯寝,齐手敛足,不作思惟,心神归宿。养以夜气,贞则复元,念兹在兹,日夕乾乾。

右箴，南塘陈茂卿柏所作，以自警者。金华王鲁斋尝主教台州上蔡书院，以是箴为教，使学者人人诵习服行，臣今谨仿鲁斋《敬斋箴图》作此图，以与彼图相对，盖《敬斋箴》有许多用工地头，故随其地头而排列为专图。此箴有许多用工时分故，随其时分而排列为图。

夫道之流行于日用之间，无所适而不在，故无一席无理之地，何地而可辍工夫，无顷刻之或停，故无一息之时，何时而不用工夫？故子思子曰："道也者，不可须臾离也。可离非道也。是故君子戒慎乎其所不睹，恐惧乎其所不闻。"又曰："莫见乎隐，莫显乎微。故君子慎其独也。"此一静一动，随处随时，存养省察，交致其功之法也。果能如是，则不遗地头而无毫厘之差，不失时分而无须臾之间，二者并进，作圣之要，其在斯乎。

译文：

早上鸡叫时就醒来，使自己的思虑逐渐地恢复和放开，应在这个时候，恬静安定地整理自己的内心。或者反省检讨往日的过失，或者理出新的心得，以排列出条理次序，非常清楚地默记住它。这种根本既已确立，便应乘天未全明之时立刻起床。穿衣服洗脸漱口，然后正坐敛形，以活动身体。使自己的心境，如刚刚升起的太阳一样的纯洁明亮，庄严整齐，不为成见占有而能安静专一，精神集中。于是便开始阅读典籍，面对着圣贤的教诲，好像孔子便坐在面前，颜渊和曾参他们站在一后、一先一样。圣人所讲的话，倍感亲切并怀着崇敬的心情聆听。弟子们的询问与辩论，要反复再三地检验订正。事情出现了，则可以用所学的知识和方法去应对，更应该在自己的行为之中去实践和检验，应知道天命的威严，要常常看到这一点。事情的应对既然已经告一段落，而我则仍然如故，应集中心的思虑能力，聚精会神地深入思考问题。动与静循环不止，只有心能主宰把握。静时要善于保存本心而不为外物引诱，动时心要能体察万物而不妄乱发作，特别要能专心致意地思考问题，切忌三心二意。读书之外的休息时间，可以去参加唱歌和游泳活动，用以抒发自己的精神和陶冶自己的性情。日落黄昏的时候，人已开始疲倦，昏乱之气容易乘虚而人，这就更应该整齐自己的身心，振奋自己的精神。夜深之后，就应该及时入睡，收敛手脚，不再思考问题，使心神有所归宿，保养清明纯净的心中之气，使由夜晚而回复到天明，时刻记住这些，日日夜夜，自强不息。

上面的警戒之语，是南塘的陈茂卿所作，用来自我警戒的。金华的王鲁斋曾经在台州的上蔡书院主持教学工作，专门用陈茂卿的这些警语来教诲学生，使学生每个人都诵读，并依照去做。臣李滉现在模仿王鲁斋《敬斋箴图》画出上图，以许多方面需要用功去做，所以他随着各个方面排列成图。而《夙兴夜寐箴》中的要求，有许多是按时间去做的，所以我便随着时间的顺序画出此图。

圣人的学问并不脱离实际，流行在人们日常生活之中，没有不到达的地方，也没有哪里不存在。所以，圣学的道理，没有那个地方不需要学习和不能学习，也没有顷刻之间可以停止学习和不需要用功夫的。所以子思说："道是人一刻也不能离开的，如果是可以离开的，那就不是道了。所以君子对于自己的行为，就是要在人所未看见的地方，也要小心谨慎；在人所未听到的地方，也要警惕恐惧。"又讲："最隐密的事情，正是最容易暴露的；微细的事情，正是最容易明显的。所以君子即使在他独自居住的时候，也要谨慎地照顾本心。"这就是在一静一动之中，在任何时候，任何地方，都要保持警惕，常常审察自己的身心，使它处于清静、纯正善良的状态之中。这种"存养""审察"交互使用的功夫，就是一个人立功、立德的方法。果真能够如此的话，那么就不会遗漏任何一个方面，不会出现一丝一毫的差错，也不会失去一点时间，不会有片刻的间断。两者齐头并进，这就是成为圣贤的要领。

第十章 小学图第十

题解：

《小学》是朱熹与其弟子刘清之合编的小学教材。朱熹在《小学序》中提到了编辑是书的目的："古者小学，教人以洒扫，应对，进退之节；爱亲，敬长，隆师，亲友之道。皆所以为修身，齐家，治国，平天下之本，而必使其讲而习之于幼穉（"穉"同稚——笔者注）之时。欲其习与智长,化与心成，而无扞格（扞格：抵触，格格不入——笔者注）不胜之患也。今其全书虽不可见而杂出于传记者亦多。读者往往直以古今异宣，而莫之行。殊不知，其无古今之异者，固未始不可行也。今颇搜辑，以为此书，授之童蒙资其讲习。庶几有补于风化之万一云尔。"

此题辞放在《小学序》的后面，正文的前面。

《小学图》的作者是李滉，其内容是按《小学》目录为基础编排；本篇辑自贾顺先主编：《退溪全书今注今译》第二册，王成儒注译，四川大学出版社，1993年5月，第175~180页。

下编：新辑圣学十图

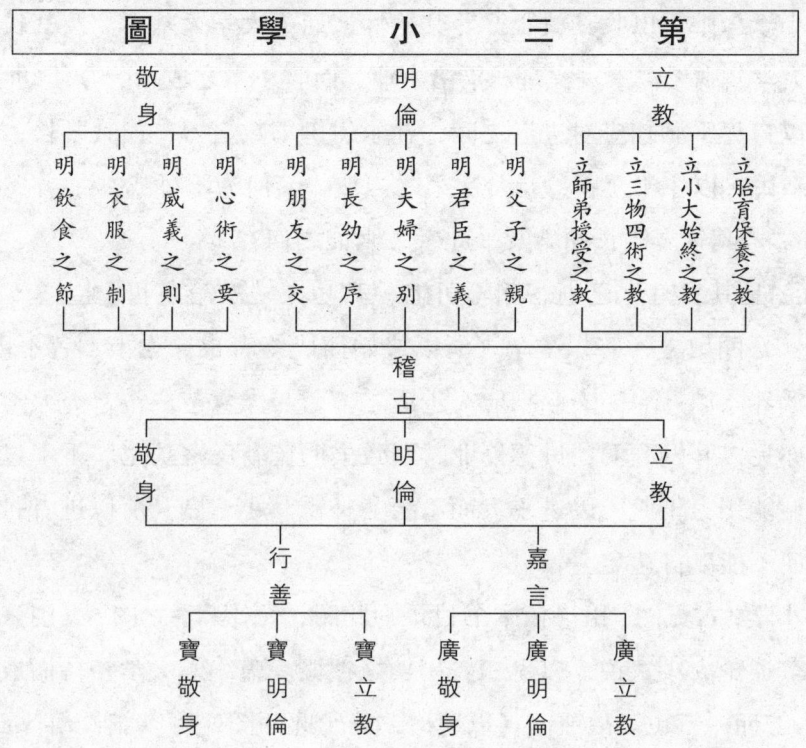

小学题辞

元亨利贞，天道之常，仁义礼智，人性之纲。凡此厥初，无有不善，蔼然四端，随感而见。爱亲敬兄，忠君弟长，是曰秉彝，有顺无疆。惟圣性者，浩浩其天，不加毫末，万善足焉。众人蚩蚩，物欲交蔽，乃颓其纲，安此暴弃。惟圣斯恻，建学立师，以培其根，以达其支。小学之方，洒扫应对，入孝出恭，动罔或悖。行有余力，诵诗读书，咏歌舞蹈，思罔或逾。穷理修身，斯学之大，明命赫然，罔有内外。德崇业广，乃复其初，昔非不足，今岂有余。世远人亡，经残教弛，蒙养弗端，长益浮靡。乡无善俗，世乏良材，利欲纷挐，异言喧豗。幸兹秉彝，极天罔坠，爰辑旧闻，庶觉来裔。嗟嗟小子，敬受此书，匪我言耄，惟圣之谟。

或问，子方将语人以大学之道，而又欲其考乎小学之书，何也？

朱子曰："学之大小，固有不同，然其为道则一而已。是以方其幼也，不习之于小学，则无以收其放心，养其德性，而为大学之基本。及其长也，不进之于大学，则无以察夫义理，措诸事业，而收小学之成功。今使幼学之士，必先有以自尽乎洒扫应对进退之间，礼乐射御书数之习，俟其既长，而后进乎明德新民，以止于至善，是乃次第之当然，又何为不可哉？"

曰："若其年之既长而不及乎此者，则如之何？"

曰："是其岁月之已逝，固不可追，其功夫之次第条目，岂遂不可得而复补耶？吾闻敬之一字，圣学之所以成始而成终者也。为小学者不由乎此，固无以涵养本源，而谨夫洒扫应对进退之节，与夫六艺之教，为大学者不由乎此，亦无以开发聪明，进德修业，而致夫明德新民之功也。不幸过时而后学者，诚能用力于此，以进乎大而不害兼补乎其小，则其所以进者，将不患其无本而不能以自达矣。"

右小学，古无图，臣谨依本书目录为此图，以对大学之图，又引朱子《大学或问》通论大小之说，以见二者用功之梗概。盖小学大学相待而成，所以一而二，二而一者也。故或问得以通论，而于此两图，可以兼收相备云。

译文：

春、夏、秋、冬，这是天道运动变化的日常规律；仁、义、礼、智，这是人性固有的纲领。凡是以此为出发点，没有不善的。仁、义、礼、智四端和和气气的样子，随着感情的发动显现了出来。亲爱父母尊敬兄长，效忠君王敬爱长者，这就叫遵守优秀的道德伦理，以顺应无限的天道。唯有圣人的本性，才像浩大无边的苍天，不加一丝一毫的人为，原本就是万善俱足的。平民百姓纷扰粗野，各种物欲交相为蔽，于是使人性固有的善良本念逐渐颓废，走上自暴自弃的道路。唯有圣人发恻隐之心，建立学校聘请师长，以培育人民的德性根本，再从根本长成枝繁叶茂的大树。小学的教育方法，是从洒水、扫地、待人、接物开始，在家要讲孝道，出门要注意尊重长者和他人，行为不要背离道德法纪。如果还有剩余精力和时间，就要诵《诗》读《书》，以增长知识，唱歌跳舞，以锻炼身体，使自己的思想不要超越道德法纪的范围。穷究事物之理，修养心性，这是儒学非常重大的道理，明白天命的显赫盛大和人心的善良本性是一致的，而没有内外之别。到德性崇高业迹广阔之后，再回到其开初的时候，更一步体会过去并不是本身没有，今天也不是有剩余。世代已遥远了，那时的圣人已不在了，现在留下来的只有残缺的经卷和松懈的教育，如果在儿时，没有良好的教养以开其端，长大以后行为就会更加轻浮和放浪。乡野之间如果没有好的风俗，社会上也不会有优良的贤才，大家都陷于相互欺诈和唯利是图的争夺之中，各种胡说八道的议论就会甚嚣尘上。非常幸运的是，在我们国家里，优良的道德伦理法则还不曾堕落，因此使我们有机会辑录历史资料，用来教育和觉醒后代之人。希望年少的学生们，要恭敬地努力学习此书，这可不是我老汉的个人说法，而是圣人的教诲。

有人问，你既然将给人讲述《大学》的理论，可是又要人学习《小学》的道理，这是为什么？

朱熹说："小学与大学，固然有所不同，但是作为圣人之学则完全是一致的。所以，正当其年幼之时，不对小学的内容有所练习实践，就不能掌握收回'放心'的功夫，不能修养好德性而奠定以后学习大学的基础。到长大以后，不能进一步学习大学，就没有办法体察义理，把学到的东西运用于事业之中，收到小学奠定好的基础之功。现今对幼童进行的启蒙教育，必须先使他自己尽量学会洒水、扫地、待人、接物等事情，做好礼、乐、射、御、书、数这六项教育内容的基础练习。等到长大时，再进一步学习'明德'、'新民'和'止于至善'等内容。这是教育次序的理所当然，怎么能不这样做呢？"

问："如果他的年龄已经长大，而又未学习过小学，应该怎么办呢？"

答："已经逝去的年龄。固然不可能追回来。但是，做学问的次序、条目、内容，难道不可以把它们补回来吗？我听说就'敬'这个字来讲，其专一不二的精神，正是圣人做学问之所以能坚持到自始至终的原因。作为启蒙教育的小学，不从这种精神出发，就没有什么用来修养自己的本心，以恭恭敬敬地搞好洒水、扫地、待人、接物等礼节之事，也不可能很好地从事礼、乐、射、御、书、数六艺的学习。作为圣人学问的大学的学习，不从这种精神出发，也就不能用来开发自己的聪明才智而进行德业的修养，也就不能达到'明德'、'新民'的功效。因某种原因而错过小学的学习年龄,后来开始学习的人，如果真正地能在这种精神上刻苦用功，也可以凭这种精神在学习大学时，同时补上小学的内容。那么，他在大学方面的进展，将不会因为没有小学的基础，而不能达到完善的地步。"

上面的小学题辞，古代时没有图，我非常谨慎地依据该书的目录画出此图，以与大学的图相对应。又引用了朱熹的《大学或问》中，贯通论说大学与小学关系的论述，以说明大学与小学两个方面功夫的联系与区别。其实小学与大学两者，是相互依赖、相互对待而成为圣学的，所以是一中有二，又二而合一的。所以朱熹的《大学或问》把小学、大学连贯起来研究，对于小学与大学这两个图，可以说起到兼收相备的效果。

附录

附录

附录一　重新评价儒家在中国文化中的地位

本文原题《重新评价孔子及儒家在中国文化中的地位》,在收入本书时,将其改为上面标题。在评价孔子及儒家时,我们最好还是采用"孔子归孔子,儒家归儒家"的立场。因为先秦古籍中清楚显示,孔子包容百家,而非偏执于一家,是无可无不可的时中之圣。近人陈柱指出,通过孔门诸弟子的言行我们能够看到后来诸子百家的端倪,"若夫孔子,则时有近道家者,曰'为政以德,譬如北辰,居其所而众星拱之'是也。时有反道家者,曰'何以报德'是也;时有近墨家者,曰'士志于道而耻恶衣恶食者,未足与议也',又曰'禹,吾无间然矣。菲饮食而致孝乎鬼神,恶衣服而致美乎黻冕,卑宫室而尽力乎沟洫'是也。时有反墨家者,曰'非其鬼而祭之,谄也'是也;时有近法家者,曰'善人教民七年,亦可以即戎矣'。曰'以不教民战,是谓弃之'是也。时有反乎法家者,曰'道之以政,齐之以刑,民免而无耻'是也。由是观之,益可以见孔子时中之圣,无可无不可矣。"[1] 本文以不可辩驳的史实告诉我们:后世儒家对中国文化具有极大的负面影响,主要表现为他们对中华文化元典的系统化删除和改造。

一位美籍华裔学者研读诸子百家,读到集诸子学之大成的黄老学核心经典《管子》时,为其广大精深所感,却怎么也弄不明白为何管子的地位反不如孔子高。后来这位学者自称"想"通了,在给笔者的一封信中,他道出了自己的想法:

"我在阅读诸子百家的书籍时,被《管子》的博大精深所震撼。当时就想为什么孔子的历史地位会高于管仲。我觉得我后来想通了。孔子的历史地位,得益于他是西周礼崩乐坏以后,中华民族文化复兴,自下而上的推动者和传播者。要不是孔子选编了《诗》《书》等等历史文献作为教材,深入民间,广为传播,经历了秦始皇焚书的灭顶之灾,还能'野火烧不尽,春风吹又生',中华民族的上古政治史和政治思想史,就更难溯源了。"

简而言之,孔子的巨大历史作用就在于为中华文化保存了火种。没有孔子,以《诗》、《书》为代表的中华文化元典将不复存在。

孔子一生诲人不倦,弟子中人杰辈出。孔子对于中国文化传承居功甚伟,这是不容否定的。

但我们对孔子的历史作用也不能肆意夸大。因为在保存中国文化的火种方面,孔子死后,推崇孔氏的后世儒家对中国文化却有极大的负面影响,这主要表现为后世儒家对中华文化元典的系统化删除和改造。

我们这里所说的元典指在中国文化中长期被推崇备至的六经,即《诗》、《书》、《礼》、《乐》、《易》、《春秋》。南朝刘勰(约465~520年)在《文心雕龙·宗经》释"经"云:"三极彝训,其书曰经。经也者,恒久之至道,不刊之鸿教也。故象天地,效鬼神,参物序,制人纪,洞性灵之奥区,极文章之骨髓者也。"(大意是:说明天、地、人常道的,这种书叫做"经"。所谓"经",就是永恒的道理,不可改易的伟大教训。经书取法于天地,征验于鬼神,深究事物的秩序,从而制订出人类的纲纪;它们深入到人的灵魂深处,并掌握了文章最根本的东西。)

《诗》、《书》、《礼》、《乐》、《易》、《春秋》皆先秦古书,其在中华文明中的核心作用是不容置疑的,《诗》、《书》、《礼》、《乐》更是西周大学的基础教材。那么,后世儒家是如何对这些文化元典进行任意删除和肆意改造的呢?具体包括"下刀子"、"戴帽子"和"掺沙子"三种方法。

一

先说"下刀子",这主要针对《诗》、《书》而言。

最早提到孔子删诗的是司马迁,在《史记·孔子世家》中,他称古代留传下来的《诗》有三千多篇,孔子把重复的删掉,选编了其中合于礼义的三百多篇，上面说："古者《诗》三千余篇，及至孔子，去其重，取可施于礼义，上采契、后稷……"

自唐代孔颖达以来，司马迁的上述说法就遭到了相当大的质疑，一个很难辩驳的证据是：在可靠的先秦典籍（包括二十世纪新发现的帛书、竹简）中，我们发现的逸诗相对来说很少，如果孔子对《诗经》作了大幅度删节的话，逸诗数量当是很多的，而事实不是这样。孔颖达《毛诗正义·诗谱序疏》中就曾明确指出了这一点，他说："如《史记》之言，则孔子之前，诗篇多矣。案书传所引之诗，见存者多，亡逸者少，则孔子所录，不容十去其九。司马迁言古诗三千余篇，未可信也。"

后来，清代史学家赵翼（1727~1814年）应用现存的主要春秋信史《左传》和《国语》二书进行了更详细的考证，他发现《国语》中逸诗仅占所谓孔子删存诗的三十分之一，《左传》中这一数字为二十之一，可见逸诗的比例之小。在《陔余丛考》卷二"古诗三千之非"中，他指出："司马迁谓古诗三千余篇，孔子删之为三百五篇。孔颖达、朱彝尊皆疑古诗本无三千，今以《国语》《左传》二书所引之诗校之，《国语》引诗凡三十一条，惟卫彪引武王'饫歌'，及公子重耳赋'河水'二条，是逸诗。而'河水'一诗，韦昭注又以为'河'当作'沔'，即'沔彼流水'，取'朝宗于海'之义也。然则《国语》所引逸诗仅一条，而三十条皆删存之诗，是逸诗仅删存诗三十之一也；《左传》引诗共二百十七条，其间有丘明自引以证其议论者，犹曰丘明在孔子后，或据删定之诗为本也。然丘明所述仍有逸诗，则非专守删后之本也。至如列国公卿所引及宴享所赋，则皆在孔子未删以前也，乃今考左丘明自引及述孔子之言所引者，共四十八条，而逸诗不过三条。其余列国公卿自引诗共一百一条，而逸诗不过五条。又列国宴享歌诗赠答七十条，而逸诗不过五条。是逸诗仅删存诗二十之一也。若使古诗有三千馀则，所引逸诗宜多于删存之诗十倍，岂有古诗则十倍于删存诗，而所引逸诗反不及删存诗二、三十分之一？以此而推，知古诗三千之说不足凭也。"

今人黄开国、唐赤蓉也统计了《左传》和《国语》引诗情况，与赵翼的统计略有出入，但结论都是一样的，就是司马迁所说的孔子删诗一说难以成立。按他们的统计，《左传》和《国语》逸诗仅15条，占两书所引《诗》约三百条总数的二十分之一。如果孔子删定的《诗经》原有三千篇，佚诗的数量至少应多出见于今本《诗经》的数倍以上，而不仅仅是15条。他们论证说："春秋时期的15条佚诗，占所见诗文的二十分之一。而史书称，孔子删《诗》曾将古诗三千篇删定为三百零五篇，其比例是十比一。按孔子删诗之比，《左传》、《国语》中所见春秋时期人们引用今本《诗经》有250条以上，那么，所见佚诗就应当有2500来条，但是，所见佚诗只有14条（原文如此，似当为"15条"——笔者注），仅有今本《诗经》的二十分之一，其数量未免过于悬殊了。换一个角度来说，春秋时期人们所引、赋的诗文百分之九十五都见于今本《诗经》，这些诗文绝大多数都是孔子以前就存在的，而且，春秋时期人们的引诗、赋诗都各有所取，不像所谓孔子删诗那样划一，所以，春秋时期所存诗文见于今本三百篇者，绝不可能是孔子所删之《诗经》，而是当时通行于各国的《诗经》。既然当时有通行于各国的《诗经》，见于春秋时期人们所引诗文只有极小部分是佚诗，那么，所谓孔子删诗三千篇为三百篇之说就是极可怀疑的了。"[2]

事实上，除了《史记》的记述，没有太多证据表明孔子大量删过诗。一定数量佚诗的存在是可以理解的，因为"孔子之时，周室微而礼乐废，《诗》、《书》缺"，(《史记·孔子世家》)，春秋时《诗经》已经不完整了。

孔子不曾删诗，后世儒生却曾大量"删书"。进一步说，儒家真正"下刀子"的是中国本土最重要的政治经济学元典《书经》，而不《诗经》。

后世儒生"删书"最明确的证据是流传至今，为学人长期忽视的《逸周书》。颜师古注《汉书·艺文志》"《周书》七十一篇，周史记"引刘向语："周时诰誓号令也，盖孔子所论百篇之余也。"《隋书·经籍志·杂史类》则直接称"《周书》十卷，汲冢书，似仲尼删书之余"。

事实上很难说孔子曾亲自删书，因为春秋战国时人们并未忽视《逸周书》，而是将之与《尚书》列于同等地位。那么后世儒家为何不重视《逸周书》呢？原因很简单，因为其中内容多不符合儒家的意识形态标准，这是他们对《尚书》"下刀子"的最根本原因。由于学术上的惯性，一直到二十一世纪的今天，《逸周书》也没有引起学界足够的重视，取得同今文《尚书》平等的地位。李学勤教授在为黄怀信《逸周书校补注译》所作的序中叙述该书历史时写道："《逸周书》是我国重要的古代典籍之一，书中记述的史事，如唐刘知几《史通》所说，上自文、武，下终灵、景，相当丰富。看《左传》、《战国策》，春秋战国时人常征引现存《逸周书》中的一些篇章，称之为《书》或《周书》，同后来称作《尚书》的各篇不加区别。《汉书·艺文志》著录这部书，仍题为《周书》，说明是"周史记"，列于《六艺略》之《尚书》诸家之后，可见其地位相当重要。后来人们逐渐忽视，到清代《四库》，仅收入史部的别史类，与经部的《尚书》就有天壤之别了。"[3]

从某种意义上说，《逸周书》比今文《尚书》更具学术价值，特别是对于研究中国本土政治经济学尤其是这样——我们再也不能对这样重要的中华文化元典弃如敝履了！

关于后世儒生删书的数量，《尚书纬》中曾提到："孔子求书，得黄帝玄孙帝魁之书，迄于秦穆公。凡三千二百四十篇。断远取近，定可为世法者百二十篇，以百二篇为《尚书》，十八篇为《中侯》。"由于纬书多不可信，此说难从。

据黄开国、唐赤蓉统计，《左传》和《国语》二书中人们引用《尚书》共59条，重复的有6条，实际为53条。其中，见于今文《尚书》的，有21条，重复1条。不见于今文《尚书》的，有38条，重复5条。这种情况与春秋时《诗经》引文多见于今本《诗经》相反，有多达五分之三的引文在今文《尚书》之外。[4]

从《左传》和《国语》引《书》的情况看，我们可以推测后世儒生删书的数量还是较大的。

二

再说"戴帽子"，这主要针对礼、乐而言。

礼、乐完全不同于《诗》、《书》，它属于西周贵族子弟必学的基本技能，与射、御、书、数并称。《周礼·地官司徒第二·保氏》云:"保氏掌谏王恶,而养国子以道。乃教之六艺:一曰五礼,二曰六乐,三曰五射,四曰五驭,五曰六书,六曰九数。"其中"五礼"为:吉礼、凶礼、宾礼、军礼、嘉礼;"六乐"实际是指黄帝、唐、虞、夏、商、周这六代之乐,分别是:《云门》、《大咸》、《大韶》、《大夏》、《大濩》、《大武》。

正是由于礼乐的实践性,使《礼经》(即《仪礼》)和《乐经》远远不如《诗》、《书》一样成书那么早,甚至连《乐经》是否存在都成了问题。

参阅《左传》和《国语》,《诗》、《书》、《易》都被大量引用,唯有《仪礼》,根本就没有被明确引用过。可见春秋时虽有《礼志》之类著作出现,但《仪礼》还没有成书。不过,从周代金文以及《尚书》、《逸周书》、《国语》、《左传》、《毛诗》的记载看,周代的仪礼已经规范化,冠礼、觐礼、聘礼、飨礼、丧礼等,其仪节与《仪礼》所见多有相同或相似之处。

作为礼仪专家,孔子在《仪礼》的形成过程中似乎起过相当大的作用。据《礼记·杂记下第二十一》,鲁人恤由死后,鲁哀公曾派孺悲向孔子学习士丧礼,《士丧礼》因此被正式记录下来。上面说:"恤由之丧,哀公使孺悲之孔子,学士丧礼,士丧礼,于是乎书。"

不过孔子主张的礼根本没有实践的可行性,不仅遭到了与他同时代的晏婴的反对,就连自己的孙子子思也抛弃了他所主张的礼仪。[5]

既然孔子的礼不可行,那么秦汉以后的中国礼乐制度源于何处呢?答曰:秦礼。

秦朝统一天下,不仅仅包括统一文字、统一货币、统一度量衡等等,还包括礼制的统一。具体作法是在秦国原有礼仪的基础上,充分吸收山东六国礼制文化中合于古礼的优秀成份。高祖时,熟悉秦礼,曾在秦为待诏博士的叔孙通正是在秦礼的基础上制定了汉家礼仪。《史记·礼书》记此事云:"至秦有天下,悉内六国礼仪,采择其善,虽不合圣制,其尊君抑臣,朝廷济济,依古以来。至于高祖,光有四海,叔孙通颇有所增益减损,大抵皆袭秦故。自天子称号,下至佐僚及宫室官名,少所变改。"(大意是:至秦统一天下,全部收罗六国礼仪制度,择其善者而用之,虽与先圣先贤的制度不合,却也尊君抑臣，使朝廷威仪，庄严肃穆，与古代相同。到汉高祖光复四海，拥有天下，儒者叔孙通增损秦制，制定了汉代制度。主体却是沿袭秦制，上自天子称号，下至僚佐和宫殿、官名，都很少变更。）

公元前202年，叔孙通在向汉高祖建议制定朝仪时也是主张损益秦礼。《史记·叔孙通传》上载叔孙通告高祖言曰："五帝异乐，三王不同礼。礼者，因时世人情为之节文者也。故夏、殷、周之礼所因损益可知者，谓不相复也。臣愿颇采古礼与秦仪杂就之。"（大意是：五帝有不同的乐礼，三王有不同礼节。礼，就是按照当时的世事人情给人们制定出节制或修饰的法则。从夏、殷、周三代的礼节有所沿袭、删减和增加的情况看就可以明白这一点，就是说不同朝代的礼节是不相重复的。我愿意略用古代礼节与秦朝的礼仪糅合起来制定新礼节。）

叔孙通不仅制定了汉初临朝的典礼朝仪，还奠定了西汉礼制的基础，终成一代儒宗。《史记·叔孙通传》载："高帝崩，孝惠即位，乃谓叔孙生曰：'先帝园陵寝庙，群臣莫习。'徙为太常，定宗庙仪法。及稍定汉诸仪法，皆叔孙生为太常所论著也。"（大意是：汉高帝去世，孝惠帝即位就对叔孙先生说："先帝陵园和宗庙的仪礼，臣子们都不熟悉。"于是叔孙通又调任太常官职，他制定了宗庙的仪礼法规。此后又陆续地制定了汉朝诸多仪礼制度，这些都是叔孙通任太常时论定著录下来的。）

司马迁赞曰："叔孙通希世度务，制礼进退，与时变化，卒为汉家儒宗。'大直若诎，道固委蛇'，盖谓是乎？"（大意是：叔孙通善于看风使舵，度量事务，制定礼仪法规或取或舍，能够随着时世来变化，最终成了汉代儒家的宗师。"最正直的好似弯曲，事理本来就是曲折向前的"，大概说的就是这类事情吧！）

整体上司马迁是肯定叔孙通的，但北宋王安石却以为叔孙通用秦朝的礼仪败坏了纯正的儒学，实乃儒林罪人。王安石《叔孙通》诗云："先生秦博士，秦礼颇能熟。量主欲有为，两生皆不欲。草具一王仪，群豪果知肃。黄金既遍赐，短衣亦已续。儒术至此溷，何为反初服？"

叔孙通制礼功过任后人评说。有一点是肯定的：汉承秦制，不仅在法律上，在礼仪上也是这样。所以，溯其渊源，为汉家制礼者秦相李斯也，非儒生——而汉家制度又直接影响了后世的礼乐制度。

所以，儒家常常将制礼作乐归入自己门下是极其荒唐的，这实际上等于为儒家戴了个高帽子，从而掩盖了太多重要的历史事实！

《礼经》《仪礼》后世儒家毕竟立了起来，《乐经》儒家连高帽子都戴不成。为什么呢？因为礼、乐、诗在周人的生活中是联系在一起的，行礼则必奏乐，乐之辞即为诗。汉儒只重义理，声乐则由宫廷乐官掌握。在某种意义上说，正是出于汉儒对音乐义理的过度强调，才导致乐在汉以后的衰微。宋人郑樵（1104～1162年）《通志·乐略·乐府总序》总结说："礼乐相须以为用，礼非乐不行，乐非礼不举。自后夔以来，乐以诗为本，诗以声为用，八音六律为之羽翼耳。仲尼编诗，为燕享祀之时用以歌，而非用以说义也。古之诗今之辞曲也，若不能歌之但能诵其文而说其义可乎？不幸腐儒之说起，齐、鲁、韩、毛四家各为序训而以说相高，汉朝又立之学官，以义理相授，遂使声歌之音，湮没无闻。然当汉之初，去三代未远，虽经主学者不识诗，而太乐氏以声歌肄业，往往仲尼三百篇，瞽史之徒例能歌也，奈义理之说既胜，则声歌之学日微。"

一个长期困扰中国学人的问题是：《乐经》存在吗？就如同《仪礼》为后儒所记一样，《乐经》也是不存在的。存在的只是记载声乐和音乐理论的一些文献。比如今天我们看到的上海博物馆藏战国楚竹书"采风曲目"，就记载了40首诗的篇名和演奏诗曲吟唱的各种音高；《礼记·乐记》则重在乐论。

最为荒唐的的是，儒家造不出《乐经》，干脆将责任推给了秦始皇。从东汉班固开始，就有人坚信秦燔书而《乐经》亡。事实上，秦始皇根本不可能焚礼、乐，因为礼乐多实践性，和诗、书不同，关键不在文本，不能一把火烧掉。《史记·秦始皇本纪》记载丞相李斯的建议很清楚：为恢复西周"官守其书"的传统，禁私家之学，才禁"非博士官所职"的私家藏书，且根本没有烧《礼经》《乐经》。上面说："丞相臣斯昧死言：古者天下散乱，莫之能一，是以诸侯并作，语皆道古以害今，饰虚言以乱实，人善其所私学，以非上之所建立。今皇帝并有天下，别黑白而定一尊。私学而相与非法教，人闻令下，则各以其学议之，入则心非，出则巷议，夸主以为名，异取以为高，率群下

附 录

以造谤。如此弗禁，则主势降乎上，党与成乎下，禁之便。臣请史官非秦记皆烧之。非博士官所职，天下敢有藏《诗》、《书》、百家语者，悉诣守、尉杂烧之。有敢偶语《诗》《书》者弃市。以古非今者族。吏见知不举者与同罪。令下三十日不烧，黥为城旦。所不去者，医药卜筮种树之书。若欲有学法令，以吏为师。"

《史记·李斯列传》的记载与上文相类，只是没有烧书的记载。录在下面，以免读者翻检之功：

"古者天下散乱，莫能相一，是以诸侯并作，语皆道古以害今，饰虚言以乱实，人善其所私学，以非上所建立。今陛下并有天下，别白黑而定一尊。而私学乃相与非法教之制，闻令下，即各以其私学议之，入则心非，出则巷议，非主以为名，异趣以为高，率群下以造谤。如此不禁，则主势降乎上，党与成乎下。禁之便。臣请诸有文学《诗》、《书》、百家语者，蠲除去之。令到满三十日弗去，黥为城旦。所不去者，医药卜筮种树之书。若有欲学者，以吏为师。"

进一步说，如果《乐经》真的存在，博士官手中这类国家藏书是不会被禁的。汉惠帝四年（公元前191年），秦的《挟书律》才被废止。汉宫中百家图书皆在，却独不见《乐经》，足见乐本无经！

三

最后说后世儒生对中国文化元典"掺沙子"，这主要针对《易》、《春秋》而言。

西周大学，只学诗、书、礼、乐四术，本无《易》和《春秋》，鲁国史书《春秋》和不太重要的筮书《易》并没有经的地位。孔子教学生，也是教四术，并不包括《易》和《春秋》。《史记·孔子世家》中明确说："孔子以诗、书、礼、乐教，弟子盖三千焉，身通六艺者七十有二人。"

《商君书》诸篇多次称举诗、书、礼、乐，而不及《易》与《春秋》。到战国，才有了六经并称的提法。

当然，《易》和《春秋》后来取得经学地位是与孔子的重视和修订分不开的。

春秋时，《易》是一本不太重要的占卜之书。据黄开国、唐赤蓉统计，《左传》和《国语》中明确言及《周易》之名及其卦、爻辞的共有23条，《左传》有20条，《国语》有3条，其中只有一条言及义理，有21条用于占卜吉凶成败。可见在春秋人的心中，《周易》主要用于占卜。[6]

黄开国、唐赤蓉还注意到，相对于龟卜，《易》筮数量很少，二者发生矛盾时，总是从卜不从筮。也就是说，《易》筮在春秋时远没有龟卜的地位高，影响大。

到战国，《易》在儒家内部也没有什么重要的地位。《孟子》常常引用《诗》、《书》，却不及《易》，一代大儒孟子似乎根本就没有研究过《周易》。荀子在讨论经典的学习时，只谈《诗》、《书》、《礼》、《乐》、《春秋》，而不及《易》。比如在《劝学第一》中，荀子认为《诗》、《书》、《礼》、《乐》、《春秋》就足以囊括存在于天地之间的全部道理了。上面说："《礼》之敬文也，《乐》之中和也；《诗》、《书》之博也，《春秋》之微也，在天地之间者毕矣。"《荀子·儒效第八》谈"四术"、"五经"，也不言易。上面说："圣人也者，道之管也。天下之道管是矣，百王之道一是矣，故《诗》《书》《礼》《乐》之归是矣。《诗》言是，其志也；《书》言是，其事也；《礼》言是，其行也；《乐》言是，其和也；《春秋》言是，其微也。"

因为《易》只是一本普通的占卜之书，所以秦始皇并没有禁止它在民间通行。这使得《易》能够为儒家所不断传承，直到汉代取得了五经之首的地位。《汉书·儒林传》记《易》的传承史云："自鲁商瞿子木受《易》孔子，以授鲁桥庇子庸。子庸授江东臂子弓，子弓授燕周丑子家，子家授东武孙虞子乘，子乘授齐田何子装。及秦禁学，而《易》为卜筮之书，独不禁，故传授者不绝也。"

《易经》最终在汉代取得五经之首的地位，主要是由于孔子对其义理化的阐释。《周易》中的卦辞和爻辞用于占卜，隐晦难懂。孔子及后世儒者对《周易》进行了全面的阐发，称为《易传》。著名的有十篇，称《十翼》，分别是：《上彖》、《下彖》、《上象》、《下象》、《上系》、《下系》、《文言》、《序卦》、《说卦》、《杂卦》。《史记·孔子世家》上说："孔子晚而喜《易》，序《彖》、《系》、

《象》、《说卦》、《文言》。"

今天已经很少有人相信孔子真是《易传》的作者，但孔子将《易经》作了义理化解读却是无法否认的。我们从《论语》、《吕氏春秋》以及西汉《帛书周易·要》等古籍中能够清楚地看到这一点。《要》篇记载说："夫子老而好《易》，居则在席，行则在囊……子赣曰：夫子亦信其筮乎？曰：吾百占而七十当，唯周梁山之占（似为一种占法——笔者注）也，亦必从其多者而已矣。子曰：《易》，复其祝卜矣，我观其德义耳也。幽赞而达乎数，明数而达于德，则其为之。史巫之筮，乡之而未也，好之而非也。后世之士疑丘者，或以《易》乎？求其德而已，吾与史巫同途而殊归者也。君子德行焉求福，故祭祀而寡也；仁义焉求吉，故卜筮而希也。祝巫卜筮其后乎？"（大意是：孔子晚年非常喜欢《周易》这部书，居住下来时便把它放在席上，出门时便把它放在袋子里……子赣说：夫子也相信《周易》的占筮吗？孔子说：我占筮一百次只有七十次占中了，就是周梁山之占，也必须服从多数呀！孔子说：《周易》我撇开它的祝卜成份，观察其中的道德仁义。幽赞于神明而通达于筮策数，明了筮策数而通达于道德。我对于史巫的占筮，向往而没有达到，喜欢它但却不以为然。后世的人怀疑我孔丘的，或者就是因为《周易》吧！我求其德而已，我与史巫同路而不同目标。有道德的人靠自己品德行为去追求幸福，因此祭祀求神比较少；有道德的人靠自己施行仁义去追求吉利，因此不靠卜筮去追求吉利。祝巫卜筮不是应放在很次要的位置吗？）

孔子轻占卜，重义理，与史巫"同途而殊归"奠定了儒家研究《周易》的历史方向，没有《易传》，《周易》不可能成为儒家经典，也不可能堂而皇之地被列入五经之中。汉代，儒家将《周易》推崇到了无以复加的地位，在《汉书·艺文志》中这极为明显，《易》成为比《书》更重要的文化元典。

孔子对《周易》的义理化阐述可以说是一种人文理性的进步，但后世汉儒将之列为五经之首则毫无理由。政治经济学经典不再重要，卜筮中蕴含的一些哲理反而更重要了。而且，将一本卜筮书进行过度阐释必将导致"神秘化"，在汉代这已经极为明显。在二十一世纪的今天，有的学者甚至将《周易》同计算机和股票市场联系起来，到处招摇撞骗，搞得乌烟瘴气。然而世人却很少看到《周易》对中国金融市场的安全和健康，中国科技的创新和进步有任何帮助！

历史乃中国文化的载体，历代极为重视。周代史书通称《春秋》，史籍所见，有《周春秋》、《燕春秋》、《宋春秋》、《齐春秋》等等。至战国，"春秋"仍泛指史书。《战国策·燕策二》载乐毅给燕惠王书称："臣闻贤明之君，功立而不废，故著于春秋。"班固《汉书·艺文志》指出："古之王者世有史官。君举必书，所以慎言行，昭法式也。左史记言，右史记事，事为《春秋》，言为《尚书》，帝王靡不同之。"

中国古史皆出史官。可是孔子在对鲁国史书作了一些似乎不大的修订后，后世儒家不仅将《春秋》的著作权归了孔子，且以为经孔子修订的《春秋》每个字后面都有非同寻常的政治意义，有所谓的"微言大义"在。

最早明确提出孔子作《春秋》的是孟子，他在《孟子·滕文公下》和《孟子·离娄下》中屡屡提及这一点。《孟子·滕文公下》云："世衰道微，邪说暴行有作。臣弑其君者有之，子弑其父者有之。孔子惧，作春秋。"

据《礼记·坊记》孔子引今《春秋》语，可知孔子不是在引自己的著作；《韩非子·内储说上》载鲁哀公与孔子对话，言"《春秋》之记"，亦可证明孔子之时已有《春秋》。

《公羊传·庄公七年》上提到了未经孔子修订的《春秋》，以及孔子的修订结果，弥足珍贵。上面说："《不修春秋》曰：'雨星不及地尺而复'，君子修之曰：'星陨如雨'"。这是记公元前687年3月16日夜发生的流星雨，孔子的修订似乎使原文更艺术化了，却少了写实性的描述。

孔子未作《春秋》，但在后世儒家看来，孔子所作《春秋》的每个字都有深刻的政治哲学内涵，他们对一句普通的史实，常常牵强附会、煞有介事地解释一番，于是就有了"五石六鹢"之说了。《春秋·僖公十六年》载："春王正月戊申朔，陨石于宋五。是月，六鹢退飞过宋都。"《公羊传》的作者认为：为什么先说陨后说石呢？为什么陨石的记载精确到日而鹢鸟只精确到月呢？为什么陨石先说名词（石）后说数词，而鹢鸟则先说数词后说名词（鹢）呢？这都是有深意的。

这种穿凿附会的解释有时导致矛盾百出。所以郑樵在《春秋考·自述》中宣言："以《春秋》为褒贬者，乱《春秋》者也。"朱熹则明确指出《春秋》不过是鲁史而已，他说："《春秋》大旨，其可见者：诛乱臣，讨贼子，内中国，外夷狄，贵王贱伯而已。未必如先儒所言，字字有义也。想孔子当时，只是要备二、三百年之事，故取史文写在这里，何尝云某事用某法，某事用某例邪？若欲推求一字之间，以为圣人褒善贬恶专在于是，窃恐不是圣人之意。"（《朱子五经语类·卷十七统论经义》）

向中国文化元典中"掺沙子"，将《易经》和鲁史《春秋》经学化，目的是树立儒家在意识形态上的权威，结果却使中国文化在相当程度上玄学化和神秘化了。有多少学者在《易经》的神明之德、《春秋》的微言大义中耗尽了自己的一生，又有多少中国重要的政治、经济、文化典籍因不符合儒家义理而被异端化，其中包括轻重之术这类关系国计民生的伟大学术！

是我们摆脱儒家系统化删除和改造的文化元典，回归西周王官学以及其历史继承者，集先秦诸子百家之大成的黄老学的时刻了。在信息技术高度发达的二十一世纪，重新评价儒家在中国文化中的地位，恢复中华文化的本原，还有相当多的工作要作——本文开头所引那位学者的荒唐见解并不是孤立和偶然的！

注释：

[1] 陈柱：《子二十六论·卷一·原儒下》，广西师范大学出版社，2008年10月，第36页。
[2] 黄开国、唐赤蓉：《诸子百家兴起的前奏：春秋时期的思想文化》，巴蜀书社，2004年11月，第156页。
[3] 黄怀信：《逸周书校补注译》，西北大学出版社，1996年3月，第1页。
[4] 同[2]，第190~196页。
[5] 参阅翟玉忠：《中国拯救世界：应对人类危机的中国文化》，中央编译出版社，2010年5月，第212~213页。
[6] 同[2]，第104~115页。

附录二　黄老之学才是中华文化的主干

视诸子为异端的儒家不是中国文化的代表，融会百家的黄老之学才是中华文化的主干；黄老之学集先秦诸子百家之大成，继西周王官学之后，将中华文明推上了新的峰巅！

1. 中国学人——迷途的文化羔羊

近代学人言中国文化，多以儒家为其代表——孔子近乎成了中国文化的象征。比如中国政府在海外建立的教授汉语学校，也被统一冠之以"孔子学院"的雅号。

他们的理由简单明了：公元前134年，董仲舒提出天人三策后，汉武帝采纳董仲舒的意见，"罢黜百家，独尊儒术"，儒家从此成为中国文化的正统。

这完全是后世学者对历史一厢情愿的解读。从《汉书·艺文志》中我们看到，在汉朝人的心中，儒家只是诸子之一。为了国家统一，汉武帝开始抑制包括儒家在内的百家之言；汉武帝抑黜儒家的一个重要措施就是取消了文帝时立的儒家《论语》、《孝经》、《孟子》诸博士，只立汉人认为代表西周王官学的五经博士。东汉经学家赵岐（约108~201年）在《孟子章句·题辞》中记此事说："孝文帝欲广游学之路，《论语》、《孝经》、《孟子》、《尔雅》皆置博士。后（汉武）罢传记博士，独立五经而已。"清人钱大昕（1728~1804年）在所著《潜研堂答问》中亦云："《论》、《孝》、《孟子》、《尔雅》之类皆传记博士也，罢于建元五年（公元前136年）置五经博士之时。"

《汉书·武帝本纪》说汉武帝"卓然罢黜百家，表彰六经"，是说他突出了西周王官学的地位。汉武帝礼遇"游文于六经"的诸儒生，但很少重用儒生，怎么能说他独尊儒术呢？浙江师范大学钭东星先生认为，当时儒家受重视只是因为汉儒善于附会王官学经典。他说："汉武尊经后，孔儒的地位所以优于诸子各家，原因只在汉儒最善于以孔子附经骥尾。"[1]

事实上汉朝根本不存在独尊儒术的制度基础。当时社会功勋制（功次制度）是官员选举的主要形式，事功精神充斥整个社会，这与儒家的主张格格不入。在公元前81年西汉政府的国策辩论会上，代表儒家观点的贤良还在激烈批判当时的吏制，认为选举之途杂乱，富有的人用钱财来买官，勇敢的人卖命求取功名。耍车技的和举鼎技的人，都可以出来充当官吏，多次立功，积年累月，有的人甚至当上了卿相。（《盐铁论·除狭第三十二》："今吏道杂而不选，富者以财贾官，勇者以死射功。戏车鼎跃，咸出补吏，累功积日，或至卿相。"）

从汉至唐，思想上居统治地位的不是儒家，而是道家。史学家蒙文通先生敏锐地看到了这一点，他说："汉到唐，思想界是谁家的学说把握霸权，与其说是孔学，毋宁说是道家还妥帖些。在汉便是黄老，在晋便是老、庄，到六朝又加入了佛学……"[2]

只是到了北宋以后，由于科举成为选举官员的主要形式，儒家才取得了正统地位。

五代是一个军事强人争雄的大动荡时代，北宋的统治者对武人割据专权的危害有着清醒的认识。除了"杯酒释兵权"这样的一时之策，他们解决这一问题的最终方案就是"兴文教，抑武事"。这里的"文"主要指儒家思想。宋太祖赵匡胤坦言："五代方镇残虐，民受其祸，朕今用儒臣干事者百余人分治大藩，纵皆贪浊，亦未及武臣十之一也。"（《宋史纪事本末》卷二）

北宋政府重用儒家学者的制度设计就是大开科举取士之门。与前代不同，宋代科举成为入仕的根本途径。《宋史·卷一五五·选举一》载，至北宋第四任皇帝宋仁宗时，科举制已经大行于天下，上面说："天圣初，宋兴六十有二载，天下乂安。时取才唯进士、诸科为最广，名卿钜公，皆繇此选，而仁宗亦向用之，登上第者不数年，辄赫然显贵矣。"据何忠礼先生统计，北宋自太祖至徽宗八朝的一百六十六年间，政府开科六十九次，取进士、诸科三万四千一百六十三人，每举平均取士达四百九十五人，每年约为二百零五人，相当于唐朝每年取士人数的二、三倍之多。[3]

科举考试制度与北宋偃武修文，重用儒臣的政策之间形成一种历史性的正反馈机制，这样儒家才在中国获得了意识形态上的统治地位。贾海涛博士指出："北宋的科举取士与'偃武修文'和'重文轻武'是密不可分、紧密相连的。正是因为有了'偃武修文'和'重文轻武'的立国策略，才有了科举取士的进一步加强。同时，科举取士制度的进一步加强反过来使'偃武修文'和'重文轻武'的程度得到了进一步的提高并使'文人主政'成为现实且得以制度化。"[4]

北宋"儒术治国"遇到的第一个问题就是儒者的作用（儒效）问题，这个自先秦以来就困扰儒家学者的问题从宋代开始演化为民族性灾难（元代是例外，他们重用回人，而少用儒生），具体表现为社会组织能力的下降，中原直接受到北方蛮族的蹂躏——这种现象在中华五千年的历史上只有宋以后才成为常态！

在《北宋"儒术治国"政治研究》一书中，贾海涛博士对北宋主政儒生的经世治民能力提出了质疑，他的语言是现代的，但中心还是对历史上不断出现的"儒者无用"观点的重述。他写道："北宋的士大夫大都只是一群死读书的'书呆子'。他们对现实社会缺乏认识，观念陈旧，不知变通，不重时务，只知引经据典地照搬前人，只会空谈而缺乏实际能力。治理国家，他们不是内行。即便有人空有高尚情操和'以天下为己任'的抱负，但往往不得要领或力不能胜，力不从心。这种人在两宋太多了，是一种极普遍的现象。范仲淹被推为北宋第一治才和良臣，朱熹对他也极为推崇，称他为'杰出之才'。但在当时条件下，他的作用也相当有限。他领导的庆历新政难以改变当时沉闷的政治局面和士大夫的精神面貌。除他之外，仁宗朝与神宗朝北宋人才最为荟萃之际实在没有什么特别杰出的政治人才。"[5]

比较起来，韩毓海教授对儒家统治的政治经济学意义有着更为深刻的认识，他指出了儒家小农主义自由经济政策的本质及其后果，这是难能可贵的——尽管他对儒家的经济观点没有作任何阐述。在他那本畅销的《五百年来谁著史》绪言中，他将中国过去500年兴衰的关键因素扩展到宋朝，可谓真知灼见。他说："考察中国500年兴衰的关键，其实又在于经济的发展与国家组织能力下降这个矛盾现象。经济发达的宋，反而打不过立足于军事组织的辽、金、西夏部落，这里的关键并不在经济，而在社会组织能力。由皇权直接来面对基层马铃薯一般无组织的小农，这样的国家自然也就没有什么组织效率可言，而宋代以来的政策，反而是将组织社会的任务一概交由商人和地方土豪，国家更从商业、运输乃至军需供应中全盘退出，国家取'无为'和'不干涉主义'……"[6]

我们读历史，客观地评价儒家统治的历史作用，一个稍有良知的人都会为这个沧桑民族的悲剧性命运痛心疾首。那么二十一世纪的大多数中国知识分子为什么还要对儒家顶礼膜拜呢？其原因是多方面的，但最重要的原因还在于近代中国知识分子根本不知中华文化的主干黄老之学为何物。

2. 黄老之学——集诸子百家之大成

从大历史的角度看，中国学术经历了四次大的变迁。东周礼崩乐坏，由王官学流变为诸子百家，一变也；秦汉走向大一统，黄老之学集诸子百家之大成，二变也；汉以后，儒家通过改造吸收王官学、排斥诸子学逐步取得独尊地位，三变也；清末民初，面对西方列强的野蛮入侵，西学取代儒学独尊地位，中国本土学术泯灭，四变也。今天，我们复兴中华文明，主要是复兴集先秦诸子百家之大成的黄老之学。继西周王官学之后，黄老之学将中华文明推上了新的峰巅！

在上世纪七十年代初长沙马王堆汉墓黄老帛书出土以前，中国学人长期以来对黄老之学是什么模糊不清。有学者甚至认为黄老是西汉黄生与老子的合称，[7]还有学者认为黄老是老子与黄石公的合称。[8]

造成这种思想混乱的主要原因是黄老之学的许多重要文献都失传了。我们甚至不清楚，在《汉书》和《史记》中，汉人所说的道家实际上就是以道家为哲学基础（内术），以法家为治国方针（外术），综合百家的黄老之学，而不是重在个人修持，清静自守的老庄之学。

实际上《汉书·艺文志》对此讲得十分清楚，上面不仅说道家乃治国之术，还批评了后世老庄一派"绝去礼学"、"独任清虚"的主张，上面说："道家者流，盖出于史官，历记成败存亡祸福古今之道，然后知秉要执本，清虚以自守，卑弱以自持，此君人南面之术也。合于尧之克攘，《易》之嗛嗛，一谦而四益，此其所长也。及放者为之，则欲绝去礼学，兼弃仁义，曰独任清虚可以为治。"（大意是：道家这个流派，应是出于古代的史官。他们记载历代成功失败、生存灭亡、灾祸幸福的道理。然后知道秉持要领把握根本，清静无为，保持谦虚柔弱的态度，这就是国君治理国家的方法。它符合于尧的自我约束能够谦让，《易经》上所说的谦虚。能"一谦"得到天益、地益、神益、人益四种好处，这就是他们的长处。等到狂放的人来实行道家学术，就断绝了礼仪，并抛弃了仁义，认为只要清静无为，什么事都不做就可以治理好国家。）

为了使读者对黄老之学有一个感性的认识，我们将《汉书·艺文志》中所列道家文献转录如下，共三十七家，九百九十三篇。这些书相当一部分已经失传，但托名伊尹、姜太公、管子、黄帝、老子、庄子、文子诸书今人有幸能读到相当一部分，使我们能够看到黄老之学的理论核心所在——中国内圣外王之术尽在斯矣——从内业修身一直到经济思想轻重之术！！

《伊尹》五十一篇。汤相。

《太公》二百三十七篇。吕望为周师尚父，本有道者。或有近世又以为太公术者所增加也。《谋》八十一篇，《言》七十一篇，《兵》八十五篇。

《辛甲》二十九篇。纣臣，七十五谏而去，周封之。

《鬻子》二十二篇。名熊，为周师，自文王以下问焉，周封为楚祖。

《管子》八十六篇。名夷吾，相齐桓公，九合诸侯，不以兵车也。有《列传》。

《老子邻氏经传》四篇。姓李，名耳，邻氏传其学。

《老子傅氏经说》三十七篇。述老子学。

《老子徐氏经说》六篇。字少季，临淮人，传《老子》。

刘向《说老子》四篇。

附 录

《文子》九篇。老子弟子,与孔子并时,而称周平王问,似依托者也。

《蜎子》十三篇。名渊,楚人,老子弟子。

《关尹子》九篇。名喜,为关吏,老子过关,喜去吏而从之。

《庄子》五十二篇。名周,宋人。

《列子》八篇。名圄寇,先庄子,庄子称之。

《老成子》十八篇。

《长卢子》九篇。楚人。

《王狄子》一篇。

《公子牟》四篇。魏之公子也。先庄子,庄子称之。

《田子》二十五篇。名骈,齐人,游稷下,号天口骈。

《老莱子》十六篇。楚人,与孔子同时。

《黔娄子》四篇。齐隐士,守道不诎,威王下之。

《宫孙子》二篇。

《鹖冠子》一篇。楚人,居深山,以鹖为冠。

《周训》十四篇。

《黄帝四经》四篇。

《黄帝铭》六篇。

《黄帝君臣》十篇。起六国也,与《老子》相似也。

《杂黄帝》五十八篇。六国时贤者所作。

《力牧》二十二篇。六国时所作,托之力牧。力牧,黄帝相。

《孙子》十六篇。六国时。

《捷子》二篇。齐人,武帝时说。

《曹羽》二篇。楚人,武帝时说于齐王。

《郎中婴齐》十二篇。武帝时。

《臣君子》二篇。蜀人。

《郑长者》一篇。六国时。先韩子,韩子称之。

《楚子》三篇。

《道家言》二篇。近世,不知作者。

243

那么黄老之学到底是怎样对阴阳家、儒家、墨家、名家、法家、道家等诸子进行取舍的呢？参照《汉书·艺文志》所列道家经典，我们发现曾任太史令的司马谈在《论六家要旨》中所述是符合实际情况的。

司马谈的论述对于我们理解黄老之学如何折中百家，集中国文化之大成十分重要，他说："尝窃观阴阳之术，大祥而众忌讳，使人拘而多所畏，然其序四时之大顺，不可失也。儒者博而寡要，劳而少功，是以其事难尽从，然其序君臣父子之礼，列夫妇长幼之别，不可易也。墨者俭而难遵，是以其事不可遍循，然其强本节用，不可废也。法家严而少恩，然其正君臣上下之分，不可改矣。名家使人俭而善失真，然其正名实，不可不察也。道家使人精神专一，动合无形，赡足万物。其为术也，因阴阳之大顺，采儒墨之善，撮名法之要，与时迁移，应物变化，立俗施事，无所不宜，指约而易操，事少而功多。"（大意是：我曾经在私下里研究过阴阳之术，发现它注重吉凶祸福的预兆，禁忌避讳很多，使人受到束缚并多有所畏惧，但阴阳家关于一年四季运行顺序的道理，是不可丢弃的。儒家学说广博但殊少抓住要领，花费了气力却很少功效，因此该学派的主张难以完全遵从。然而它所序列君臣父子之礼，夫妇长幼之别则是不可改变的。墨家俭啬而难以依遵，因此该派的主张不能全部遵循，但它关于强本节用的主张，则是不可废弃的。法家主张严刑峻法却刻薄寡恩，但它辨正君臣上下名分的主张，则是不可更改的。名家使人受约束而容易失去真实性，但它辨正名与实的关系，则是不能不认真察考的。道家使人精神专一，行动合乎无形之"道"，使万物丰足。道家之术是依据阴阳家关于四时运行顺序之说，吸收儒墨两家之长，撮取名、法两家之精要，随着时势的发展而发展，顺应事物的变化，树立良好风俗，应用于人事，无不适宜，意旨简约扼要而容易掌握，用力少而功效多。）

作为汉武帝的史官，司马谈不可能不受到当时儒家思想逐步兴起，"儒道互绌"的影响（《史记·老子韩非列传》云："世之学老子者则绌儒学，儒学亦绌老子。道不同不相为谋，岂谓是邪？"），所以在《论六家要旨》中他专门批评了儒家在治国理念上的弱点。他或许想不到，儒家有一天会取代黄老之学，成为中国文化思想的主干。

司马谈的批判是有力的，明确指出了儒家纯任德政的危害。他说："儒者则不然。以为人主天下之仪表也，主倡而臣和，主先而臣随。如此则主劳而臣逸。至于大道之要，去健羡，绌聪明。释此而任术，夫神大用则竭，形大劳则敝。形神骚动，欲与天地长久，非所闻也。"（大意是：儒家则不是这样。他们认为君主是天下人的表率，君主倡导，臣下应和，君主先行，臣下随从。这样一来，君主劳累而臣下却得安逸。至于大道的要旨，是舍弃刚强与贪欲，去掉聪明智慧。将这些放置一边而用智术治理天下，精神过度使用就会衰竭，身体过度劳累就会疲惫，身体和精神受到扰乱，不得安宁，却想要与天地共长久，则是从未听说过的事。）

诚如蒙文通先生所言，在汉以后，至唐代这段时间，老庄、道教、佛教大兴，其中老庄思想占有极其重要的地位，老庄兴起实际上始于汉末。清人洪亮吉（1746~1809年）在《合刻河上公老子章句郭象庄子注序》中明确指出："自汉兴，黄老之学始盛行，文景因之以致治。武帝之世，窦婴田蚡虽好儒，欲推毂王臧赵绾，然势不能敌也。老子之徒有文子，其书述老氏之言为多，世亦并尊之。当时上自天子，及士大夫，内及宫闱，莫不服膺黄老之言，以施诸实事，其尊老子文子也与孔颜并。故王充《论衡·自然篇》曰：'以孔子为君，颜渊为臣，尚不能谴告，况以老子为君，文子为臣乎？老子、文子似天地者也。'其尊之若此！盖黄老之道，以迄文子述老子之言，实皆能治天下者也。西汉之治，比隆三代，职是故耳。至汉末，尚祖元虚，治术民风，一切不讲，于是始变黄老而称老庄。"

由黄老蜕化为老庄，再次蜕化为儒，最后为西学所吞没。中国文化是一个动态的发展过程，其中黄老之学是西周王官学之后中国学术的又一次大一统，是中国文化峰巅。

今天的学者论及中国文化，除了背两句《道德经》或《论语》上的语录，最喜欢大言"中华儒家文明"、"儒释道"、"外儒内法"之类，实际上这是出于对中国文化演变进程的无知。儒家不是中国文化的代表，黄老之学才是中华文化的主干。如果我们不理解这一点而言中国文化，有如雾里看花，永远不知中国文化的主体何其精妙、壮观！

3. 文明复兴——路漫漫其修远兮

儒家对中国文化的破坏作用是触目惊心的。后世儒家将诸子异端化了，而不是像黄老之学一样融会百家；结果是大量诸子文献长期被弃置，有些甚至佚失，儒学自身则成为常常脱离实际的狭隘的经史辞章之学。在某种意义上说，儒家的文化破坏作用远甚于秦始皇为统一国家焚毁民间图书的政策。

"异端"一词孔子就曾讲过。《论语·为政篇》载孔子之言曰："攻乎异端，斯害也已！"。至孟子辟杨墨，骂二家为禽兽，尽乎粗野。《孟子·滕文公下》云："天下之言，不归杨，则归墨。杨氏为我，是无君也；墨氏兼爱，是无父也。无父无君，是禽兽也。"

后世注家对孔子"攻乎异端"一语有着迥然不同的解释，但大多数儒家将异端等同于诸子，即使谓的"非圣人之道"，后来，印度传入的佛家也被加入了"异端"的名单。南朝梁经学家皇侃（488~545年）疏云："攻，治也；异端，谓杂书也，言人若不学六籍正典而杂学于诸子百家，此则为害之深。"

朱熹《四书集注》云："范氏曰：'攻，专治也，故治木石金玉之工曰攻。异端，非圣人之道，而别为一端，如杨墨是也。其率天下至于无父无君，专治而欲精之，为害甚矣！'程子曰'佛氏之言，比之杨墨，尤为近理，所以其害为尤甚。学者当如淫声美色以远之，不尔，则骎骎然入于其中矣。'"（大意是：范祖禹说："攻，专门研究，所以加工木、石、金、玉的工作叫攻。异端，不是圣人之道，是另外一端，譬如杨、墨之类。他们率领天下人至于无视父亲、无视君主的地步，专门研究他们的学说并且企图精通，为害非常严重。"程子说："佛教的言论，比起杨、墨更加接近真理，所以为害也就更加严重。求学的人应当像对待淫声美色一样远离它，不然的话，就会渐渐地陷进去了。"）

本来佛家正好补儒家内业修行之不足，而宋儒却将之比之于杨、墨，群起而攻之，这也是佛教至今仍没有完好融入中国社会的重要原因——佛家是人类文明史上最发达的实践哲学（非西式思辨哲学），理应成为国人日常修身（内业）的一部分。

尽管儒家对中国文化的负面作用如此之大，今天还有太多的学者将儒家作为中国文化的代表，或将之直接等同于中国文化本身。为何他们顽固地坚持这种谬误呢？除了上面提到的学人对黄老之学的陌生，笔者认为还有另外两个方面的原因。

一是历史的惯性作用。二十世纪的中国学术尽乎完全西化，但它仍然是建立在清朝学术的废墟之上的，不可能不受有清一代学术的影响。不仅康有为这样的维新之士阳奉阴违地接过了今文经学的衣钵，早期开创新文化运动的一批人也大都受过传统教育，在他们的视野中，将儒学等同于圣人之道、中国学术的本体是顺理成章的。

清儒通过对诸子的研究极大地开拓了今人的学术视野，但在对中国文化主体的认知上，却仍回归今文经学，并没有带来根本性的变革。所以将儒学认作中国学术的主体，这种历史惯性是十分强大的。

二是西学的影响。二十世纪中国学人除了吸取西方文明成果，并没有太多理论上的创建，他们习惯于用中国现实比附西学理论，言必称欧美，一切以西学马首是瞻。西学传教士较深入地接触中国已是明朝，当时正值儒家大行其道之时，所以西方人很容易将中国文化等同于儒家，将孔子作为中国文化的代表。比如耶稣会士利玛窦就这样描述孔子："中国哲学家之中最有名的叫做孔子。这位博学的伟大人物诞生于基督纪元前五百五十一年，享年七十余岁，他既以著作和授徒也以自己的身教来激励他的人们追求道德。他的自制力和有节制的生活方式使他的同胞断言他远比世界各国过去所有被认为是德高望众的人更为神圣。的确，如果我们批判地研究他那些被载入史册中的言行，我们就不得不承认他可以与异教哲学家相媲美，而且还超过他们中的大多数人。中国有学问的人非常之尊敬他，以致不敢对他说的任何一句话稍有异议，而且还以他的名义起誓，随时准备全部实行，正如对待一个共同的主宰那样。"[9]

西方传教士的这种错误认知极大地影响了西方学术界，后来反过来又影响了近世的中国学人，导致谬种流传，至今难以遏止！

中华文明的复兴是怎样艰巨的"为往圣继绝学"的使命啊！我们不仅要冲破儒家的千年迷雾，重新确立黄老之学在中国文化中的主体地位，还要在黄老之学的基础上，融会庞杂的西方文化——这是二十一世纪的中国学人不得不面对的历史性课题。

有志者勉哉！

注释：

[1] 钭东星：《所谓"汉武独尊儒术罢黜百家"辨》，http://www.confucius2000.com/confucian/swhwdzrsbcbjb.htm，访问日期：2010年5月1日。

[2] 蒙文通：《中国哲学思想探原·经学导言·诸子》，台湾古籍出版社，1997年10月，第41页。

[3] 参阅何忠礼：《北宋扩大科举取士的原因及与冗官冗吏的关系》，收入《宋史研究集刊》第1辑，浙江古籍出版社，1986年。

[4] 贾海涛：《北宋"儒术治国"政治研究》，齐鲁书社，2006年6月，第10~11页。

[5] 同[4]，第108页。

[6] 韩毓海：《五百年来谁著史》，九州出版社，2009年12月，第2页。

[7] 夏曾佑：《黄老疑义》，载《中国古代史》，台北学生书局，1970年7月，第339页。

[8] 李长之：《司马迁之人格与风格》，台湾汉京文化公司，1983年9月，第9页。

[9] 利玛窦，金尼阁：《利玛窦中国札记》，何高济，王遵仲，李申译，中华书局，1983年3月，第31~32页。

附录三 郡县天下——论人类持久和平的实现

历史和现实证明,现代现实主义国际关系理论的核心概念和基本主张均势理论只能带来更频繁和更残酷的战争;而以中国为中心,建立在郡县制基础上的天下秩序曾经给东亚世界带来持久的和平——直到1840年以后东亚被强行纳入西方的国际关系模式为止。

和平是人类永恒的话题,然而持久和平的实现似乎永远存在于现实的彼岸。

在二十世纪的国际关系领域,美国继承了大英帝国在十九世纪实行的均势理论,也继承了均势理论带来的战争危险——这种危险并没有随着核武器时代的到来和信息技术的进步而减少,相反,战争中的死亡数字和战争的发生频率越来越高了。据美国历史社会学家查尔斯·蒂利(Charles Tilly)提供的数据:自从1900年,世界上已经有237场新的(国内的和国际的)战争,其战场每年至少死亡1000人。到2000年,这一数字估算为大约275场战争和一亿一千五百万战争死亡人数,而19世纪只带来了205场这样的战争和800万的死亡人数;从1480年到1800年,每两年或三年在某地出现一个新的大的国际冲突,从1800年到1944年,则每一年到两年,自从第二次世界大战,每14个月左右。[1]

事实上,两百多年前,伟大的康德就已经认识到了均势理论的本质弱点。在写于1793年的《论通常的说法:这在理论上可能是正确的,但在实践上是行不通的》一文中,康德一针见血地指出:"因为通过所谓的欧洲的势力均衡而来的持久的普遍和平,只是一场幻觉罢了。就好像斯威夫特的那所房子一样,它由一位建筑师根据全部的平衡定律建造得那么完美,以致于当只不过是一只麻雀栖息在那上面的时候,它马上就倒塌了。"[2]

于是,康德设想了一种民族国家的联合体,一个自愿联合,又可以随时解散的"永久性的民族联合大会"。二十世纪国际联盟和联合国的历史似乎表明,康德的设想不过是一种幻想而已。

西方学者早就发现,在东亚存在一个以中国为中心的"世界秩序",与"依靠各国间的权力平衡来维持"的传统欧洲秩序不同,"它在理论上是由真命天子统一和集中管理的",美国著名中国问题专家费正清教授描述道:"中国人与其周围地区,以及与一般'非中国人'的关系,都带有中国中心主义和中国优越的色彩。中国人往往认为,外交关系就是向外示范中国国内体现于政治秩序和社会秩序的相同原则。因此,中国的外交关系也像中国社会一样,是等级制的和不平等的。久而久之,便在东亚形成一个大致相当于欧洲国际秩序的中外关系网络。不过,正如我们所看到的,'国际'甚或'邦际'这些名词对于这种关系似乎都不恰当。我们更愿意称它为中国的世界秩序。"[3]

而历史和现实表明,现代现实主义国际关系理论的核心概念和基本主张均势理论只能带来更频繁和更残酷的战争;而以中国为中心,建立在郡县制基础上的天下秩序曾经给东亚世界带来持久的和平——直到1840年以后东亚被纳入西方的国际关系;这种东方传统的世界秩序由以下三个基本观念支撑:即天下观、郡县制和华夷观。兹分述如下。

1. 天下观

与近代西方政治家不同,中国先贤不是一味寻求国与国之间的力量平衡。他们将整个天下的政治统一和长期和平作为政治理想,儒家经典《大学》中"修齐治平"的说法,这里的"平",就是"平天下"。

中国以天下为中心的政治理念极为久远,《诗经·小雅·北山》中就说普天之下每寸土地,没有不是王的属地。四海之内每个人,没有不是王的臣。上面说:"溥天之下,莫非王土;率土之滨,莫非王臣。"

在现实政治中,西周已经存在钱穆先生所说的"封建式的统一"。[4] 所以《逸周书·武称解第六》的作者将和平（武之定）定义为整个天下的统一和安定。上面说普天下归服以后，止息战争兴办文教，平掉险阻的工事，毁掉打仗的武器，四方敬畏服从，包有天下，是武事的"定"。（原文：百姓咸服，偃兵兴德，夷厥险阻，以毁其服，四方畏服，奄有天下，武之定也。）

至战国，上述天下观为百家所称道。孟子见梁襄王，梁襄王问天下怎样才能安定，孟子答曰"定于一"。（《孟子·梁惠王上》）

在秦相吕不韦主持编纂的《吕氏春秋》中，作者将天下大一统的道理表达得淋漓尽致，认为只有天下统一，世界才会安定，否则会造成天下大乱。作者还形象的将治天下比作驾车，如果并排驾驭四匹马，让四个人每人拿一根马鞭，那就连街门都出不去，这是因为行动不统一的缘故！上面说："王者执一，而为万物正。军必有将，所以一之也；国必有君，所以一之也；天下必有天子，所以一之也；天子必执一，所以抟之也。一则治，两则乱。今御骊马者，使四人人操一策，则不可以出于门闾者，不一也。"（《吕氏春秋·审分览第五·执一》）

从历史事实的角度来说，天下观是中国先贤对历史经验的总结。据《吕氏春秋》、《左传》等古籍记载，夏禹时有万国，商汤时存三千余国。周初凡千七百七十三国，至春秋初年尚有千二百国。之后大规模的兼并战争爆发，至于战国，仅存十余，最后一统于秦。明末清初学者顾祖禹写道："传称禹会诸侯于涂山，执玉帛者万国。成汤受命，其存者三千余国。武王观兵，有千八百国。东迁之初，尚存千二百国。迄获麟之末（指春秋末年——笔者注），二百四十二年，诸侯更相吞灭，其见于《春秋》经传者，凡百有余国；而会盟征伐，章章可纪者，约十四君。"（《读史方舆纪要·卷一》）

关于战国时期的兼并战争，列表如下：

战国兼并表

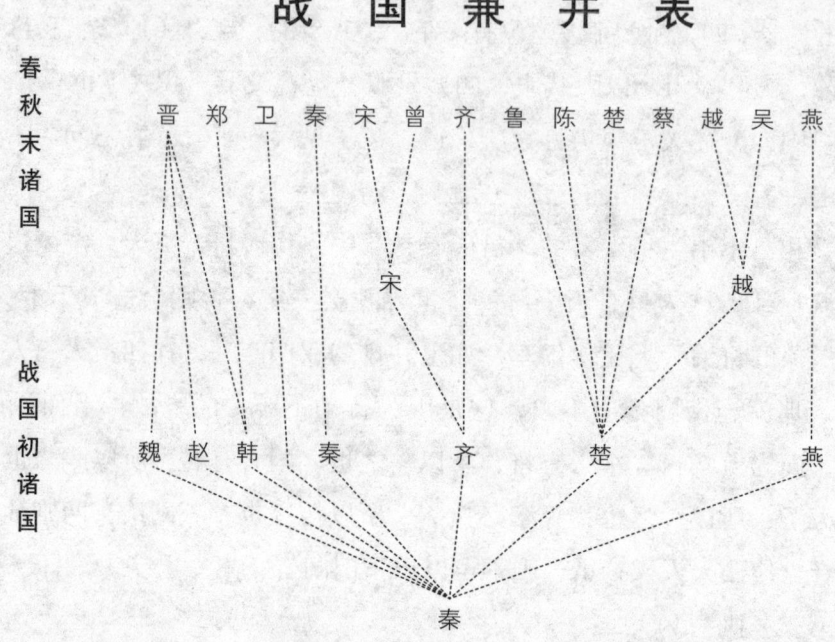

秦完成了天下的一统，汉以后这一统一的天下政制得到不断巩固和发展。钱穆先生写道："在当时中国人眼光里，中国即是整个的世界，即是整个的天下。中国人便等于这世界中整个的人类。当时所谓'王天下'，实即等于现代人理想中的创建世界政府，凡属世界人类文化照耀的地方，都统属于惟一政府之下，受同一的统治。'民族'与'国家'，其意义即无异于'人类'与'世界'。这一个理想，中国人自谓在秦代的统一六国而实现完成了。"[5]

可以说，从夏朝初年至周朝末年，出于地理气候等多种复杂的原因，随着生产力的发展天下一统成为历史的大趋势——这是先贤天下观得以产生的历史背景。

只有世界（当时指东亚）的政治统一才意味着真正的持久和平，这种观念直接影响了后世中国精英看待世界的方式，培养了一代代中国人心怀天下的广阔胸襟和海县清一的政治抱负。笔者相信，它也是未来人类建设清静新世界的宝贵思想资源。

那么，在现实政治中是靠什么样的制度实现天下大一统呢？答曰：郡县制。

2. 郡县制

郡县制起源于何时？由于文献缺失，史家只能给出很粗的线条。大致是：郡县制起源于春秋、发展于战国，全面推行于秦始皇统一天下。

从春秋开始，秦、晋、魏等诸侯大国把新兼并的地方设置为县，这当是以其地处边陲，需加强管理故。到了春秋后期，各国才把县制推广到内地，并逐步在边疆之地设郡，但当时郡的地位比县低。战国时期，由于生产力的发展，有的边疆地区也逐步繁荣了起来，于是有了郡下设县的必要，逐渐产生郡、县两级制。至秦始皇统一六国，才最后确立郡、县二级制，全国分为三十六郡，郡下设县。

复旦大学历史地理研究所的周振鹤教授认为郡县这种地方行政体制的建立是中央集权产生的标志，因为只有中央对地方有强大的控制力，才有任命非世袭、食俸官僚的可能性。他将郡县的产生划分为两个阶段："第一阶段是食田的县制代替了食邑的采邑制；第二阶段是食禄的郡县两级官僚制度更趋于完善。《晋语》载：'大国之卿，一旅之田；上大夫一卒之田。'这是食田之制。栾武子（春秋时晋国权臣，前587年到前573年担任正卿）便有一卒之田。这是俸禄制萌芽。这种食田，一般是任职授与，去职交还。"[6]

秦始皇时期郡县制的最终确立奠定了华夏大一统的政治制度基础，自秦始皇迄今，这一制度从来没有发生根本性的改变。司马迁在《史记·秦始皇本纪第六》记公元前221年（秦始皇二十六年）"分天下以为三十六郡，郡置守、尉、监。更名民曰'黔首'。大酺。收天下兵，聚之咸阳，销以为钟鐻（如钟一类的乐器——笔者注），金人十二，重各千石，置廷宫中，一法度衡石丈尺。车同轨，书同文字。地东至海暨朝鲜，西至临洮、羌中，南至北向户，北据河为塞，并阴山至辽东。徙天下豪富于咸阳十二万户。"

请注意，司马迁记录了郡县制的更为详细的内容，包括军事的统一、统一度量衡、文字、移民豪富、加强各族群血缘上的融合等等。虽然秦以前，周朝已经有了统一度量衡、文字等的制度化措施，但没有秦这样完备彻底。

这一系列统一措施的施行使大一统的中国不致如罗马帝国一样很容易就裂解为诸多有独立主权小国——是秦朝将中国的统一推向了更高级的形态，集中表现为郡县制的确立以及其他法律制度上的统一。[7]

郡县制是人类历史上最伟大的制度创新之一，它随中华文明在空间上的开拓不断发展，使中国长期处于统一安定的局面之中，避免了欧洲各国主权纷立造成的持续而野蛮的战争状态。让人感到不可思议的是，二十世纪西方文明被引入中国后，竟然不断有人主张中国应结束郡县制这样的单一制政治架构，学习西方的联邦制，甚至邦联制。在《民权主义》第四讲中，孙中山先生明确批评了这些人的主张，在回顾历史之后中山先生总结说："由此便知中国的各省在历史上向来都是统一的，不是分裂的，不是不能统属的；而且统一之时就是治，不统一之时就是乱的。美国之所以富强，不是由于各邦之独立自治，还是由于各邦联合之后进化所成的一个统一国家，所以美国之富强，是各邦统一的结果，不是各邦分裂的结果。中国原来既是统一的，便不应该把各省再分开。中国眼前一时不能统一，是暂时的乱象，是由于武人割据作护符。若是这些武人有口实来各据一方，中国是再不能富强的。如果以美国联邦制度就是富强的原因，那便是倒果为因。"

钱穆先生是少有的能透过历史看到未来的学者。他注意到，中国的郡县制既不同于希腊的城市国家，也不同于古今的西方帝国，更不同于美国的联邦制，他实际上是"单一性的国家"。钱穆认为如果人类大统一的话，中国的这一体制代表着人类的未来。他写道：

"但秦、汉时代中国人所创造的新国家，他的体制却全与上述不同。他不是一个城市国家，或像封建时代的小王国，那是不用再说了。但他又并不是一大帝国，并非由一地域来征服其他地域而在一个国家之内有两个以上不平等之界线与区划。第三他又不是联邦国，并非由秦代之三十六郡汉代之一百零三郡联合起来组织了一个中央，他只是中央与郡县之融成一体，成为一个单一性的国家。他是'中国人之中国'，换言之，则在那时已是'世界人之世界'了。所以汉代人脑筋里，只有'中国人管中国事'，或说是'中国人统治中国'，而在中国人与中国之大观念以下，再没有各郡各县小地域各自划分独立的观念。这一种国家,即以现在眼光看来,还是有他非常独特的价值。我无以名之,只可仍称之为'郡县的国家'。

"城市国家是小的单一体,郡县国家是大的单一体。至于帝国与联邦国,则是国家扩大了而尚未到达融凝一体时的一种形态。将来的世界若真有世界国出现,恐怕决不是帝国式的,也不是联邦式的,而该是效法中国郡县体制的,大的单一的国家体制之确立与完成。这又是中国文化史在那时的一个大进步,大光荣。"[8]

客观上,全球化的时代呼唤单一制的人类政治体制——未来的世界当是中国郡县制的"全球版",那时中华文化必将为人类作出非凡的贡献。

长期以来,面对西方文明的坚船利炮和强大的物质文明,中国太多的知识分子向野蛮屈服了。他们将西方还不成熟的国家形态称为文明和先进,将中国文化的一切都习惯性地称为传统或落后。这是思想界的悲剧!

在中国古典政治思想中,文明的不同层次是用华和夷来表示的——较高的文明是处在中原地区的华,较低的文明是处于边地、风俗不同的夷。

3. 华夷观

必须指出的是,中国先贤眼中的华夷观不同于西方人眼中的文明与野蛮。华夷观不是建立在血缘和种族基础之上的,而是建立在文化的基础上的。具体地说,是以是否行礼义之道为标准的。钱穆先生指出:"在古代观念上,四夷与诸夏实在有一个分别的标准,这个标准,不是'血统'而是'文化'。所谓'诸侯用夷礼而夷之,夷狄进于中国则中国之',此即是以文化为华夷分别之明证,这里所谓文化,具体言之,则只是一种'生活习惯与政治方式'。诸夏是以农耕生活为基础的城市国家之通称,凡非农耕社会,又非城市国家,则不为诸夏而为夷狄。在当时黄河两岸,陕西、山西、河南、河北诸省,尤其是太行山、霍山、龙门山、嵩山等诸山脉间,很多不务农耕的游牧社会。此诸社会,若论种姓,有的多与中原诸夏同宗同祖。但因他们生活习惯不同,他们并未完全走上耕作方式,或全不采用耕作方式,因此亦无诸夏城郭、宫室、宗庙、社稷、衣冠、车马、礼乐、文物等诸规模,诸夏间便目之为戎狄或蛮夷。"[9]

比如说,春秋时地处山东的杞国是夏人后裔建立的国家,按三代传统,血缘上当为最正统的"华",而由于杞人行夷礼,故《春秋》贬低之,称杞公为"子",《左传·僖公二十三年》解释说:"十一月,杞成公卒。书曰'子',杞,夷也。"又《左传·僖公二十三年》:"杞桓公来朝,用夷礼,故曰子。"进而言之,不是种族和血缘,"用夷礼"是《春秋》中杞人被贬的原因。

刘家和教授通过中西对比,指出了中国华夷观的特点,他说:"从民族方面来看.中国古代文明具有一种不断的融合和联合的趋势。古代各个文明都有民族的区别和矛盾的问题。古代希腊人把非希腊人称为'蛮族'(Barbaroi),古代印度的雅利安人(Aryans)把非雅利安人称为'蔑戾车'(Mlecchas),中国先秦时代的华夏族称非华夏族为夷狄。这些称呼里都含有重己轻人的意思。不过,在对待不同民族的态度上,中国与其他古国有所不同。古代希腊人认为,蛮族是天生的奴隶;古代印度雅利安人也认为,"蔑戾车"的子女被卖为奴隶是合法的。他们对于民族差异看得比较绝对,态度也很严厉。中国先秦时期也讲夷夏之防,不过其界限主要不在自然的血统上,因而也不很绝对化。'舜生于诸冯,迁于负夏,卒于鸣条,东夷之人也。文王生于岐周,卒于毕郢,西夷之人也。'诸冯、负夏、鸣条大体在今山东省(具体地点难以确定),岐周、毕郢在今陕西省,早先就算是东夷、西夷的地区了。可是舜和周文王无疑又是华夏族的著名的'先王',在历史上备受尊重。"[10]

在现实政治中,中国的华夷观外化为一种先进文化针对落后文化的羁縻政策,它保证了在华夏文明独大的非对称国际关系中,中国与周边弱小族群的和谐共处。其要在"中国居内以制夷狄,夷狄居外以奉中国"(《朱元璋奉天讨元北伐檄文》),具体表现为在承认中华为天下共主的条件下,周边族群的相对自治(而非绝对主权)。这种具有非凡弹性和稳定性的国际关系原则,极大地降低了华夷冲突的可能性,有利于华夏文明圈内各族群的长期和平共处。

显而易见,这种"制"与"奉"的关系与西方的均势理论完全不同,夷与华是在天下统一秩序下的从属关系,华夷不是二元对立的。明太祖朱元璋

附　录

即位初,即下诏曰:"朕既为天下之主,华夷无间,姓氏虽异,抚之如一。""自古为天下主者,视天地所覆载,日月所照临,若远若近,生人之类,无不欲其安土而乐主,然必中国治安而后四方外国来附。"(《明太祖实录》之五十三)。

在平等相待,而非力量均衡基础上和谐的非对称性国际关系,是华夷观的精髓所在。二十一世纪的人类要建立一种怎样的国际秩序,这种国际秩序是建立在西方已经失败了的经验之上,还是建立在东亚实践了数千年的成功经验之上?这是我们必须面对的选择!

天下观、郡县制和华夷观有如三个理论支点,它们在历史现实中有机地运行,保证了东亚世界长期的和平与稳定。我们为自己文明的成就感到骄傲!这是因为,在西方竞争性的国际关系模式之外,我们看到了一扇通向人类持久和平的大门!

我们有理由相信,未来世界中国文化将发挥更大的作用——不是因为它古老和传统,而是因为它代表和平与未来……

注释:

[1] 查尔斯·蒂利:《强制资本和欧洲国家(公元990-1992年)》,魏洪钟译,上海世纪出版集团出版社,2007年5月,第74页。

[2] 康德:《历史理性批判文集》,何兆武译,商务印书馆,1990年11月,第209页。

[3] 费正清编:《中国的世界秩序:传统中国的对外关系》,杜继东译,中国社会科学出版社,2010年5月,第2页。

[4] 钱穆:《中国文化史导论》(修订本),商务印书馆,1996年,第8页。

[5] 同[4],第37页。

[6] 周振鹤:《县制起源三阶段说》,载《中国历史地理论丛》1997年03期。

[7] 参阅许倬云:《万古江河:中国历史文化的转折与开展》,上海文艺出版社,2006年6月,第109~114页,"秦汉帝国与罗马帝国的比较"。

[8] 同[4],第111页。

[9] 同[4],第41~42页。

[10] 刘家和,《古代中国与世界》,武汉出版社,1995年7月,第493页。

附录四　黄老之学思想体系的要点（答吕朴）

2010年6月20日，吕朴先生在阅读笔者《黄老之学才是中华文化的主干》一文后来信，希望笔者"将黄老之学的思想体系框架以及具体内容的要点告诉我们，便于我们深刻认识、领会，并与其它学说进行比较。因为让我们自己去看你所开列的书单，且不讲看了，就是书都很难找到！"以下是笔者的回信。

吕朴先生：

首先要清楚，我在《黄老之学才是中华文化的主干》一文中引的是《汉书·艺文志》所列道家文献，并不是给大家开列的"书单"。这些文献不是"很难找到"，而是大多早已经佚失了。

作为中华文化的精髓，黄老之学可以概括为"内圣外王"四字，最能全面细致体现中国文化内圣外王特点的书当属《管子》。

黄老之学与我们平常所说的"思想"还是不同的，它更多的是一种生活和实践，这要同西方学术和现代中国大学经院派学术严格区分开来。

先说"内圣"。中国文化"着重在自身"，有内向的传统，这是中国文化与西方文化最大的不同点之一，所以内圣之学亦高度发展。钱穆先生早就注意到："佛教思想中之慈悲观与平等观，这是与中国传统观念最相融洽的。而且佛家思想里，更有与中国传统精神极易融洽之一点，即在他的一种'反心内观'的态度。我们可以说，古代希腊的自然哲学，与希伯来人的宗教信仰，虽则他们显有不同，但有一点是相同的，他们同样撇开自己，用纯客观的眼光向外探索。希腊人用的是科学方法，来寻求自然真理；希伯来人用的是宗教精神，来信仰一个上帝之存在。无论上帝与自然，同样'超于人类自身之外'。人类先须撇开自己,一意向外,始能认识此种科学或宗教之真理。"(钱穆:《中国文化史导论》(修订本),商务印书馆,1996年,第139页。)

"内圣"的实现在于心地上的修持(不是气功),目的是成圣成贤,得大智慧,大自在。如果将内圣理解为思想,就离题千里了。如果说内圣是"遏制"思想,从意识上始修,损之又损,反而更贴切些。

我们修道,是真功夫,和博士论文、嘴皮子无关,最终要在事上透得过才行。《管子》心术四篇,即《内业》、《心术上》、《心术下》、《白心》就是讲内圣修行的。但要真修行,光看《管子》可不行,宋明儒家的书可以参阅(特别是王阳明的东西),但他们在修行上不具体,这一点不如道家、佛家。

修行一定要拜师,否则近乎盲修瞎练。有道的师傅不会图闻名利养——这是我们这类凡夫寻师的一个"窍门"。大道多门,关键是遇明师,明代憨山大师《费闲歌》云:"修行容易遇师难,不遇明师总是闲。"

外王的书主要是多读法家的东西,要与律法比较来读才好。因为法家思想都是实践的总结,不是书斋中的理论,那是政治经济学的"经",是经得起历史检验的。

在读中国古典经济思想轻重之术时,不要光看《管子》后面的轻重十六篇,有时间可以参阅一下我的《国富策:中国古典经济思想及其三十六计》(中国友谊出版公司2010年1月出版),因为轻重十六篇实在难读,光读它,恐怕难以深入——对于这样重要的经典,比亚当·斯密的《国富论》还重要,国人若再忽略千年,就太可惜了——市场不能自动实现均衡,要时时行损益之道(损有余补不足)。不能等到危机来了,再干预,那样搞市场经济是最没有效率的市场经济,是繁荣/萧条的大循环,破坏力极大。

外王也不一定用在政治经济领域,日常对长辈孝、对上级忠,都是道的妙用,这些都是外在的事物;再比如作生意,恐也需要外王,白圭言经商之道就曾说:"吾治生产,犹伊尹、吕尚之谋,孙吴用兵,商鞅行法是也。"(《史记·货殖列传》)

另外,我们要讲出处进退的君子之道。孟子说"穷则独善其身,达则兼济天下"就是讲的这个道理。有的人看到一时不能"兼济天下",就连"独善其身"也不要了，结果颓唐下去，浪费自己的生命，甚至莽莽荡荡招殃祸，真是可惜。这类人，天降大任在他们身上的时候也扛不住，因为他们的目的不是真正的兼济天下，而是短视地追求自己的私欲。

王阳明行军打仗，骑马时眼光不离马头八尺远近。你看，他上战场还反观自性，修道进德，这是何等大丈夫气慨！这样作功夫，怎能不有大成就，得大智慧！

王阳明还将入仕看作修身之阶，他鼓励弟子入仕说："三子行矣，遂使举进士，任职就列，吾知其能也，然而非所欲也。使遂不进而归，咏歌优游有日，吾知其乐也，然而未可必也。天将降大任于是人，必先违其所乐而投之于其所不欲，所以衡心拂虑而增其所不能。是玉之成也，其在兹行欤！"（王阳明：《别三子序》）

从大历史的角度上看，宋明儒生在内圣方面可以说是为往圣继绝学，不过不彻底。他们从佛家入手，自己有所悟后又否定佛家，过河拆桥，上房抽梯，真是不好；在外王方面宋明儒生则否定诸子，特别是管商。结果落得空谈心性，为后人所讥，清人颜元批评理学家有句流传很广的话："无事袖手谈心性，临危一死报君王"。今天我们复兴中国文化，要总结历史上的成败经验，不能再走宋明理学的路线了！

说了这么多，意在讲一下什么是内圣外王之学，如何践行内圣外王之道，希望这封信对您的学习和生活有所助益。

祝好！

翟玉忠

2010年7月6日

附录五  修习中国文化宜先读黄老诸书（答网友）

这是笔者答新法家网友的一封信，这位网友在信中说："关注新法家有一段时间了，十分认同法家的观点，《道法中国》，《国富策》，《中国拯救世界》都看过了，现在很想进一步研究，应该看什么书，是看《商君书》、《韩非子》这些元典吗？还有经济方面的，只有《管子》吗？我现在非常想比较系统，深入地了解法家学说，除了看元典以外，还需要看什么书？谢谢！"

您（2010年）11月3日的信现在才复，见谅。

我个人认为修习中国文化宜先读黄老诸书比较好，而不是先读五经。为什么这样说呢？因为五经大体直接源于西周王官学，是中国文化的原型，相对来说还较粗糙。而黄老思想历经战国诸子百家争鸣，集中国文化之大成，不偏激，走中道，圆融贯通。所以可先读《管子》、《黄帝四经》、《鹖冠子》、《淮南子》这些书，其次再读《韩非子》、《商君书》、《周礼》、《汉律》、《秦律》、《通典》等重在外王之道的书。

关于内圣的书不防从佛家直接下手，省却很多周折。就是研究佛家遇明眼师傅不容易，堕入迷信、只知烧香求福就坏了。若从儒书开始，由于《汉书·艺文志》所记儒家《内业》早已失传，我们对其修行的了解实际上是极为模糊的，只能雾里看花。个人认为可以先研读儒家的心学一派，如王阳明、王龙溪等人的著作，至少比研究程朱当更得力。

至于经济方面，集中讲轻重之术的就是《管子》后面的轻重十六篇，《盐铁论》也主要是讨论经济问题的，特别值得读，这本书能够让我们知道汉以后儒法究竟有何异同，经过两千年的历史检验为何我们要重视法家。另外中国古典政治学、经济学是不分家的，礼者养也，礼最早也有关于经济问题的——这要注意。

总之中国文化是大宝贝，内圣外王真读通了，就知道中国文化是高度复杂，高度演化，高度集成的。它不是普通的口耳思辨之学，就算不能入仕治国，修习好了身心也会得大安乐——今天杂乱无章的西方文化还达不到这样的高度。

总之，研究中国文化重在先读元典！南怀瑾先生曾说自己早年只读先秦的书，很有见地，当然汉代以后《刘子》、《傅子》这些书都有很多思想闪光点。至于"还需要看什么书"，东西方一切自己感兴趣的书都可以拿来读，就是肢解中国文化的东、西学院派著作要注意，有些先生学了点西学，还不懂中学，就开始用西方学术范式解剖中学了。将康德与老子随意比附，将民主与儒家胡乱整合，师心自用，闭门造车，甚至有伪装大师者，有装神弄鬼者——这要警惕！

最后，谢谢您读了我的书，我的那些书也只能作参考。本想用中国文化的内在理路解读中国文化，但自己的修为、智识实在是太差，真是难以胜任，不贻笑大方就不错了。只是看见那些人在讲台上公开骗人，才拿起笔来写书。

一些人攻击我的主要理由是我的书不完全符合西方给定的学术范式，只会炒西方学术冷饭的这些先生们几乎想不到中国人应以自己的眼光去看世界。不过我对中国文化的国际化充满信心，这就比如电子计算机，它先进，还怕它没有人用！目前韩国人正在翻译出版我的《国富策》，将来通过新法家网站的英文版英语世界的人理解因人情节人欲的礼义之道就好了，因为西方人的生活方式以及建立在其上的政治经济体系是反自然、反人性的，无论这种生活方式用"自由"、"平等"、"博爱"之类概念怎样修饰，也脱不开其内在的纵情极欲的本质。

不多说了，总之一句话：古圣贤不欺人，还是要多读经典，融通百家，得真实受用。

人生难得，中国难生，此非虚言啊！

好好修习中国文化！

共勉！

翟玉忠
2010 年 11 月 12 日